大学计算机基础教育规划教材

Visual Basic程序设计语言

周元哲　编著

清华大学出版社
北 京

内容简介

本书共分13章，主要内容包括Visual Basic概述、Visual Basic 6.0开发环境与工程管理、对象与基本控件、Visual Basic 6.0语法基础、算法与程序结构、循环结构、数组与自定义类型、过程和函数、用户界面设计、图形操作、文件操作、数据库应用和计算机认证考试。

本书内容精练、由浅入深，注重学习的连续性和渐进性，章节之间的实例具有关联性。

本书对全国计算机等级考试(二级Visual Basic)从考试的方式、考试的大纲、应试技巧等多个方面进行了详细的介绍。本书面向初、中级读者，由“入门”起步，侧重“提高”。特别适合作为高等院校相关专业Visual Basic程序设计的教材或教学参考书，也可以供从事计算机应用开发的各类技术人员应用参考，或用作全国计算机等级考试、软件技术资格与水平考试的培训资料。

图书在版编目(CIP)数据

Visual Basic程序设计语言 / 周元哲编著．—北京：清华大学出版社，2011.6
(大学计算机基础教育规划教材)
ISBN 978-7-302-23867-6

Ⅰ. ①V… Ⅱ. ①周… Ⅲ. ①BASIC语言－程序设计－高等学校－教材 Ⅳ. ①TP312

中国版本图书馆CIP数据核字(2010)第181047号

责任编辑：张　民　张为民
责任校对：时翠兰
责任印制：李红英

出版发行：清华大学出版社　　**地　　址**：北京清华大学学研大厦A座
http://www.tup.com.cn　　**邮　　编**：100084
社 总 机：010-62770175　　**邮　　购**：010-62786544
投稿与读者服务：010-62795954，jsjjc@tup.tsinghua.edu.cn
质量反馈：010-62772015，zhiliang@tup.tsinghua.edu.cn
印 装 者：北京嘉实印刷有限公司
经　　销：全国新华书店
开　　本：185×260　　**印　　张**：16.5　　**字　　数**：377千字
版　　次：2011年6月第1版　　**印　　次**：2011年6月第1次印刷
印　　数：1～4000
定　　价：25.00元

产品编号：037809-01

进入21世纪,社会信息化不断向纵深发展,各行各业的信息化进程不断加速。我国的高等教育也进入了一个新的历史发展时期,尤其是高校的计算机基础教育,正在步入更加科学、更加合理、更加符合21世纪高校人才培养目标的新阶段。

为了进一步推动高校计算机基础教育的发展,教育部高等学校计算机科学与技术教学指导委员会近期发布了《关于进一步加强高等学校计算机基础教学的意见暨计算机基础课程教学基本要求》(以下简称《教学基本要求》)。《教学基本要求》针对计算机基础教学的现状与发展,提出了计算机基础教学改革的指导思想;按照分类、分层次组织教学的思路,《教学基本要求》的附件提出了计算机基础课程教学内容的知识结构与课程设置。《教学基本要求》认为,计算机基础教学的典型核心课程包括:大学计算机基础、计算机程序设计基础、计算机硬件技术基础(微机原理与接口、单片机原理与应用)、数据库技术及应用、多媒体技术及应用、计算机网络技术与应用。《教学基本要求》中介绍了上述六门核心课程的主要内容,这为今后的课程建设及教材编写提供了重要的依据。在下一步计算机课程规划工作中,建议各校采用"1+X"的方案,即:"大学计算机基础"+ 若干必修/选修课程。

教材是实现教学要求的重要保证。为了更好地促进高校计算机基础教育的改革,我们组织了国内部分高校教师进行了深入的讨论和研究,根据《教学基本要求》中的相关课程教学基本要求组织编写了这套"大学计算机基础教育规划教材"。

本套教材的特点如下:

(1) 体系完整,内容先进,符合大学非计算机专业学生的特点,注重应用,强调实践;

(2) 教材的作者来自全国各个高校,都是教育部高等学校非计算机专业计算机基础课程教学指导委员会推荐的专家、教授和教学骨干;

(3) 注重立体化教材的建设,除主教材外,还配有多媒体电子教案、习题与实验指导,以及教学网站和教学资源库等;

(4) 注重案例教材和实验教材的建设,适应教师指导下的学生自主学习的教学模式;

(5) 及时更新版本，力图反映计算机技术的新发展。

本套教材将随着高校计算机基础教育的发展不断调整，希望各位专家、教师和读者不吝提出宝贵的意见和建议，我们将根据大家的意见不断改进本套教材的组织、编写工作，为我国的计算机基础教育的教材建设和人才培养做出更大的贡献。

"大学计算机基础教育规划教材"丛书主编

教育部高等学校计算机基础课程教学指导委员会副主任委员

冯博琴

前 言

本书是在多年讲授 Visual Basic 6.0 程序设计的讲义上修改完成的，作为课程建设的成果之一，本书在编写的整个过程中，结合作者多项基于 Visual Basic 开发软件项目的实际经验，注重基本理论和基本技能的教学。在教材内容的选取上力图精简，摒弃陈旧和繁杂的语法规定，不讨论 Visual Basic 6.0 语言的语法细节，而只介绍该语言的一些基本语法规定和面向对象的基本特征，主要培养学生掌握 Visual Basic 程序设计的基本方法及提高其应用开发能力的思想。

本书共分 13 章，主要内容包括 Visual Basic 6.0 概述、Visual Basic 6.0 开发环境与工程管理、对象与基本控件、Visual Basic 6.0 语法基础、顺序和分支结构、循环结构、数组与自定义类型、过程和函数、用户界面设计、图形操作、文件、数据库应用和计算机认证考试。

学习计算机程序设计的最好方法是实践，因此建议读者上机编写、运行和调试本书所给的例程。本书中的所有程序都在 Visual Basic 6.0 环境中调试通过。

书中所有程序按照企业规范书写，以使学生养成专业、规范的编程习惯；流程图描述算法贯穿全书，摒弃了传统教材中实例分析只给出源程序的做法，加强了对学生编程思路和逻辑思维的培养；例题讲解采用一题多解的方式，让学生对一个问题能反复思考，尝试不同的 Visual Basic 语法解决；内容精练、由易入难，合理取舍。全书注重学习的连续性和渐进性，章节之间的实例具有关联性，让学生知道每一种新的技术为什么会产生，本书对全国计算机等级考试(二级 Visual Basic)从考试的方式、考试的大纲、应试技巧等多个方面进行了详细的介绍。本书面向初中级读者，由“入门”起步，侧重“提高”。特别适合作为高等院校相关专业 Visual Basic 程序设计的教材或教学参考书，也可以供从事计算机应用开发的各类技术人员应用参考，或用做全国计算机等级考试、软件技术资格与水平考试的培训资料。

西安邮电学院计算机学院王忠民院长、王曙燕副院长和陈莉君教授对本书的编写给予了大力的支持并提出了指导性意见，西安邮电学院软件工程系胡滨、孟伟君、王博、王文浪、乔平安、邓万宇提出了很多宝贵的意见，衷心感谢上述各位的帮助。本书在写作过程中参阅了大量中外文的专著、教材、论文、报告及网上的资料，由于篇幅所限，未能一一列出。在此，向各位作者表示敬意和衷心的感谢。

由于作者水平有限，本书难免有不足之处，诚恳期待读者批评指正，以使本书日臻完善，作者的E-mail是：zhouyuanzhe@163.com。

作　者

2011年3月

Visual Basic程序设计语言

目录

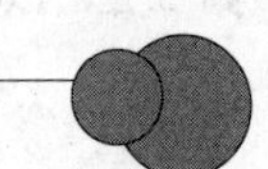

第1章

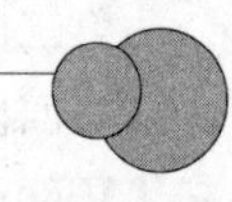

Visual Basic 概述

Visual Basic 6.0 是一种计算机程序设计语言，作为当前基于 Windows 平台上最方便的软件开发工具之一，主要应用于当前流行的管理信息系统（Management Information of System，MIS）的开发。本章对 Visual Basic 的功能、特点，以及 Visual Basic 的启动和退出进行介绍，并就如何学习 Visual Basic 给出建议性的意见。

1.1 Visual Basic 简介

1.1.1 计算机编程语言

计算机编程语言是人和计算机“对话”的桥梁。就像人类的语言一样，有中文、英文、法文、日文等，人们之间要交流信息必须使用某种语言。同样，人要命令计算机去做什么工作，也要使用计算机编程语言。

计算机编程语言种类很多，目前广泛使用的语言有汇编语言（符号/低级语言）、C/C++、Visual Basic 和 Java（高级语言）等。理论上讲，任何程序都可以用多种语言设计出来，但是各种语言的设计都有自己主要适用的场合，其中汇编语言主要用于底层程序也就是跟硬件接触很紧密的程序设计，如接口程序的设计；C/C++ 主要用于系统程序的设计，如 Windows 操作系统的设计；Visual Basic 可以用于多媒体及管理信息系统的设计；Java 可以用于网络应用程序的设计等。

在众多的计算机编程语言中，Visual Basic 语言的学习最为简单，且容易使用。Visual Basic 简称 VB，是 Microsoft 公司（美国微软公司）推出的一种基于 Windows 的应用程序开发工具，当前全世界有 300 多万用户在使用微软公司的 Visual Basic 产品。

1.1.2 Visual Basic 的发展过程

Visual Basic 是在 BASIC 语言的基础上发展而来的。BASIC 是英文 Beginner's All-purpose Symbolic Instruction Code（初学者通用符号指令代码）的缩写。BASIC 语言是专门为初学者设计的高级语言。

20 世纪 70 年代后期，微软在当时的 PC（Personal Computer）上开发出了第一代的 BASIC 语言产品。BASIC 语言自问世以来，其发展经历了以下 4 个阶段：

第一阶段（1964 年—70 年代初）：BASIC 语言问世。

第二阶段(70 年代初—80 年代中)：微机上固化的 BASIC 语言。

第三阶段(80 年代中—90 年代初)：结构化 BASIC 语言时代。

第四阶段(1991 年—)：Visual Basic 时代。

Visual Basic 1.0 是 Microsoft 公司于 1991 年推出的基于窗口的可视化程序设计语言。Visual 是“可视化的”、“形象化的”的意思，它是采用可视化的开发图形用户界面(GUI)的方法，一般不需要编写大量代码去描述界面元素的外观和位置，而只需把必要的控件拖放到屏幕上的相应位置即可。同时它还提供了一套可视化的设计工具，大大简化了 Windows 程序界面的设计工作，同时其编程系统采用了面向对象、事件驱动机制，与传统 BASIC 有很大的不同。

随着 Windows 操作平台的不断成熟，Visual Basic 产品由 1.0 版本升级到了 3.0 版本，可以利用 Visual Basic 3.0 非常快速地创建各种应用程序，如当时非常流行的多媒体应用程序、各种图形操作界面等。

在 Visual Basic 4.0 版本中，提供了创建自定义类模块、自定义属性和数据库管理等功能。通过 DAO 模型和 ODBC 用户可以访问任何一种类型的数据库，这使得 Visual Basic 成为了许多 MIS 系统(管理信息系统)的首选开发工具。

随着 Internet(互联网)的出现和迅速发展，微软公司将其 ActiveX 技术引入到了 Visual Basic 6.0 版本中，特别是 ADO 控件的运用，使得 Visual Basic 6.0 对于数据库的操作功能极大提高。

通过 Visual Basic 语言不断的发展，Visual Basic 已经成为一种专业化的开发语言。根据用途来划分，Visual Basic 目前有三个版本：学习版(Learning)、专业版(Professional)和企业版(Enterprise)。学习版是学习入门编程的版本，专业版为专业编程人员提供了一整套功能完备的开发工具，企业版允许专业人员以小组的形式来创建强健的分布式应用程序。这三个版本可以满足不同开发人员的需要。如用户不仅可用 Visual Basic 快速创建基于 Windows 的应用程序，还可以编写企业水平的客户/服务器程序及强大的数据库应用程序等。

1.1.3 Visual Basic 的功能及特点

Visual Basic 是在 BASIC 语言的基础上发展而来的，它吸收了 BASIC 语言的优点，并加入了面向对象技术。具有如下功能特点。

1. 易学易用的应用程序集成开发环境

BASIC 语言的语法比较简单，Visual Basic 除了面向对象的概念外，语法也同样比较简单，容易掌握。另外，Visual Basic 集成开发环境集创建工程、设计界面、编辑代码、调试程序、直接运行及生成可执行文件等于一体，使用起来也比较简单。

2. 结构化程序设计语言

Visual Basic 具有高级程序设计语言的优点：丰富的数据类型、大量的内部函数、多种流程控制结构和模块化的程序结构，使得程序结构清晰，容易阅读。

3. 基于对象的可视化设计工具

在面向对象程序设计中,一个窗口、一个命令按钮、一个文本框等就是一个对象。在Visual Basic中,当用这些对象设计程序界面时,就得到了程序运行时的外在形式。也就是设计时是什么样子,运行时看到的就是什么样子,即“所见即所得”。如Windows操作系统自带的计算器小软件,如图1.1所示,其具有图形的界面、易于使用、直观、易于学习和具有吸引力等众多特点。

图1.1 计算器

4. 事件驱动的编程机制

在Windows中,敲一下键盘,或单击一下鼠标,都可能执行一段程序,这就是事件驱动的程序运行机制。也就是说,对某个对象发生一个事件,将会执行一段代码。在Visual Basic中,程序代码将更多的是针对某个对象所发生的事件设计的。

事件驱动具有如下优点:

(1) 可以为用户提供即时反馈。

(2) 使程序设计更贴近用户的操作需要。

(3) 使程序设计的目的性更强。

(4) 减少程序的复杂性。

5. 强大的网络、数据库、多媒体功能

利用Visual Basic系统提供的各类丰富的可视化控件和ActiveX技术,能够开发出集多媒体技术、网络技术、数据库技术于一体的应用程序。

6. 完备的联机帮助功能

与Windows环境下的其他软件一样,在Visual Basic中,利用帮助菜单,用户可以方便地得到所需的帮助信息(此时必须安装MSDN,Windows下应用开发文档资料)。

1.2 Visual Basic安装、启动与退出

1.2.1 Visual Basic 6.0对环境的要求

1. Visual Basic 6.0对硬件的要求

(1) 具有Intel 80486或更高的微处理器。

(2) 至少需要50MB的硬盘空间。

(3) 需要一个CD-ROM驱动器。

(4) 至少需要16MB RAM。

(5) 需要 VGA 或更高分辨率的监视器。

2. Visual Basic 6.0 对软件的要求

操作系统：Microsoft Windows 95 或 Microsoft Windows NT 3.51 及以上版本。

3. Visual Basic 6.0 的安装

从 CD-ROM 盘上安装 Visual Basic 6.0 的步骤如下：

(1) 把安装盘放入 CD-ROM 驱动器中。

(2) 在安装盘的根目录下找到安装文件 Setup.exe 并执行，然后按照提示输入相应信息即可(这里输入的信息主要有：产品序列号、用户名、安装方式/内容、安装路径等)。

1.2.2 Visual Basic 6.0 的启动与退出

Visual Basic 6.0 开发环境上设计应用程序，必须首先启动 Visual Basic 6.0。启动 Visual Basic 6.0 有两种方法：

(1) 在 Windows 桌面上双击 Visual Basic 图标，即可进入 Visual Basic 6.0 集成开发环境。

(2) 单击"开始"按钮，在其弹出的菜单中选择"程序"，并从其"程序"菜单中选择 Microsoft Visual Basic 6.0，即可进入 Visual Basic 6.0 集成开发环境。

启动 Visual Basic 6.0 后，首先显示图 1.2 所示的"新建工程"对话框，此时可以选择 Project(工程：即应用程序)的类型。

图 1.2 "新建工程"对话框

选择 Standard EXE(标准 EXE)，再单击"打开"按钮，则显示如图 1.3 所示的 Visual Basic 6.0 集成开发环境，在此开发环境下可以进行 Visual Basic 应用程序的设计。

退出 Visual Basic 6.0，其方法是选择"文件"菜单中的"退出"菜单项或单击 Visual Basic 6.0 集成开发环境窗口右上角的"关闭"按钮即可。

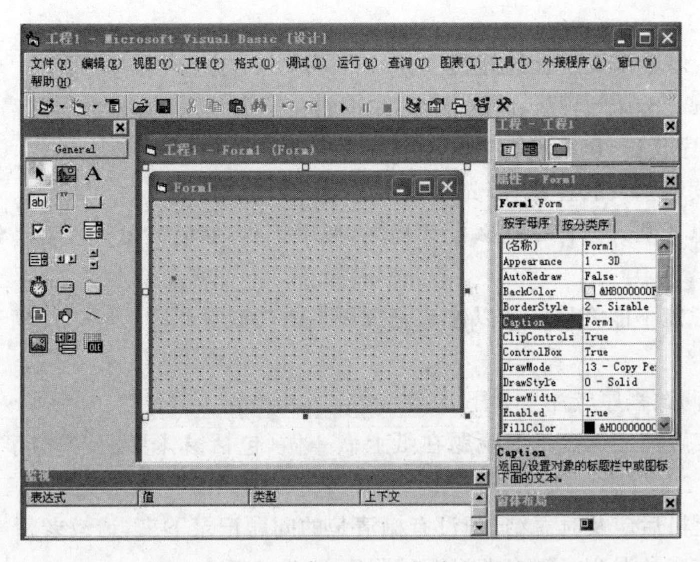

图 1.3 Visual Basic 6.0 集成开发环境

1.3 如何学习 Visual Basic 语言

怎样才能学好 Visual Basic 编程呢？最关键的一条就是实践，通过编写生动有趣的小例子，掌握 Visual Basic 编程的知识点和编程小技巧，这是最有效的学习方法。

编程是一个不断学习，不断积累的过程，编程的乐趣也正是存在于学习的过程中。每学一点，就用到实际的程序中去，多实践，水平就能不断提高。另外，编程涉及很多的知识，如操作系统、软件工程、数据结构、面向对象程序设计、硬件系统以及编程思想等各个方面，这就需要多看看这方面的资料，不断扩充自己的知识面。

下面具体给出一些学习 Visual Basic 的建议：

(1) 养成良好的学习习惯。

Visual Basic 程序设计的入门学习并不难，但却是一个十分重要的过程，因为程序设计的思想和良好的程序设计习惯也在这个阶段养成。编程的过程中，强调编码风格和程序的可读性，即你编写的 Visual Basic 代码他人是否可以理解？这里，给出一些编写代码的注意事项：

① 定义变量时要“见名思义”；

② 必要的注释；

③ 程序构思要有说明；

④ 学会如何调试程序；

⑤ 对运行结果要做正确与否的分析。

(2) 多编程序，注重实践。

设计程序是高强度的脑力劳动，必须动手编写程序，才能学会。从小的程序设计开发开始，逐渐提高开发程序的规模。编写大量程序的这种动手能力的培养是这门课的最大特色。

(3) 阅读、借鉴别人设计的好程序。

学习 Visual Basic 编程，和任何学习知识的共同点都是"照猫画虎"，需要首先多看别人设计好的程序代码，包括教材上的例题程序。具体分为如下步骤：

首先，要读懂别人的程序，即先掌握"猫是什么?"

其次，要思考别人为什么这么设计程序，如果是我，如何去做？也就是先学会如何"照猫画猫"。

再次，思考能不能将程序加以修改完成更多的功能？此时，升华、提高一步，学会如何"照猫画虎"。

(4) 上机调试程序应注意如下几点：

① 上机实践前应认真把实验题在纸上做一做(包括窗体界面设计，事件过程代码的编写等)。

② 每次上机后应及时总结，把没有搞清楚的问题记录下来，请教老师或同学。

③ 平时应多抽课余时间多上机调试程序。

④ 注意系统的提示信息，遇到问题多问为什么。

习　题

1. 填空题

(1) 随着 Visual Basic 语言不断的发展，Visual Basic 已经成为一种专业化的开发语言。根据用途来划分，Visual Basic 目前有三个版本：________、________和________。

(2) Visual Basic 具有基于对象的可视化设计工具，采用________编程机制。

(3) 可视化编程的最大优点是________。

2. 简答题

(1) 简述 Visual Basic 的特点。

(2) 简述 Visual Basic 的安装过程。

(3) 简述怎样学好 Visual Basic 语言。

第2章

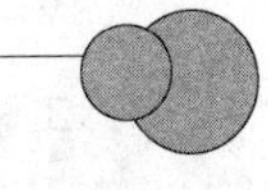

Visual Basic 6.0 开发环境与工程管理

Visual Basic 集成开发环境(Integrated Development Environment,IDE)是一组软件工具,集编辑、运行、调试等多种功能,为程序设计提供了极大的便利,本章详细地介绍 Visual Basic 的 IDE 环境。

2.1 认识 Visual Basic 6.0 的集成开发环境

Visual Basic 6.0 启动后(见图 2.1),Visual Basic 6.0 的集成开发环境(IDE)有标题栏、菜单栏、工具栏、工具箱、工程管理窗口等。

图 2.1 Visual Basic 6.0 的集成开发环境

2.1.1 Visual Basic 中的窗口

1. 工程资源管理窗口

工程资源管理窗口如图 2.2 所示，用于浏览与管理工程中包含的所有模块（窗体模块和标准模块等）。在工程资源管理窗口中，用鼠标可以选择想查看或修改的模块。工程资源管理窗口上方有以下三个按钮。

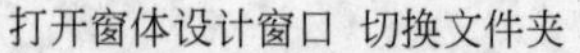

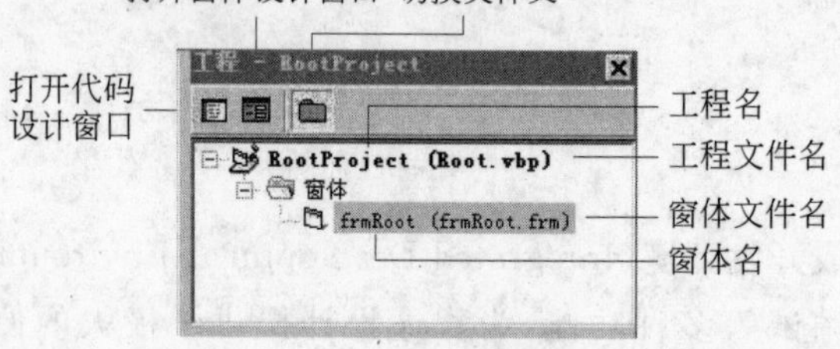

图 2.2 工程资源管理窗口

(1) 打开代码设计窗口：打开当前选择的模块所对应的代码窗口，可编辑代码。

(2) 打开窗体设计窗口：打开当前选择的模块所对应的窗体窗口，可编辑对象。

(3) 切换文件夹：切换工程资源管理窗口中文件夹的显示方式。

2. 窗体设计窗口

窗体设计窗口如图 2.3 所示，用来设计人机界面的窗口。在窗体设计窗口上，根据需要放置若干个控件对象来构成你所要的程序运行时的界面窗口。一个 Visual Basic 程序可以拥有多个窗体(.frm)文件，但它们必须有不同的名字，缺省情况下窗体名分别为 Form1、Form2、Form3、……

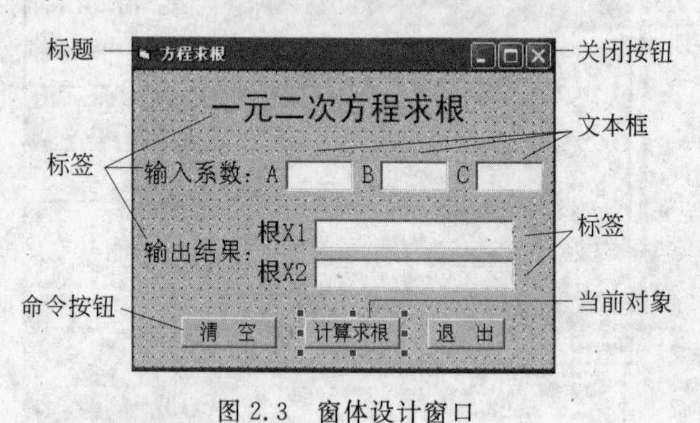

图 2.3 窗体设计窗口

3. 属性设置窗口

属性设置窗口如图 2.4 所示，用于显示和设置当前对象（所选择对象）的各种属性及其取值，如名称、颜色、标题等。比如把 Form1 窗口的背景颜色改为蓝色，用鼠标单击 Form1 窗体（意为把 Form1 窗体选择为当前窗体），在"属性"窗口中找到 BackColor（背景色)，单击其右边，出现一个下拉式菜单，选择“调色板”，此时可以选择蓝色。

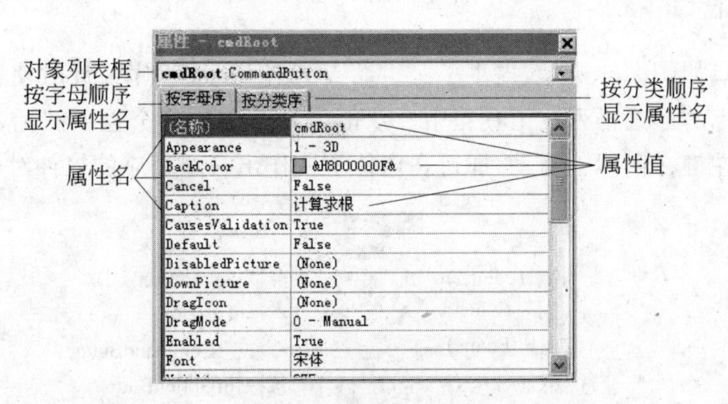

图 2.4 属性设置窗口

4. 代码设计窗口

代码设计窗口如图 2.5 所示，用来输入与修改程序代码的地方，所有的源程序代码(包括过程定义与全局变量定义等)都在此窗口中进行设计。

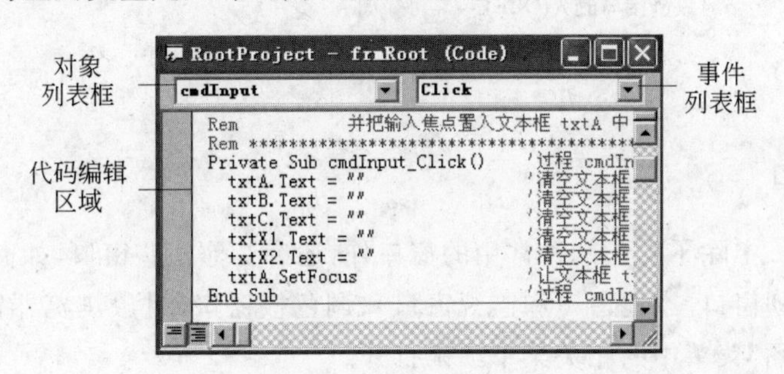

图 2.5 代码设计窗口

打开代码设计窗口最简单的方法有：双击某个窗体或控件对象、单击工程资源管理窗口的“打开代码设计窗口”按钮，也可以通过选择“视图”菜单中的“代码窗口”选项激活，也可以通过右击工程窗口相应窗体，选择“查看代码”来激活。

窗口的最上面一行为标题栏。下面有两个列表框：左面的列表框包含所有与 Form 相关联的对象，可以通过单击右边箭头把它们列出来；右边的列表框包含与当前选中对象相连接的所有事件，也可以通过单击右边的箭头列出来。当选定了一个对象及对应的事件后，Visual Basic 会自动把过程头及过程尾列在窗口内，用户只需键入程序代码即可。

鼠标双击 Form1 窗体，打开代码设计窗口，然后选择 Click 事件(单击鼠标时即触发 Click 事件)，如下所示：

```
Private Sub Form_Click()
    …
End Sub
```

5. 工具箱窗口

工具箱窗口如图 2.6 所示，提供了一组在 Visual Basic 程序设计时使用的常用控件，这些控件以图标的形式排列在工具箱中。双击工具箱中的某个控件图标，或单击工具图标后按住鼠标左键在窗体上拖动，即可在窗体上制作出一个相应的控件对象。

图 2.6　工具箱窗口

6. 其他窗口

Visual Basic 中除了上述几种常用的窗口外，还有其他一些窗口，如窗体布局窗口、调试窗口（包括立即窗口、本地窗口和监视窗口）、调色板窗口、对象浏览器窗口等。这些窗口都可通过“视图”菜单中的相关菜单项来打开。

2.1.2　Visual Basic 中的菜单

下面给出 Visual Basic 语言环境提供的一些常用的功能。

1. File（文件管理）菜单

File 菜单提供用 Visual Basic 环境设计程序时涉及的有关文件操作方面的功能，如图 2.7 所示。

2. View（视图）菜单

View 菜单提供在 Visual Basic 环境中打开相关窗口方面的功能，如图 2.8 所示。

3. Project（工程管理）菜单

Project 菜单提供在 Visual Basic 环境中有关工程管理方面的功能，如图 2.9 所示。

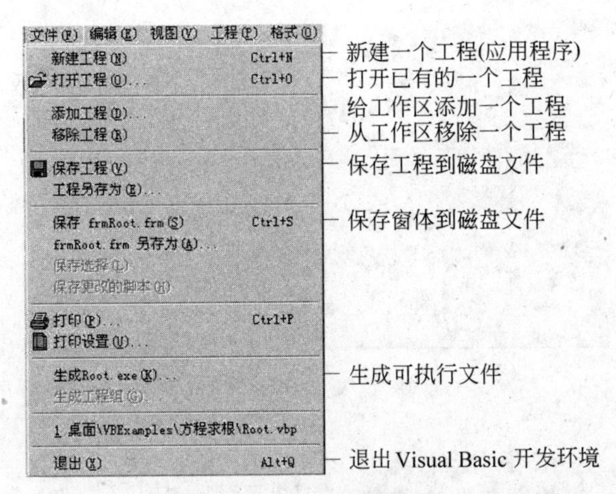

图 2.7 File 菜单

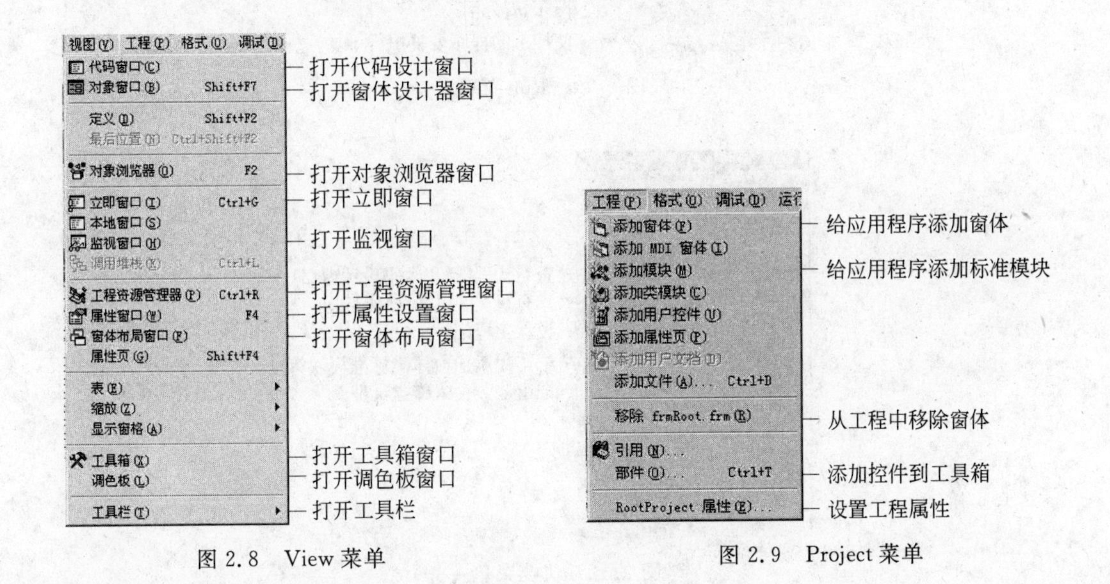

图 2.8 View 菜单

图 2.9 Project 菜单

4. Debug(调试)菜单

Debug 菜单提供在 Visual Basic 环境中跟调试程序有关的功能，如图 2.10 所示。

5. Run(运行)菜单

Run 菜单提供在 Visual Basic 环境中跟运行程序有关的功能，如图 2.11 所示。

6. 工程资源管理窗口上右击后弹出的菜单

在工程资源管理窗口上右击，会弹出如图 2.12 所示的菜单，各菜单项提供的功能与前述菜单上的菜单项相同。

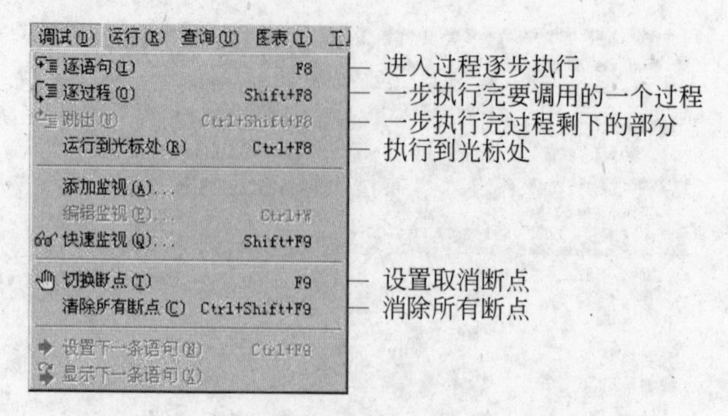

图 2.10　Debug 菜单

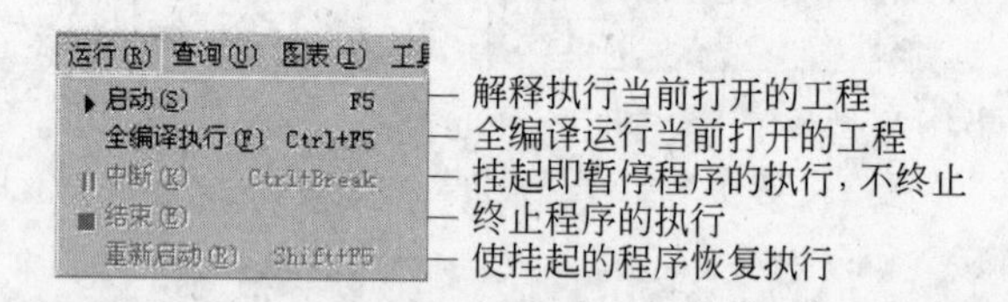

图 2.11　Run 菜单

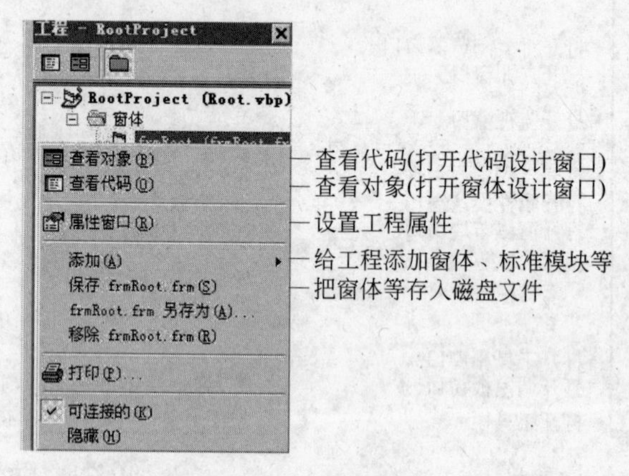

图 2.12　快捷菜单一

7. 窗体设计窗口上右击弹出的菜单

在窗体设计窗口上右击会弹出如图 2.13 所示的菜单，各菜单项提供的功能与前述菜单上的菜单项相同。

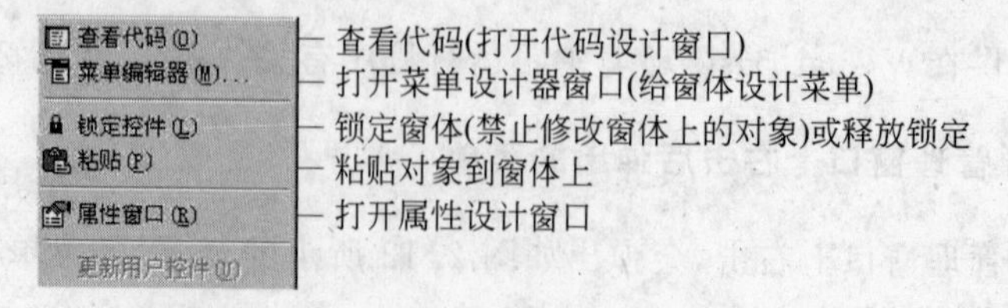

图 2.13　快捷菜单二

8. 工具栏

Visual Basic 提供了常用命令的快捷访问按钮，如图 2.14 所示。

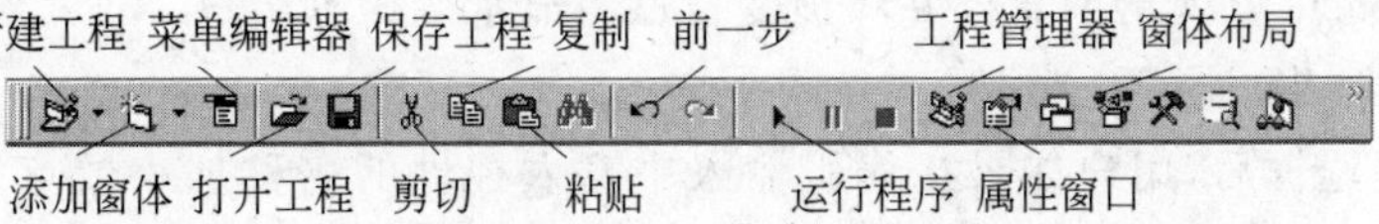

新建工程 菜单编辑器 保存工程 复制 前一步 工程管理器 窗体布局

添加窗体 打开工程 剪切 粘贴 运行程序 属性窗口

图 2.14 工具栏

2.2 工作环境的设置

针对程序开发者的不同习惯，Visual Basic 提供了设置工作环境的功能。对工作环境进行设置，选择"工具"菜单的"选项"，打开"选项"对话框，在该对话框中有 6 个选项卡，用户可以根据需要进行设置，以适合自己的爱好。下面对各个选项卡逐一介绍。

2.2.1 "编辑器"选项卡

打开"选项"对话框后，缺省选中的选项卡就是"编辑器"，如图 2.15 所示。下面介绍该选项卡的部分重要项目。

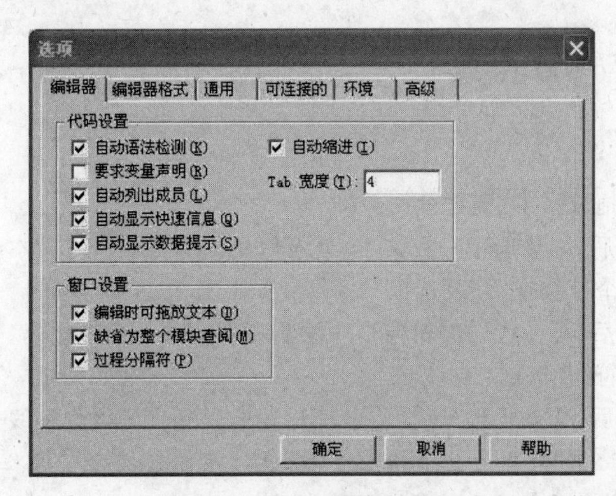

图 2.15 "编辑器"选项卡

1. "代码设置"区

1) "自动语法检测"复选框

选中该复选框后，用户如果完成一行程序代码的输入，转到其他行时，Visual Basic 会自动对此行程序代码进行语法检查。一旦出现语法错误，就会弹出一个消息框，提示用户出错信息。如果没有选中该复选框，出现语法错误时，将不显示消息框，但也会将该行代码以红色字体显示，以提示用户。

2)“要求变量声明”复选框

选中该复选框后，用户初始进入代码编辑窗口时，Visual Basic会自动在模块声明段添加语句：Option Explicit。此时，如果用户在程序中使用了未经声明的变量，程序一旦运行Visual Basic就弹出消息框并将该变量反白显示以提示用户。

3)“自动列出成员”复选框

选中该复选框后，用户如果在代码输入中输入控件的名称加小数点后，Visual Basic会自动弹出该控件在运行模式下可用的属性和方法。此时可以选择某个属性或方法后，再按回车键，即可将该项目插入到当前位置，也可双击该项目将其插入。

4)“自动显示快速信息”复选框

选中该复选框后，用户在进行代码编辑过程中，输入数组或函数名称时(例如：输入InputBox函数)，Visual Basic会即时提示相关说明信息，并将正要输入的项目以粗体字显示。

5)“自动显示数据提示”复选框

选中该复选框后，用户在调试程序过程中，只要把鼠标指针放在某个变量上，Visual Basic会自动显示该变量的值。

6)“自动缩进”复选框

选中该复选框后，用户在进行代码编辑过程中，Visual Basic会对程序代码进行自动缩进。

7)“Tab宽度”文本框

该文本框用于设置按Tab键时，光标所跳过的字符间隔。

2.“窗口设置”区

1)“编辑时可拖放文本”复选框

选中该复选框后，如果选中一段文本，就可以用鼠标拖动这段文本到其他的位置。

2)“缺省为整个模块查阅”复选框

选中该复选框后，可在代码编辑窗口中看到所有模块的程序代码。

3)“过程分隔符”复选框

选中该复选框后，Visual Basic会将各个过程的程序代码以分隔线分开。

注意：必须在选中“缺省为整个模块查阅”复选框的前提下，“过程分隔线”复选框才起作用，否则程序窗口不会显示所有过程的代码。

2.2.2 “编辑器格式”选项卡

“编辑器格式”选项卡主要用来设置程序代码文本的颜色、字体和大小等，如图2.16所示。

1.“代码颜色”区

用户可在这个区域选择各种情况下代码文本的显示颜色，其中包括：前景色(即文本的颜色)、背景色和标识色。

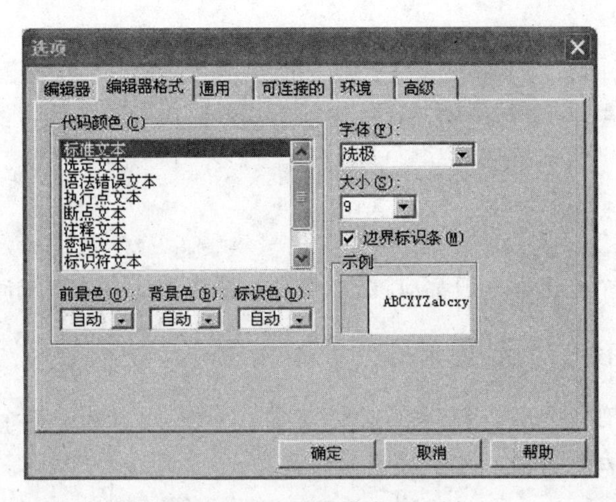

图 2.16 “编辑器格式”选项卡

2. “其他选项”区

用户可在“字体”下拉列表框选择字体，在“大小”下拉列表框选择字体大小，“示例”框会即时显示修改后的效果。

2.2.3 “通用”选项卡

“通用”选项卡的各个选项主要用来设置一些通用的系统选项，如图 2.17 所示。

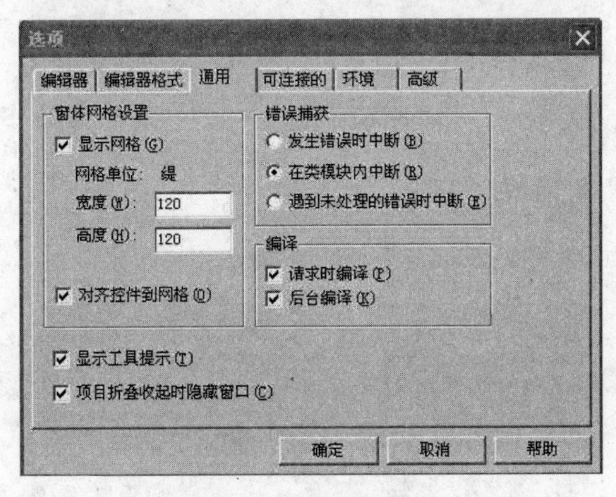

图 2.17 “通用”选项卡

1. “窗体网格设置”区

用户如果选中“显示网格”复选框，在进行窗体设计时，窗体上将均匀分布有网格；在“宽度”和“高度”文本框中可设置网格大小。

2. “错误捕获”区

该区域有三个单选框，供用户选择程序运行错误时中断的位置。一般选“在类模块内中断”单选框。

3. “编译”区

该区域内的两个复选框一般都应该选中，允许系统在后台或请求时编译。

2.2.4 “可连接的”选项卡

该选项卡包含有各个工作窗口的选项，如图 2.18 所示。选中某个复选框，则相应的窗口将以可连接的方式显示。

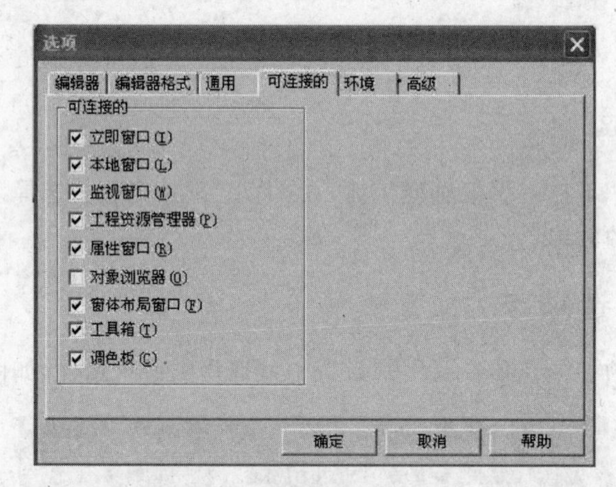

图 2.18 “可连接的”选项卡

2.2.5 “环境”选项卡

“环境”选项卡如图 2.19 所示，它包含三个区域。

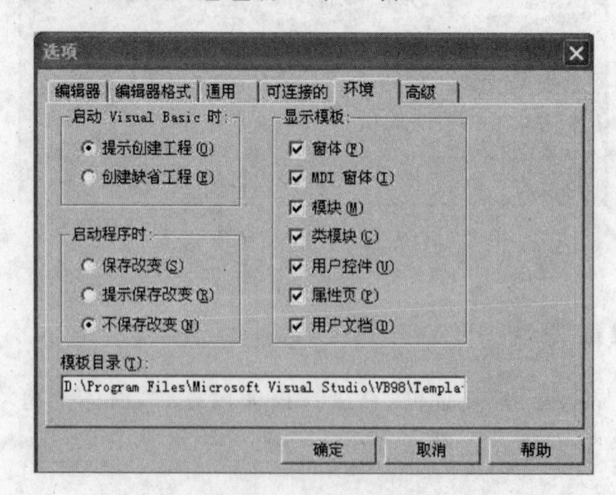

图 2.19 “环境”选项卡

1. “启动 Visual Basic 时”区域

该区域中有两个单选框：选中“提示创建工程”单选框，则在启动 Visual Basic 时，系统打开“新建工程”对话框，提示用户选择要创建的工程类型；选中“创建缺省工程”单选框，则在启动 Visual Basic 时，系统不打开“新建工程”对话框，直接创建“标准 EXE”工程。

2. “启动程序时”区域

该区域中有三个单选框，用户可选择启动（或运行）程序时，系统是否保存已经对程序所做过的修改。

3. “显示模板”区域

该区域中包含有各个模块的选项，一般选中所有复选框，这样用户可以方便地向工程中添加各种模块。

2.2.6 “高级”选项卡

该选项卡有三个复选框和一个文本框，如图 2.20 所示，其中的三个复选框可以保留缺省设置。“扩展 HTML 编辑器”文本框显示 HTML 编辑器所采用的应用程序，缺省情况时为 Windows 的记事本程序(Notepad.exe)。

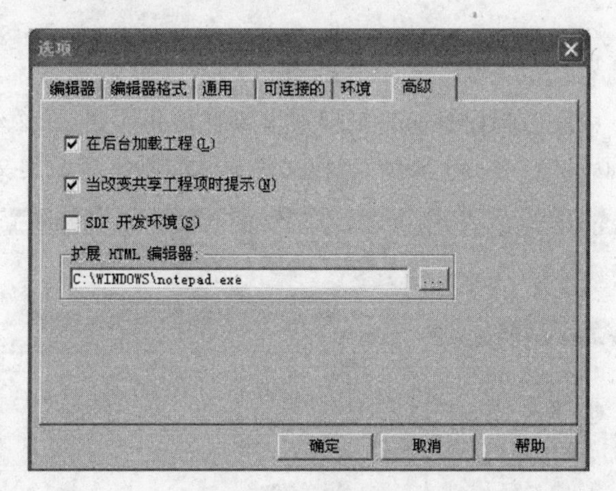

图 2.20 “高级”选项卡

2.3 工程管理

在 Visual Basic 中，一个应用程序的设计是从创建一个工程开始的。一个新的工程刚创建好时，只包含工程的框架；然后经过算法设计、界面设计、程序代码设计等步骤，给工程中添加各种各样的模块，完成应用程序的设计。所以，了解与掌握工程的管理方法是在 Visual Basic 集成环境中设计应用程序的基础。

2.3.1 概念

为了完成一个程序，Visual Basic 集成环境需要做许多的工作，如设计的程序界面和代码如何保存，各个模块和过程之间的关系如何协调等，Visual Basic 是通过文件的形式来组织和保存这些信息的。所以，设计一个 Visual Basic 程序，会生成各种形式的文件，只不过因程序的大小与复杂程度不同而最终生成的文件类型与数目也不相同。

Visual Basic 将一个应用程序的所有文件的集合称为工程。简单地讲，在 Visual Basic 中，一个应用程序就是一个工程，一个工程就是一个应用程序。一个 Visual Basic 工程通常是由若干个功能模块组成，而一个模块通常又包含若干个过程，组成过程的单位是程序语句，如图 2.21 所示。

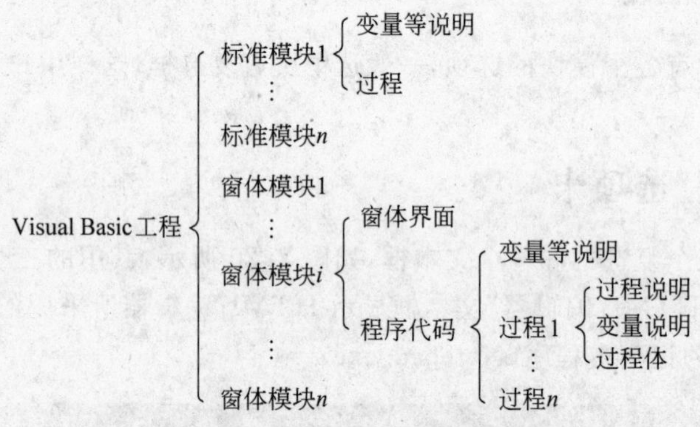

图 2.21 Visual Basic 工程的内容

在 Visual Basic 中应用程序是通过工程来组织管理的。图 2.22 给出了 Visual Basic 6.0 的整个系统界面，一个 Visual Basic 工程文件通常包括下列四类文件：

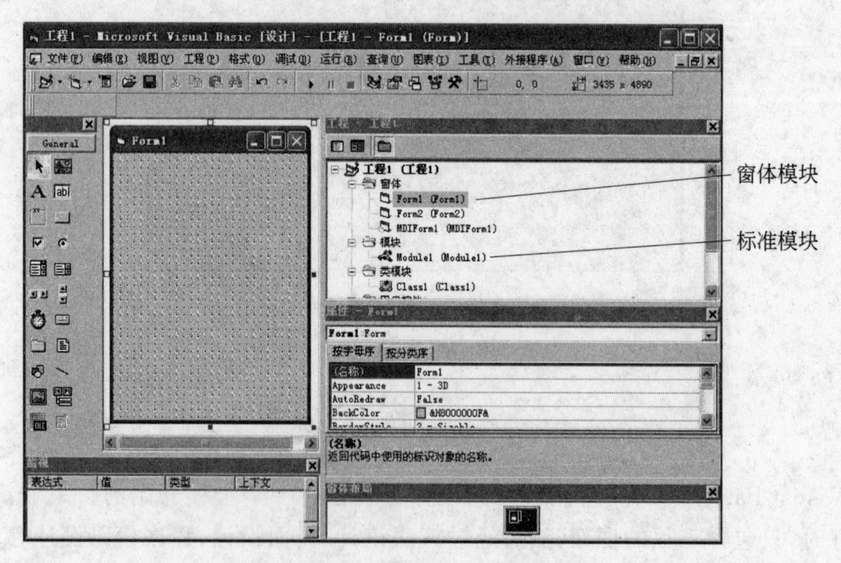

图 2.22 Visual Basic 工程的内容

(1) 工程文件：扩展名为 vbp。工程文件用于组织与管理应用程序中的所有文件，不仅包括与该工程有关的全部文件的清单，也包括所设置的环境选项方面的信息。一个应用程序对应一个工程文件。

(2) 窗体文件：扩展名为 frm。它是用于管理窗体和窗体中的对象，包括窗体及其上的所有对象的属性设置以及对应该窗体上对象所设计的所有程序代码。一个窗体对应一个窗体文件。一个工程中至少有一个窗体文件。窗体是 Visual Basic 语言学习的基础和核心内容，如图 2.23 所示。

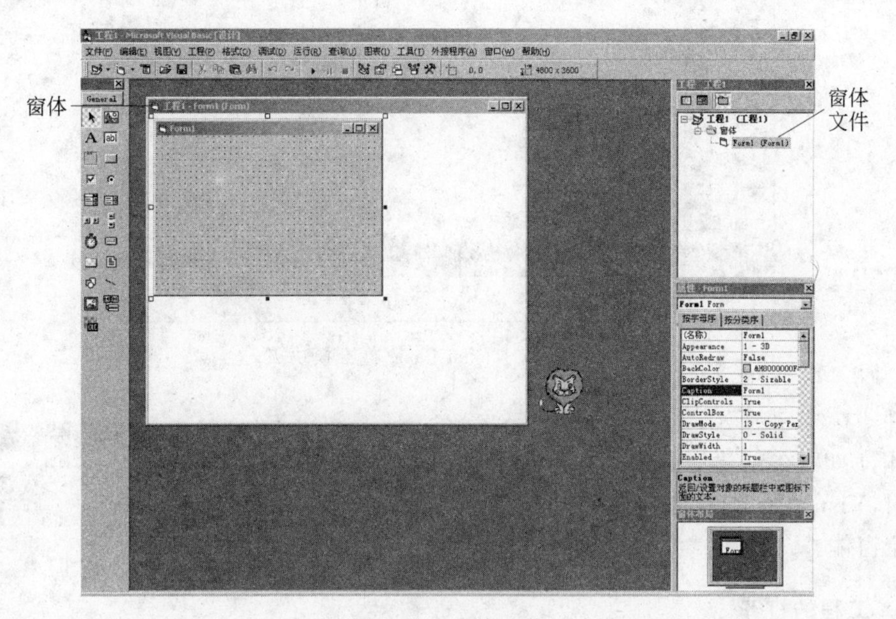

图 2.23 窗体文件

(3) 窗体的二进制数据文件：扩展名为 frx。当窗体上控件对象的数据属性含有二进制值(如图片或图标)，将窗体保存到文件时，系统会自动生成同名的.frx 文件。

(4) 标准模块文件：扩展名为 bas。该文件是可选的，它一般包含模块级与全局级的变量和外部过程的声明以及用户自定义的、可供本工程内其他模块调用的过程等。标准模块类似于一个联系库，它将应用程序中多个窗体文件联系在一起，主要是存放多个窗体共享的代码(通用过程)，如图 2.24 所示。

2.3.2 工程的创建、打开与保存

1. 工程的创建

在创建一个应用程序时，首先要创建一个工程，工程的创建有两种方法：

(1) 启动 Visual Basic 时，会打开 New Project(新建工程)对话框，此时在 New(新建)选项卡中选择所要创建的工程类型即可，如图 2.25 所示。

(2) 从 File(文件)菜单中选择 New Project(新建工程)菜单项，将打开 NewProject(新建工程)对话框，此时选择所要创建的工程类型也可以创建一个工程。

Visual Basic 可创建多种类型的工程，Standard EXE(标准 EXE)工程用来生成可执

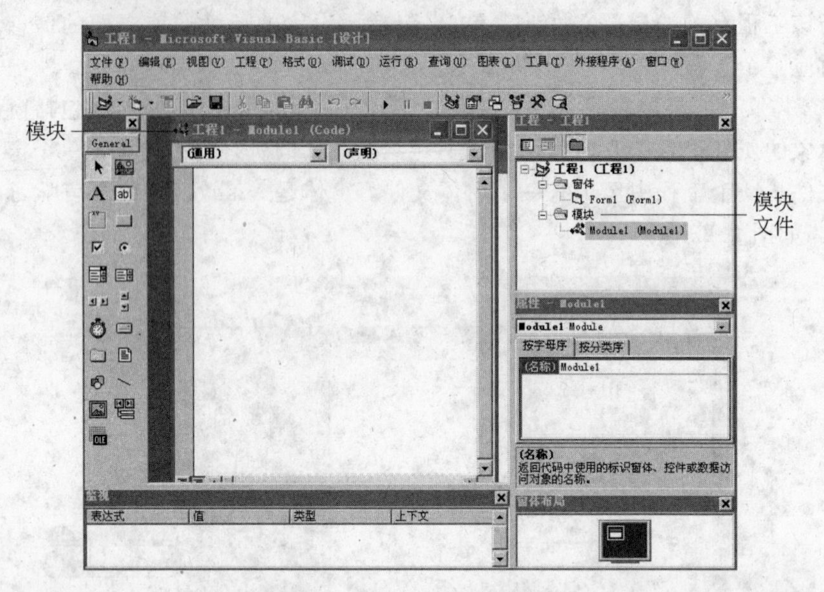

图 2.24　Visual Basic 标准模块

行文件。在“标准 EXE”工程中,至少包含一个窗体,所以,在创建一个新的“标准 EXE”工程时,Visual Basic 系统会自动给该工程生成一个窗体。

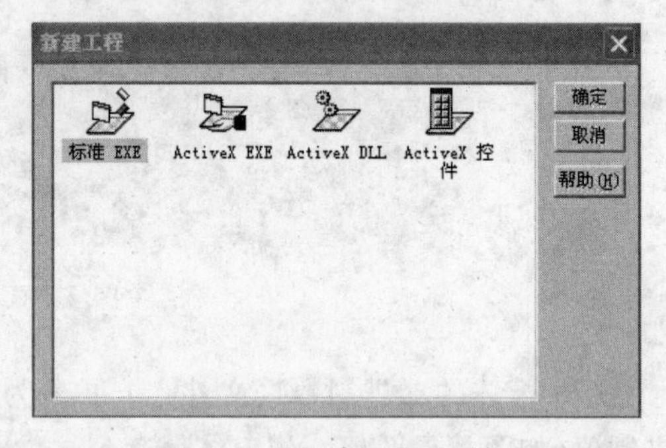

图 2.25　新建工程对话框

2. 工程的打开

对原有的应用程序进行修改或者扩充功能,就要先打开它。打开工程有如下方法:

(1) 启动 Visual Basic 时,会打开 New Project(新建工程)对话框,此时在 Existing(现存)或 Recent(最近)选项卡中选择所要打开的工程即可,如图 2.25 所示。

(2) 从 File(文件)菜单中选择 Open Project(打开工程)菜单项,将打开 OpenProject(打开工程)对话框,此时在 Existing(现存)或 Recent(最近)选项卡中也可以选择所要打开的工程。

(3) 双击 Visual Basic 的 *.vbp 工程文件,即可触发 Visual Basic 6.0 IDE 环境,打开 Visual Basic 工程。

3. 工程的保存

当把一个应用程序设计完成后,或只设计了其中一部分,都可以对其进行保存。也就是说,在一个应用程序的设计过程中,随时都可以把其保存到磁盘文件中。保存的方法是选择 File(文件)菜单中的 Save Project(保存工程)菜单项或者“工程另存为” 菜单项。如果是第一次保存,此时首先会保存相应的窗体文件(*.frm),其次 Visual Basic 会紧跟着提示用户保存相应的工程文件(*.vbp),用户可以给各个文件取相应的文件名(包括工程文件名、每个窗体的窗体文件名、每个标准模块的文件名等)。

一个工程包含多种类型的文件,因此,一个好的保存工程的方法如下:在保存工程之前,首先在某个逻辑盘(根据具体的计算机硬盘配置)的根文件夹下建一个文件夹,然后再把该工程保存在这个文件夹下面即可。这样这个工程下的所有文件就存放在这个文件夹里,以便与其他文件分开。

2.3.3 文件的添加、保存与移除

当一个新的工程创建后或要修改的工程打开后,就可以给其添加文件和从其中移除文件了。对工程中文件的操作有添加、保存和移除。

1. 文件的添加

一般来说,一个工程中会有多个窗体、标准模块等,它们都对应一个个磁盘文件。要给该工程添加一个窗体或标准模块,有两种方法:

(1) 在 Project(工程)菜单中,选择 Add(添加)菜单项(见图 2.9),系统会弹出相应的 Add(添加)对话框。此时若选择 New(新建)选项卡,将新建一个文件到该工程,若选择 Existing(现存)选项卡,则要从磁盘上现存的文件中选择一个加入到该工程中。

(2) 在工程资源管理窗口(见图 2.2)右击弹出的菜单中,选择 Add(添加)菜单项(见图 2.12)。

2. 文件的保存

在一个窗体或标准模块等的设计过程中,都可以随时把它保存到一个磁盘文件中,第一次保存时要给其取文件名。保存一个文件到磁盘有两种方法:

(1) 从 File(文件)菜单中,选择 Save(保存)菜单项(见图 2.7)即可。

(2) 在工程资源管理窗口(见图 2.2)中右击弹出的菜单中,选择 Save(保存)菜单项(见图 2.12),也可实现(1)中的功能。

3. 文件的移除

在一个工程中,当不需要某个文件时,可将其从这个工程中移除(移除只是从工程中移去,若已将其保存到磁盘,则磁盘上的文件仍然保留,不会删除。以后需要时还可将其再添加进来)。从工程中移除一个文件有两种方法:

(1) 在工程资源管理窗口(见图 2.2)中右击要移除的文件,在所弹出的菜单中,选择 Remove(移除)菜单项,即可移除该文件。

(2) 从 Project(工程)菜单中,选择 Remove(移除)菜单项(见图 2.9),也可移除当前选择的这个文件。

习　题

1. 填空题

(1) Visual Basic 有三个调试窗口,它们是________窗口、本地窗口和监视窗口。

(2) Visual Basic 的对象主要分为窗体对象和________对象两大类。

(3) Visual Basic 的工程文件的扩展名为________,标准模块文件的扩展名为________,窗体文件的扩展名为________。

(4) 保存文件时,窗体的所有数据以________存储。

(5) 在Visual Basic 中,属性窗口分为三个部分,分别是对象框、属性列表和________。

(6) 工程资源管理器的用途是________。

2. 简答题

如何理解 Visual Basic 的工程概念。

3. 上机操作题

熟悉 Visual Basic 的集成开发环境。

第3章 对象与基本控件

Visual Basic 作为一种面向对象的程序设计语言，易于开发模块化、可复用的程序，本章介绍基本的控件对象，如窗体、标签、文本框、命令按钮等。

3.1 Visual Basic 中对象的概念

3.1.1 对象和类

面向对象程序设计中，客观存在的一切东西都看成是对象。比如一个人、一张桌子、一支笔等就是一个对象；又如在 Windows 操作系统中，一个窗口、一个命令按钮、一个文本框等也是一个对象。

以人为例来分析一个对象。每个人有姓名、性别、出生日期、身高、体重、胖瘦等特征，称之为对象的属性，属性是对象的数据部分；每个人会吃饭、走路、工作等，称之为对象的方法，方法是对象固有的行为；每个人都对来自外部的信息，如某种奖励或惩罚作出反应，称之为对象可响应的事件，事件是外部世界作用于对象。例如，张三是一个人，他具有姓名等属性。他有学习 Visual Basic 程序设计的行为，他因 Visual Basic 考试得到 95 分受到奖励。

每个人都是一个具体的对象，把所有人的对象所具有的共同的东西进行抽象，形成一个所有人的对象的抽象，就是人类。人类与人的对象的区别是：人的对象是现实世界中一个具体的人，而人类是所有具体人的对象的抽象，它不是一个具体的人，而是概念上的人。

不同类的对象具有不同的属性、方法及其能够响应的事件，例如，人与桌子就具有不同的属性、方法与能够响应的事件，桌子就不知道自己受到奖励或惩罚。

3.1.2 对象的属性、方法与事件

Visual Basic 程序设计语言称之为面向对象的语言，在 Visual Basic 中，工具箱中（参见 2.1.1 节第 5 条）各控件类在窗体上实现为对象。Visual Basic 程序设计，就是对于各种控件对象的 3 个特征进行设计。

（1）属性：控件的特性。

（2）方法：控件所提供的某种能执行的操作。

(3) 事件：发生在用户和界面控件之间的交互。

1. 对象的属性

对象的属性是用来标识一个对象的所有特征。以文本框而言，每个文本框都有它的名称、在窗体上的位置、宽度、高度等属性。

【例 3-1】 有如下代码：

```
txtA.Text=""
```

其中，txtA 是一个文本框对象的名称(即该文本框 Name 属性的值，代表这个文本框的唯一标识)，Text 为该文本框对象的属性，其等号右边的空字符串""是给 txtA 文本框的 Text 属性所赋的值，使得 txtA 被清空。

代码中给对象属性赋值的一般方法为：

```
[对象名.]属性名=值(或表达式)
```

2. 对象的方法

对象的方法是指对象可以进行的操作，即对象固有的行为。

【例 3-2】 有如下代码：

```
txtA.SetFocus
```

其中 txtA 是一个文本框对象的名称，SetFocus 是文本框对象的方法，其作用是让文本框 txtA 获得输入焦点，也就是将光标置于文本框 txtA 中。

实际上，在程序设计中，方法也是一段程序代码，完成一个独立的功能，是 Visual Basic 开发环境提供的，直接调用即可。

在代码中调用方法的一般方法为：

```
[对象名.]方法名 [参数列表]
```

3. 对象的事件

对象的事件是外部环境强加给对象且对象能够响应的行为。例如，每个命令按钮都能够响应 Click(单击)事件。该事件是鼠标发出的作用于命令按钮上的且命令按钮能够响应的事件。

【例 3-3】 有如下代码：

```
Private Sub cmdExit_Click()
    End
End Sub
```

其中，cmdExit 是一个命令按钮对象的名称，Click 是命令按钮对象能够响应的事件名称，cmdExit_Click 是命令按钮 cmdExit 对应事件 Click 的事件过程的过程名。其作用是在程序运行中，当鼠标单击命令按钮 cmdExit 时，命令按钮 cmdExit 就响应该 Click(单击)

事件，即程序自动调用执行 cmdExit_Click 事件过程。

在代码中设计事件过程的一般方法为：

```
Private Sub 对象名_事件([参数列表])
    事件过程代码
End Sub
```

3.2　控件及其通用属性

任何一个 Visual Basic 程序都是由操作界面及与之相应的程序代码组成，而操作界面则是由窗体以及各种控件组成。

3.2.1　控件的概念

在 Visual Basic 开发环境中，工具箱里的所有控件实际上就是一个个类，如标签、文本框、命令按钮等都是类。也就是说，在 Visual Basic 开发环境中，类是通过控件实现的。要掌握一个控件的用法，就是在了解各个控件对象属性、方法、事件的基础上，逐步熟悉与掌握其在程序设计中的作用与用法。

Visual Basic 工具箱中(参见 2.1.1 节第 5 条)各控件类在窗体上实现为具体的控件对象，如图 3.1 所示。

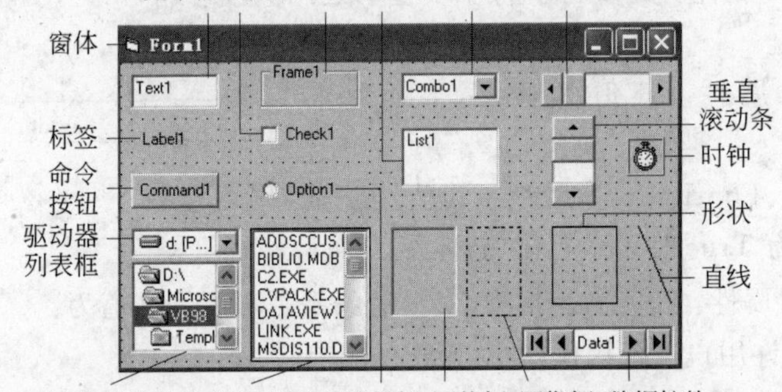

图 3.1　控件对象

3.2.2　控件的通用属性

通用属性是大部分控件共同具有的属性，下面列出常用的通用属性。

(1) Name 属性：其值为字符串类型，代表所创建对象的名称。所有的对象都具有该属性。Visual Basic 在创建一个对象时会给其赋一个默认名称(如创建第一个文本框时默认名称为 Text1)。在代码设计中要访问对象必须使用它的名称。

控件的 Name 属性命名必须以一个字母开头，并且最长可达 40 个字符。它可以包括字母、数字和下划线，但不能包括标点符号或空格。

一般空间的命名包括两部分内容。例如,一个按钮的功能为结束界面执行,取名为cmdExit。第一部分用于标识控件类型,即 cmd 表示控件为按钮,控件的命名规则如表 3.1 所示。第二部分表示功能的意义,即 Exit 表示退出,起到见名思义的作用。

表 3.1 控件的命名规则

控件类型	命名缩写	控件类型	命名缩写	控件类型	命名缩写
按钮	cmd	单选按钮	opt	图像框	img
文本框	txt	复选框	chk	驱动器列表框	drv
标签	lbl	列表框	lst	目录列表框	dir
窗体	frm	组合框	cmb	文件列表框	fil

(2) Caption 属性:其值为字符串类型,表示对象上显示的标题内容。

(3) Left 和 Top 属性:其值为整型,单位为 Twip,决定了对象的位置。对于非窗体对象,Left 表示对象到窗体左边框的距离,Top 表示对象到窗体上边框的距离;对于窗体对象,Left 表示窗体到屏幕左边界的距离,Top 表示窗体到屏幕上边界的距离。

(4) Width 和 Height 属性:其值为整型,单位为 Twip,决定了对象的宽度和高度,如图 3.2 所示。

(5) Font 属性:决定对象上所显示文本的字体、大小等外观,在属性窗口设置。如果要在代码中设置,则要使用以下属性:

- FontName 属性:其值为字符串类型,表示字体名称。
- FontSize 属性:其值为整型,表示字体大小。
- FontBold、FontItalic 等属性:其值为逻辑型,取值为 True 时表示粗体、斜体等。

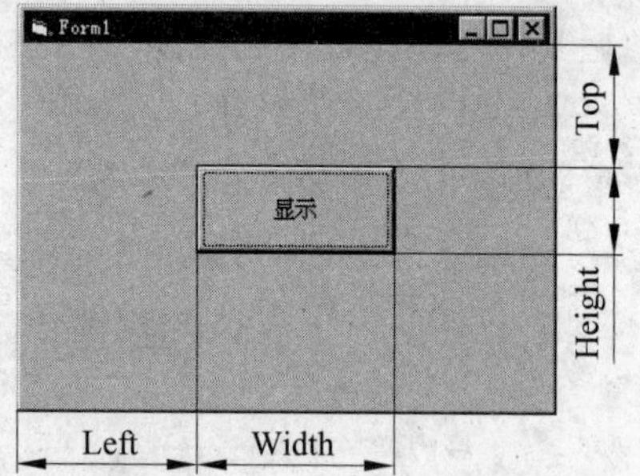

图 3.2 Left、Top、Width 和 Height 属性

(6) Enabled 属性:其值为逻辑型,决定对象是否可用。其值为:

- True:允许用户进行操作,并对操作作出响应。
- False:禁止用户进行操作,呈灰色。

(7) Visible 属性:其值为逻辑型,决定对象是否可见。其值为:

- True:程序运行时对象可见。
- False:程序运行时对象不可见。

(8) ForeColor、BackColor 属性:其值为十六进制颜色值,表示前景(正文)颜色、背景(正文以外显示区域的)颜色。

3.3 窗 体

在 Visual Basic 中,窗体虽然不在工具箱中,但它也是一种控件,而且是一种最基本的控件,叫容器控件。所谓容器控件,是指窗体对象可以像一个容器一样容纳其他的控件对象，构成程序运行的界面。

3.3.1 窗体的属性、方法与事件

1. 窗体的属性

窗体的主要属性除了上面所讲的通用属性外，还有下列一些属性：

(1) MaxButton、MinButton：最大、最小化按钮属性，其取值：

- True：窗体右上角有最大化(或最小化)按钮。
- False：窗体右上角无最大化(或最小化)按钮。

(2) Picture：设置在窗体中要显示的图片。图片格式可以是位图文件(.BMP)、图标文件(.ico)、JEPG 文件(.jpg)、GIF 文件(.gif)等。

(3) BorderStyle：设置窗体的边框样式。其取值为整型(0～5)，只能在属性窗口设置。

(4) StartUpPosition：设置窗体初始显示时显示在什么位置。其取值为整型(0～3)，分别表示手动、所有者中央、屏幕中央和默认位置。

(5) WindowsState：表示程序执行时窗体以什么状态显示。其取值为整型(0～2)，分别表示正常、最小化与最大化状态。

2. 窗体的方法

窗体上常用的方法有：

(1) Print：用来在窗体上显示文本的内容。其格式为：

```
[窗体名.]Print [表达式列表]
```

若为当前窗体，窗体名可以省略。

(2) Cls：用来清除窗体上用 Print 方法显示的文本内容或用绘图方法所画的图形，其格式为：

```
[窗体名.]Cls
```

(3) Move：用来移动窗体对象的位置。其格式为：

```
[窗体名.]Move 左边距离[,上边距离[,宽度[,高度]]]
```

(4) Show：显示一个窗体(用在多窗体工程中)。其格式为：

```
窗体名.Show([Modal],[OwnerForm])
```

(5) Hide：隐藏一个窗体(用在多窗体工程中)。其格式为：

```
窗体名.Hide
```

3. 窗体的事件

窗体常用的事件有：

(1) Load：在窗体被装入工作区时触发的事件。

(2) Activate：当窗体成为活动窗体(当前窗体)时触发的事件。

(3) Click：当用鼠标单击窗体时触发的事件。

(4) Resize：当窗体大小改变时触发的事件。

(5) Unload：当关闭或卸载窗体时会触发的事件。

表3.2列出了窗体的基本常用事件。

表3.2 窗体的事件

事 件	说 明
Initialize	用于初始化应用程序
Load	执行显示窗体前所需的操作
Unload	卸载窗体时,将发生此事件
Click	除标题栏之外,在窗体上的空白区或窗体上的无效控件上单击鼠标时,将触发此事件
blClick	除标题栏之外,在窗体上的空白区或窗体上的无效控件上双击鼠标时,将触发此事件
Resize	窗体的窗口尺寸改变后,第一次显示该窗体时将发生此事件

【例3-4】 窗体常用的事件示例。

程序代码如下：

```
Private Sub Form_Click()
    Caption="窗体单击事件"                    '窗体名可以省略
    FontSize=48
    FontName="宋体"
    Form1.Print "欢迎使用 Visual Basic"
End Sub
```

3.3.2 窗体的设计

1. 窗体的创建

启动Visual Basic 6.0后,在"新建工程"对话框中选择"标准EXE"选项,单击"打开"按钮,便在创建工程的同时创建了第一个窗体。

一个工程至少包含一个窗体。创建新窗体的步骤如下：

(1) 选择"工程"菜单中的"添加窗体"菜单项,打开"添加窗体"对话框。

(2) 在"添加窗体"对话框中选择"新建"选项卡,此时列表框中列出了各种窗体类型。选中"窗体"选项将建立一个空白窗体,选择其他选项则建立一个包含某些功能的窗体。

(3) 单击"打开"按钮,一个新窗体就被加入到当前工程中。

要改变窗体的大小,可以在属性窗口直接设置Width和Height的值来实现;也可以用鼠标拖放来实现。

2. 向窗体上添加控件对象

向窗体上添加控件对象有如下两种方法：

(1) 鼠标左键双击工具箱中的控件图标,该控件即出现在窗体中央。例如,用鼠标左键双击工具箱中的命令按钮，则命令按钮 Command1 将加入到窗体上。

(2) 将鼠标光标移到 Command1 上方，按下鼠标左键并拖动可将 Command1 放置在窗体的合适位置。使用同样方法，可以将其他控件放置在窗体上。

3. 设置窗体的初始显示位置

当程序运行过程中打开一个窗体时，如果不指定窗体所显示的位置，它将显示在默认位置上，这可能不是想要的。如果想让其显示在指定位置，则可以通过如下方法实现：

(1) 在属性窗口设置属性 StartUpPosition 的值。

(2) 在 Form_Load 事件过程中通过代码设置属性 Left 和 Top 的值。

4. 设置启动窗体

一个工程中可能包括多个窗体，或者还有一个主过程(名称为 Main)。那么程序从哪个窗体或主过程开始运行呢？这就要进行设置。设置的方法步骤如下：

(1) 首先选择 Project(工程)菜单中的 Project Properties(工程属性)菜单项。

(2) 在打开的 Project Properties 对话框中选择 General(通用)选项卡。

(3) 最后在 Startup Object(启动对象)列表框中选择启动对象。

3.3.3 窗体的生命周期

窗体的生命周期一般经历如下过程：

(1) 窗体的创建过程会引发 Initialize 事件，它是窗体处理过程中引发的第一个事件。因而，放在 Form_ Initialize 事件过程中的代码，就是窗体处理过程中最先执行的用户自定义代码。通常是在此事件过程中编写初始化窗体的代码。

(2) 窗体的加载过程会触发 Load 事件，一旦窗体进入加载状态，Form_Load 事件过程中的代码就开始执行。

(3) 当窗体显示或改变大小时会触发 Resize 事件；当窗体显示变成当前窗体时，会触发 Activate 事件；当窗体变成非当前窗体时，会触发 DeActivate 事件；当窗体获得焦点时，会触发 GotFocus 事件；当窗体失去焦点时，会触发 LostFocus 事件等。如果一个操作会触发多个事件，那么 Activate 事件在 Resize 事件之后发生，在 GotFocus 事件之前发生，LostFocus 事件在 Deactivate 事件之前发生。

(4) 关闭窗口或执行语句“UnLoad Me”时会触发 Unload 事件。

3.4 标签、文本框

3.4.1 标签

标签的功能比较简单，通常用来显示提示性信息或输出运行结果，不允许用户在程序运行时输入数据，要修改标签控件显示的文字只能在设计阶段进行。

标签的主要属性有 Caption、Font、Left、Top、BorderStyle、BackStyle、Alignment、AutoSize 等，介绍其中几种属性如下：

(1) Caption 属性：用于设置在标签上显示的文本信息。

(2) Alignment 属性：用来决定标签上显示文本的对齐方式，其值可为 0、1 或 2，分别表示左对齐、右对齐和居中显示。

3.4.2 文本框

文本框是一个文本编辑区域，它主要用来录入与修改数据，也可以用来显示数据。文本框控件的默认名称为 TextX(X 为 1、2、3 等)。

1. 主要属性

文本框的常用属性如下：

(1) Text 属性：表示文本框中录入的内容，其值为字符串。

(2) MaxLength 属性：文本框中可录入字符的最大个数。其值为整型，0 表示文本框所能容纳的字符数之内没有限制。

(3) PasswordChar 属性：设置显示文本框中的替代字符。其值为字符型，一般为 *，当 MultiLine 属性为 True 时，该属性无效。

(4) MultiLine 属性：决定文本框能否多行显示。其值为逻辑型，默认值 False 仅一行。

(5) ScrollBars 属性：设置文本框是否包含滚动条。其值为整型(0～3)。当 MultiLine 属性为 True 时，该属性才有效。

(6) Locked 属性：默认值为 False，表示文本框中的内容可编辑。值为 True 时，文本框的内容不能编辑，只能查看或进行滚动操作。

(7) SelStart、SelLength 和 SelText 属性：这三个属性是文本框中对文本的编辑属性。

① SelStart 属性：确定文本框中选中文本的起始位置。第一个字符的位置为 0。若没有选择文本，则用于返回或设置文本的插入点位置，如果 SelStart 的值大于文本的长度，则 SelStart 取当前文本的长度。

② SelLength 属性：设置或返回文本框中选定的文本字符串长度(字符个数)。

③ SelText：设置或返回当前选定文本中的文本字符串。

2. 方法

文本框经常使用的方法是 SetFocus，该方法的作用是将焦点置于某个文本框中，其语法格式如下：

```
[对象名.]SetFocus
```

SetFocus 还可用于 CheckBox、ListBox 等，是指某个控件具有接收用户鼠标或键盘输入的能力。

3. 事件

文本框所响应的事件中,经常会使用到下列一些事件:

1) Change 事件

当用户在文本框中输入新内容或程序代码中给 Text 属性赋新的值时,会触发该事件。

2) KeyPress 事件

当用户按下并且释放键盘上一个 ANSI 键时,就会触发焦点所在的文本框的 KeyPress 事件,该事件会返回所按键的 ASCII 码值。所以该事件可以用来判别用户给文本框所输入的是字母、数字或其他符号。

3) LostFocus 事件

当一个对象失去焦点时触发该事件。当按 Tab 键或用鼠标单击另一个对象(非焦点所在对象)时,都会使焦点所在对象失去焦点。

4) GotFocus 事件

当一个对象获得焦点时触发该事件。GotFocus 事件与 LostFocus 事件正好相反。

【例 3-5】 综合应用——记事本。

记事本界面如图 3.3 所示。

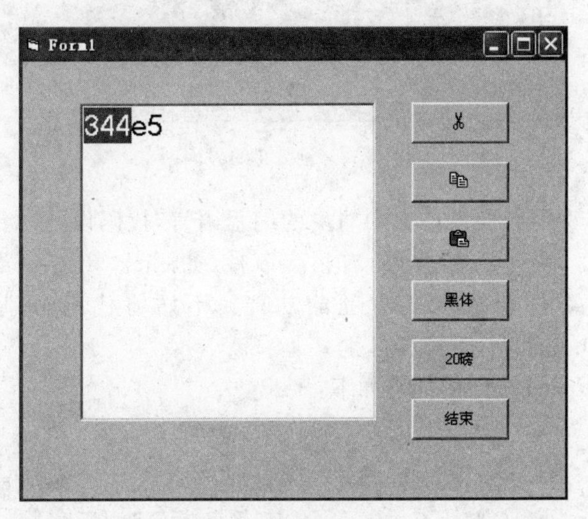

图 3.3 例 3-5 的界面

代码如下:

```
Dim st As String
Private Sub cmdCut_Click()
    st=Text1.SelText
    Text1.SelText=""
End Sub
Private Sub cmdCopy_Click()
    st=Text1.SelText
```

```
End Sub
Private Sub cmdPaste_Click()
    Text1.SelText=st
End Sub
Private Sub cmdBlack_Click()
    Text1.FontName="黑体"
End Sub
Private Sub cmdFontSize_Click()
    Text1.FontSize=20
End Sub
Private Sub cmdEnd_Click()
    End
End Sub
```

【例 3-6】 文本框示例。

【解析】 界面如图 3.4 所示。在 text1 中输入字符或数字等内容，如果是数字，label1 显示"正确!!"，反之，label1 显示"您输入的不是数字，错误，请再输入!!"的提示信息。

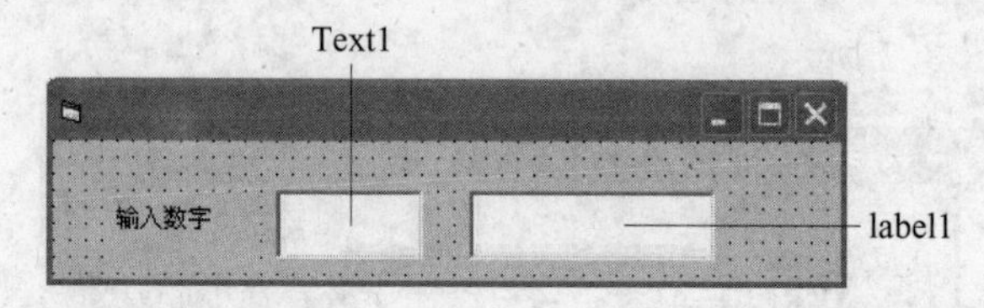

图 3.4 例 3-6 的界面

Visual Basic 作为事件驱动的面向对象的编程语言，代码设计时，首先应考虑采用什么控件的什么事件。对于 text1 控件，有很多事件，如 click 事件、change 事件、lostfocus 事件等。选择哪个事件合适完成本题的功能？不妨将代码分别写入这 3 个事件 lostfocus、change 和 click 中，观察其区别。

Text1 的 LostFocus 事件的代码如下：

```
Private Sub Text1_LostFocus()
    If IsNumeric(Text1) Then              '采用函数 isnumeric()判断是否为数字
        label1="正确!!"                    '如果是，标签提示正确
    Else
        Text1.Text=""                     '清除输入文本框中的内容
        Text1.SetFocus                    '控制权重新回到输入文本框
        label1="您输入的不是数字，错误，请再输入!!"
    End If
End Sub
```

3.5 命令按钮

Visual Basic 程序设计中,命令按钮的应用十分广泛。

1. 主要属性

命令按钮常用的属性如下:

(1) Caption 属性:用来决定显示在命令按钮上的文本,即标题。与菜单设计相似,利用 Caption 属性还可以为命令按钮设置访问键,方法是当设置 Caption 属性时在欲作为访问键的字母前面加上一个"&"符号。例如,将 Caption 属性设置为"退出(&X)",则运行时将出现"退出(X)"。此时只要用户同时按下 Alt 键和 X 键,就能执行"退出"命令按钮。

(2) Enabled 属性:决定命令按钮是否可用,默认值为 True。当设置 Enabled 属性为 False 时,运行时命令按钮将以不可用的浅灰色显示。

2. 常用事件

命令按钮的常用事件如下:

(1) Click 事件:当用鼠标单击一个命令按钮时触发该事件。

(2) MouseDown 事件:当鼠标位于按钮上并按下鼠标按钮时触发该事件。

(3) MouseUp 事件:释放鼠标按钮时所触发的事件。

【例 3-7】 命令按钮示例。

【解析】 如图 3.5 所示,在窗体上放置两个命令按钮"打印"和"清除",其名分别为 cmdPrint 和 cmdCLear。

程序代码如下:

```
Private Sub cmdPrint_Click()
    Form1.Print "对窗体使用打印方法 Print"
    Form1.Print "对窗体使用清除方法 Cls"
End Sub
Private Sub cmdCLear_Click()
    Form1.Cls
End Sub
```

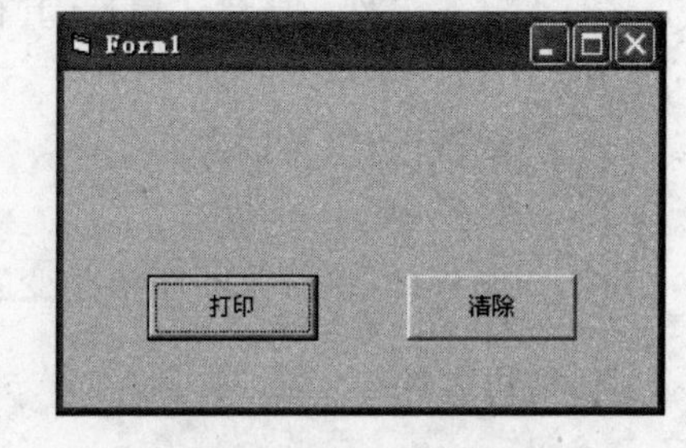

图 3.5 例 3-7 的界面

3.6 单选按钮、复选框

3.6.1 单选按钮

单选按钮通常以组的形式出现,也就是说单选按钮的使用通常都是由多个构成一个组,只允许用户在其中选择一项,比如选择某个人的性别等。

1. 主要属性

单选按钮的主要属性如下：

(1) Caption 属性：是单选按钮的标题，其值为单选按钮上显示的文本。

(2) Value 属性：是默认属性，其值为逻辑类型，表示单选按钮的状态。在一组单选按钮中，当某个单选按钮被选中时，其 Value 属性的值将变为 True，其他单选按钮 Value 属性的值将变为 False。

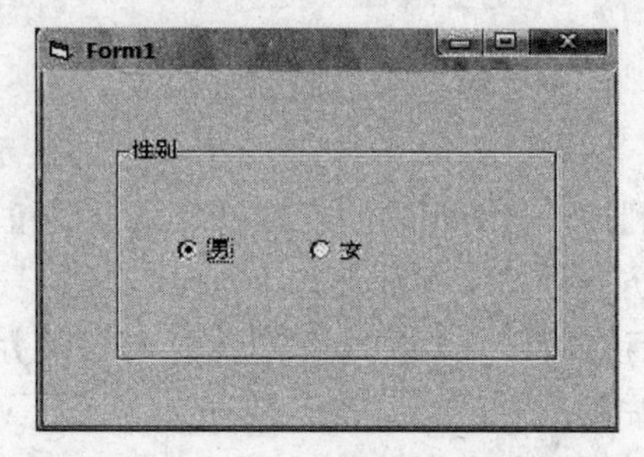

图 3.6 例 3-8 的界面

2. 常用事件

单选按钮常用的事件是 Click 事件。

【例 3-8】 男女性别选择示例。

【解析】 如图 3.6 所示，采用单选按钮完成男女性别的设置。

3.6.2 复选框

复选框与单选按钮有很多相似的地方。不过它可以单个或一个组的形式出现。此时用户可以在其中选择一个，也可以选择多个。

1. 常用属性

复选框的主要属性如下：

(1) Caption 属性：是复选框的标题，其值为复选框上显示的文本。

(2) Value 属性：是默认属性，其值为整型，表示复选框的状态。Value 属性可取如下的值：

0——默认值，未被选中。

2——被选中。

3——被灰化，也就是不能再改变它的状态。

2. 常用事件

复选框常用的事件为 Click 事件。

【例 3-9】 喜好选择示例。

【解析】 如图 3.7 所示，采用复选框完成喜好的设置。

【例 3-10】 用单选按钮和复选框设置文本框的字体。

【解析】 如图 3.8 所示，采用单选按钮和复选框完成对于文本框内容的字体的设置，程序代码如下：

```
Private Sub Option1_Click()
    Text1.Font.Name="宋体"
End Sub
```

```
Sub Option2_Click()
    Text1.Font.Name="黑体"
End Sub
Sub Check1_Click()                          '粗体
    Text1.Font.Bold=Not Text1.Font.Bold
End Sub
Sub Check2_Click()                          '斜体
    Text1.Font.Italic=Not Text1.Font.Italic
End Sub
Sub Check3_Click()                          '删除线
    Text1.Font.Strikethrough=Not Text1.Font.Strikethrough
End Sub
Sub Check4_Click()                          '下划线
    Text1.Font.Underline=Not Text1.Font.Underline
End Sub
```

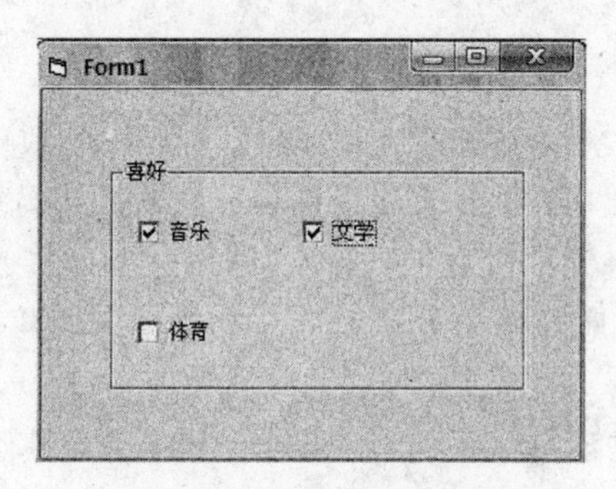

图 3.7 例 3-9 的界面

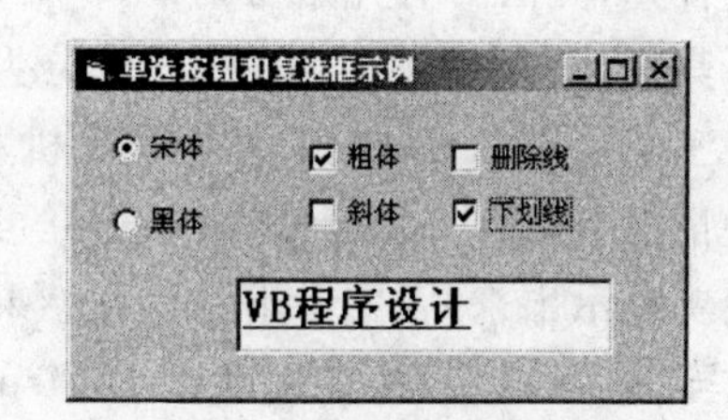

图 3.8 例 3-10 的界面

3.7 Visual Basic 的第一个例程

Visual Basic 编程一般都要经过算法设计、界面设计、程序代码设计等步骤，并最终编译连接与运行程序。以“一元二次方程求根”为例，了解 Visual Basic 程序的整个编写过程。

3.7.1 算法设计

什么是算法？简单来讲，算法就是解决问题的策略、规则和方法，也就是解决问题的过程和步骤。例如，珠算口诀 1×1=1，1×2=2，……就是算法。又例如，做菜的步骤是，先洗菜，然后切菜，最后炒菜等，这也是算法。

【例 3-11】 求解一元二次方程表达式：

AX^2＋BX＋C＝0

【解析】 初等数学的计算步骤如下：

(1) 先计算 Δ＝B^2－4AC；

(2) 若 Δ≥0,计算并求出两个实根 X1 和 X2;

(3) 若 Δ<0,计算并求出两个复根 X1 和 X2。

那么,如果用 Visual Basic 求解一元二次方程,需要考虑哪些问题?

首先,Visual Basic 要描述一个一元二次方程,通过用户输入 A、B 和 C 三个系数确定一元二次方程;其次,Visual Basic 利用 A、B 和 C 三个系数确定的一元二次方程并根据相应的公式计算出相应的根 X1 和 X2;最后,把计算出来的根 X1 和 X2 显示出来,反馈给用户求根结果。

据此,计算机求解一元二次方程的算法步骤如下:

(1) 开始;

(2) 获得描述一元二次方程的三个系数 A、B 和 C;

(3) 计算 Δ=B^2-4AC;

(4) 若 Δ≥0,求出两个实根 X1 和 X2 并显示出来,转步骤(6);

(5) 若 Δ<0,求出两个复根 X1 和 X2 并显示出来;

(6) 结束。

因此,算法设计具有如下特点:

首先,算法要有开始与结束。

其次,对于一元二次方程求解分为如下步骤:第一,计算机求解一元二次方程首先要获得三个系数 A、B 和 C,否则计算机并不知道一元二次方程是什么;第二,Δ>0 和 Δ=0 两种情况可以合成一步来完成,这样可以简化程序代码的设计;第三,求解得到的两个根一定要显示出来,否则看不到计算结果。

至此,可以看到,算法设计与 Visual Basic 是没有关系的,还没有运用到 Visual Basic 的 IDE 环境,没有用到 Visual Basic 的语句、语法规则等。

3.7.2 界面设计

算法设计进行界面设计,涉及 Visual Basic IDE 环境的具体运用和相关语法知识。具体步骤如下:

1. 创建新的工程

首先启动 Visual Basic,在 New Project(新建工程)对话框中选择工程类型 Standard EXE(标准 EXE),系统会自动生成一个具有一个空白窗体的工程,如图 3.9 所示。

2. 设计程序运行的界面

在窗体 Form1 上设计界面,首先,在窗体上创建一个控件对象的方法。

(1) 选择控件。用鼠标单击"工具箱"上的标签控件 A。

(2) 创建对象。把鼠标移动到窗体 Form1 上适当的位置,按住鼠标左键拖动,这时可以看到标签大小随鼠标的移动而变化,在适当大小时放开鼠标键,就在窗体上创建了一个标签对象,其默认名称为 Label1(第二个标签对象的默认名称为 Label2,依次类推)。

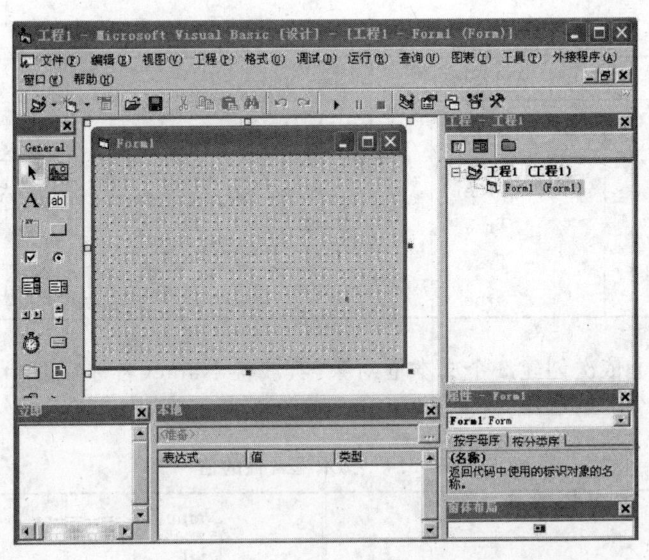

图 3.9　新建工程界面

(3) 选定对象。用鼠标单击标签 Label1，标签 Label1 周围会出现八个蓝色的方框，即当前对象。

(4) 设置属性。在属性窗口找到并设置：Caption 属性的值为“一元二次方程求根”；AutoSize 属性的值为 True;Font 属性的值为“黑体/常规/20”。

此时一个标签对象就创建设置完毕，如图 3.10 所示。

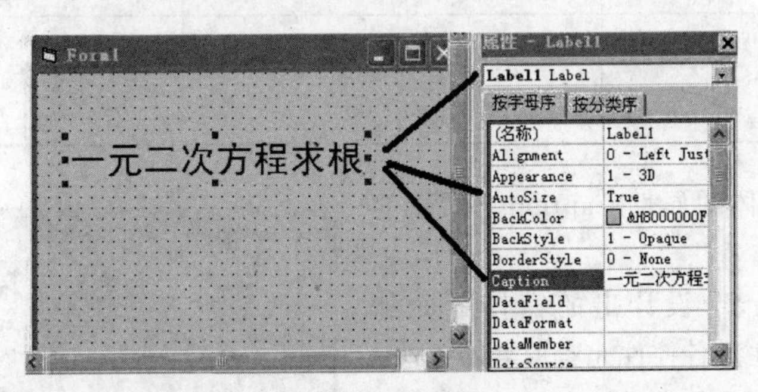

图 3.10　标签对象的创建

其次，仿照标签 Label1，在窗体上可依次类似地创建其他对象。

(1) 在窗体上依次创建 10 个标签对象，其属性 Name(名称)、AutoSize(自动大小)、Caption(标题)、Font(字体及大小)的值设置如表 3.3 所示。

表 3.3　标签属性的值

Name	AutoSize	Caption	Font
Label1	True	一元二次方程求根	黑体/常规/20
Label2	True	输入系数	宋体/常规/三号
Label3	True	A	宋体/常规/三号
Label4	True	B	宋体/常规/三号

续表

Name	AutoSize	Caption	Font
Label5	True	C	宋体/常规/三号
Label6	True	输出结果	宋体/常规/三号
Label7	True	根 X1	宋体/常规/三号
Label8	True	根 X2	宋体/常规/三号
LabelX1	True		宋体/常规/三号
LabelX2	True		宋体/常规/三号

(2) 在窗体上依次创建3个文本框对象，其属性Name(名称)、Text(文本内容)的值设置如表3.4所示。

表 3.4　文本框属性的值

Name	Text	Name	Text
txtA		txtC	
txtB			

(3) 在窗体上依次创建三个命令按钮对象，其属性Name(名称)、Caption(标题)、Font(字体及大小)的值设置如表3.5所示。

表 3.5　命令按钮属性的值

Name	Caption	Font
cmdClear	清空	宋体/常规/小四
cmdRoot	计算求根	宋体/常规/小四
cmdExit	退出	宋体/常规/小四

(4) 设置窗体的属性Caption(标题)的值为"方程求根"。

经过以上几步，设计出的窗体界面如图3.11所示。注意各控件元素取名的方法。

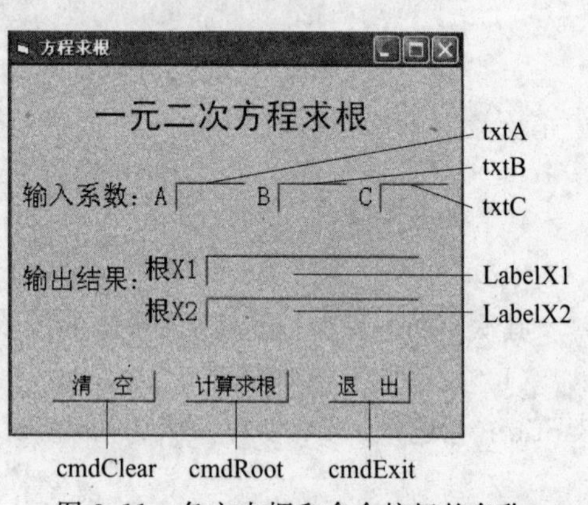

图 3.11　各文本框和命令按钮的名称

3.7.3　代码设计

界面设计完以后，就要设计完成相应功能的代码。命令按钮cmdClear设计代码的过程如下：

用鼠标双击命令按钮cmdClear，将打开代码设计窗口，如图3.12所示。

窗口上自动出现代码如下：

```
Private Sub cmdClear_Click()
    ...
End Sub
```

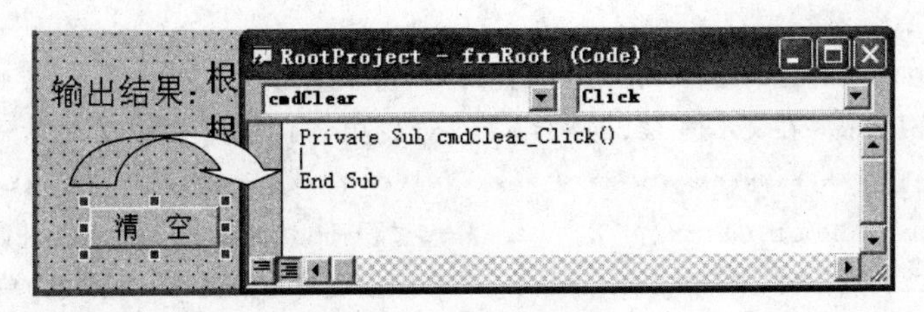

图 3.12　代码设计窗口

将如下的代码录入到 Sub…End Sub 中。

```
Rem **********************************************************
Rem 过程名称:cmdClear_Click                                  **
Rem                                                          **
Rem 功 能:清空文本框 txtA、txtB、txtC、LabelX1 和 LabelX2      **
Rem 并把输入焦点置入文本框 txtA 中                            **
Rem **********************************************************
Private Sub cmdClear_Click()                  '过程 cmdClear_Click 定义开始
  txtA.Text=""                                '清空文本框 txtA
  txtB.Text=""                                '清空文本框 txtB
  txtC.Text=""                                '清空文本框 txtC
  LabelX1=""                                  '清空 LabelX1
  LabelX2=""                                  '清空 LabelX2
  txtA.SetFocus                               '让文本框 txtA 获得输入焦点
End Sub                                       '过程 cmdClear_Click 定义结束
```

同样的方法录入另外两个命令按钮 cmdRoot 和 cmdExit 的事件过程代码。

cmdRoot 按钮的事件过程作为一元二次方程的求根的内容，过程如下：

当鼠标单击 cmdRoot 时，程序要从文本框 txtA、txtB 和 txtC 中把输入的三个系数取出来分别放入三个变量 A、B 和 C 中，计算 $D=B^2-4AC$ 的值；最后再根据 D 值的大小及相应的计算公式计算出相应的根，并显示在界面的 LabelX1 和 LabelX2 控件中。

具体分析可知：

首先，Visual Basic 语言没有提供复数类型，所以不可能计算出来复数根，解决办法是先计算出复根的实部与虚部(单精度类型)，然后用字符串类型构造出复数根(参见第 4 章)。

其次，判别 $D\geqslant 0$ 或 $D<0$ 的情况，其中用到了分支结构 If <条件> Then… Else… End If。这种结构的执行过程是：如果条件成立，则执行 Then 和 Else 之间的语句；如果条件不成立，则执行 Else 和 End If 之间的语句(参见第 5 章)。

最后，代码中用到了若干函数，每个函数完成特定的功能。如 Val(把字符串转换为数值)、MsgBox(提示信息框)、Abs(求绝对值)、Sqr(开平方)等(参见第 4 章)。

```
Rem ******************************************************************
Rem 过程名称:cmdRoot_Click                                           **
```

```
Rem                                                                   **
Rem 功 能:以输入的三个数为一元二次方程的三个系数 A、B 与 C,分           **
Rem 别求出两个根并在文本框 LabelX1 与 LabelX2 中显示出来                 **
Rem ********************************************************************
Private Sub cmdRoot_Click()                 '过程 cmdRoot_Click 定义开始
  Dim A!, B!, C!, D!, X1!, X2!              '定义变量 A、B、C、D、X1、X2 为单精度类型
  A=Val(txtA.Text)                          '把 txtA 中的值取出来转换为数值赋给变量 A
  B=Val(txtB.Text)                          '把 txtB 中的值取出来转换为数值赋给变量 B
  C=Val(txtC.Text)                          '把 txtC 中的值取出来转换为数值赋给变量 C
  D=B * B-4 * A * C                         '计算 B * B-4AC 的值并赋给 D
  If (D>=0) Then                            '判别 D 的值是否大于等于 0,若大于等于 0,则
    X1=(-B+Sqr(D)) / (A+A)                  '分别计算两个实根 X1 和 X2
    X2=(-B-Sqr(D)) / (A+A)                  'sqr( )函数用于开根号
    LabelX1=X1                              '在 LabelX1 中显示根 X1
    LabelX2=X2                              '在 LabelX2 中显示根 X2
  Else                                      '否则若小于 0,则
    X1=(-B) / (A+A)                         '分别计算两个复根的实部 X1 与虚部 X2
    X2=Sqr(-D) / (A+A)                      '
    LabelX1=X1 & "+" & X2 & "i"             '在 LabelX1 中显示第一个复根
    LabelX2=X1 & "-" & X2 & "i"             '在 LabelX2 中显示第二个复根
  End If                                    '与 If…Then…Else 构成分支结构
End Sub                                     '过程 cmdRoot_Click 定义结束

Rem ************************************************************
Rem 过程名称:cmdExit_Click                                       **
Rem                                                              **
Rem 功 能:终止程序的运行                                          **
Rem ************************************************************
Private Sub cmdExit_Click()                 '过程 cmdExit_Click 定义开始
End                                         '终止该程序的执行
End Sub                                     '过程 cmdExit_Click 定义结束
```

当代码设计完以后,就可以把该工程(应用程序)保存到磁盘上,命名两个文件名(工程文件名 Root 和窗体文件名 frmRoot)。保存结果如图 3.13 所示。

frmRoot.frm	13 KB	Visual Basic Form File	2008-8-21 23:02
Root.exe	24 KB	应用程序	2008-8-17 23:29
Root.vbp	1 KB	Visual Basic Project	2008-8-21 23:02
Root.vbw	1 KB	Visual Basic Project Workspace	2008-8-21 23:20

图 3.13 保存到磁盘上的应用文件

程序设计完成后,就可以运行程序了。其操作步骤如下:

(1) 显示人机界面如图 3.11 所示,然后暂停,等待用户的响应。

(2) 用户依次在文本框 txtA、txtB 和 txtC 中输入三个系数 3、4 和 5,接着单击命令

按钮 cmdRoot，程序就会自动调用执行 cmdRoot_Click 事件过程，如图 3.14 所示。

(3) 如果想求解另一个一元二次方程的根，用鼠标单击命令按钮 cmdClear，程序会自动调用执行事件过程 cmdClear_Click，清空 3 个系数的值和 2 个根的值，并把光标置于文本框 txtA 中。按照第(2)步继续操作。

(4) 如果退出程序的执行，单击命令按钮 cmdExit，程序就会自动调用执行事件过程 cmdExit_Click，并终止程序的执行。

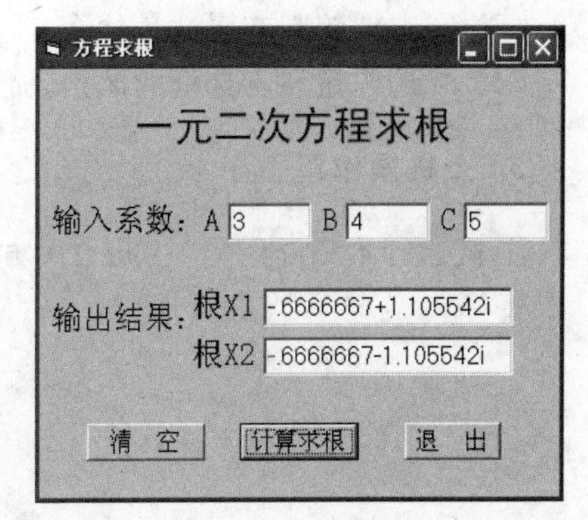

图 3.14　运行结果

习　题

1. 填空题

(1) 一个工程中包括两个窗体 Form1 和 Form2，启动窗体为 Form1。在 Form1 上有一命令按钮 Command1。程序运行后，要求单击命令按钮时，Form1 窗体消失，显示窗体 Form2，将程序补充完整。

```
Private Sub Command1_Click()
    ________ Form1
    Form2.________
End Sub
```

(2) 设置窗体 form1 的标题为“欢迎使用”，使用的语句是________。

(3) 将名称为 cmd1 的命令按钮设置为不可用，使用的语句是________。

(4) 复选框的________属性决定复选框是否被选中。

(5) 若要求在文本框中输入密码时，在文本框中只显示＃号，则应在此文本框的属性窗口中设置________属性值为＃。

(6) 标签的边框风格由________属性的设置值决定。

(7) 复选框的 Value 属性值为 1 时，表示________。

(8) 将标签 Label1 的字号设置成 20，使用的语句是________。

(9) 利用对象的属性 setfocus 可获得焦点，对于一个对象，只有其 visible 属性和________属性为 True 时，才能接受焦点。

2. 简答题

(1) 什么是对象？如何理解对象的属性、事件和方法？

(2) 窗体有哪些属性和事件？

(3) 如何理解窗体的生命周期？

(4) 文本框和标签的区别是什么？

（5）文本框的基本属性是什么？

（6）单选按钮和复选框的区别是什么？

3. 上机操作题

上机运行本章介绍的“一元二次方程求根”程序。

第4章

Visual Basic 6.0 语法基础

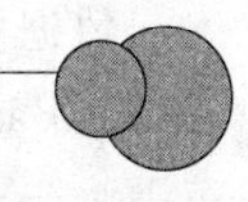

Visual Basic 作为面向对象的程序设计语言，必须遵守一些强制性的语法规定。学习 Visual Basic 编程之前，首先应掌握一些基本概念，如数据类型、变量、运算符、表达式以及一些常用的系统函数。

4.1 字符集和关键字

4.1.1 字符集

字符(Character)是各种文字和符号的总称，包括中英文字、标点符号、图形符号、数字等。字符集(Character Set)是多个字符的集合，字符集种类较多，每个字符集包含的字符个数不同，常见字符集名称有 ASCII 字符集、GB 2312 字符集、BIG5 字符集、GB 18030 字符集、Unicode 字符集等。

Visual Basic 能识别的所有字符称为字符集。

字符集包括：

(1) 数字：0～9 十个数。

(2) 字母：26 个大小写英文字母，Visual Basic 不区分大小写。

(3) 特殊字符：键盘上的其他字符以及汉字。

4.1.2 关键字

关键字又称保留字，作为 Visual Basic 程序设计语言的必要组成部分，在语法上有固定的含义，往往表现为系统提供的标准过程、函数、运算符、数据类型、事件、方法等。在 Visual Basic 中约定关键字的首写字母为大写。当用户在代码编辑窗口输入关键字时，不论大小写字母，系统同样能识别，并自动转换成为系统标准形式。关键字不能用于其他命名。

常用的关键字有 private、print、dim、const、integer、date 等。

4.2 基本数据类型

4.2.1 数据类型概述

计算机能够处理数值、文字、声音、图形、图像等各种数据。根据数据描述信息的含义，可以将数据分为不同的种类，简称数据类型。例如，人的年龄为 25，用整数来表示；成绩是 78.5，用单精度来表示；人的姓名如“比尔·盖茨”，用字符串来表示；等等。

数据类型的不同，表示它在计算机的内存中占用空间大小不同，存储结构也不同。Visual Basic 的基本数据类型如表 4.1 所示。整型(Integer)所占字节为 2，它的取值变化范围为－32 768～32 767，如果超出这个范围的数值，就不是整型了，必须用占用字节数更大的数据类型来表示。

表 4.1 Visual Basic 的基本数据类型

数据类型	关键字	类型符	占用字节数	范围	示例
字节型	Byte	无	1	$0\sim2^8-1$(0～255)	125
逻辑型	Boolean	无	2	True 与 False	True,False
整型	Integer	%	2	$-2^{15}\sim2^{15}-1$(－32 768～32 767)	23
长整型	Long	&	4	$-2^{31}\sim2^{31}-1$	－230
单精度型	Single	!	4	$-3.4\times10^{38}\sim3.4\times10^{38}$ 精度达 7 位	3.4×10^{37}
双精度型	Double	#	8	$-1.7\times10^{308}\sim1.7\times10^{308}$ 精度达 15 位	1.6×10^{308}
货币型	Currency	@	8	$-2^{96}-1\sim2^{96}-1$，精度达 38 位	295
日期型	Date	无	8	01,01,100～12,31,9999	12,05,2008
字符型	String	$	字符串	0～65 535 个字符	AB
对象型	Object	无	4	任何引用对象	
变体型	Variant	无	按需要分配		

Visual Basic 6.0 规定，如果在声明变量中没有说明其数据类型，则数据类型为 Variant。Variant 数据类型类似于“变色龙”，可以随着不同场合而代表不同数据类型，最终的数据类型由赋予它的值来确定。

4.2.2 基本数据类型介绍

下面详细介绍 Visual Basic 的数据类型。

1. 数值类型

数值类型分为整数型和实数型两大类。

1）整数型

整数型是指不带小数点和指数符号的数。按表示范围整数型分为：整型、长整型。

(1) 整型(Integer，类型符%)。整型数在内存中占两个字节(16 位)，十进制整型数的取值范围：－32 768～＋32 767。例如：15，－345，654 都是整数型。而 45 678 则会发生溢出错误。

(2) 长整型(Long，类型符 &)。长整数型在内存中占 4 个字节(32 位)。例如：123 456，45 678 都是长整数型。

2）实数型(浮点数)

实数型数据是指带有小数部分的数。

注意：数 12 和数 12.0 对计算机来说是不同的，前者是整数(占 2 个字节)，后者是浮点数(占 4 个字节或 8 个字节)。

Visual Basic 中浮点数分为两种：单精度浮点数(Single) 和双精度浮点数(Double)。

(1) 单精度数(Single,类型符!)。在内存中占 4 个字节,其有效数字：7 位十进制数。

(2) 双精度数(Double,类型符 #)。Double 类型数据在内存中占用 8 个字节。Double 型可以精确到 15 或 16 位十进制数。

2. 货币型(Currency,类型符@)

货币型主要用来表示货币值,在内存中占 8 个字节(64 位),跟浮点数的区别是：小数点后的位数是固定的 4 位 。例如：3.56@、65.123456@都是货币型。

3. 字节型(Byte,无类型符)

一般用于存储二进制数。字节型数据在内存中占 1 个字节(8 位)。字节型数据的取值范围：0～255。

4. 日期型(Date)

日期型数据表示范围为：1000 年 1 月 1 日—9999 年 12 月 31 日,时间表示范围为：00:00:00—23:59:59 。表示方法：用#括起来放置日期和时间,允许用各种表示日期和时间的格式。日期可以用"/"、","、"-"分隔开,可以是年、月、日,也可以是月、日、年的顺序。时间必须用"："分隔,顺序是：时、分、秒。例如：#09/10/2000# 或 #2000-09-12#、#08:30:00 AM#、#09/10/2000 08:30:00 AM#。在 Visual Basic 中会自动转换成 mm/dd/yy(月/日/年)的形式。

【例 4-1】 日期型数据示例。

```
Private Sub Command1_Click()
    Dim a As Date
    a=#9/10/2000#
    Print a
End Sub
```

读者运行此程序,观察日期型数据类型的输入和输出形式。

5. 逻辑型(Boolean)

逻辑型数据只有两个可能的值：True(真)、False(假) 。若将逻辑型数据转换成数值型,则 True(真)为－1,False(假)为 0;而当数值型数据转换为 Boolean 型数据时,非 0 转换为 True,0 转换为 False。

6. 字符串(String,类型符 $)

字符串是一个字符序列,必须用双引号括起来。双引号为分界符,输入和输出时双引号并不显示。字符串中包含字符的个数称为字符串长度。长度为零的字符串称为空字符串,引号内没有任何内容,也没有空格。

字符串可分为变长字符串和定长字符串两种。

1）变长字符串

变长字符串的长度为字符串长度。

【例 4-2】 变长字符串示例。

```
Private Sub Form_Click()
    dim a as string                          '声明变量 a 为字符型
    a="456789"
    Print len(a)                             '采用函数 len()求字符串 a 的长度
End Sub
```

2）定长字符串

定长字符串的长度为规定长度，当字符长度低于规定长度，即用空格填满，当字符长度多于规定长度，则截去多余的字符。

【例 4-3】 定长字符串示例。

```
Private Sub Form_Click()
    dim a as string * 5
    a="456789"
    Print len(a)                  '采用函数 len()求字符串 a 的长度
End Sub
```

请读者运行例 4-2 和例 4-3，分析运行结果。

思考：人的身份证号码，例如“610103197809213781”为什么声明是 string 数据类型？

4.3 变量和常量

4.3.1 常量

常量是在程序执行过程中，其值是恒定不变的，不能改变的。常量可以直接用一个数来表示，称为常数(或称为直接常量)，也可以用一个符号来表示，称为符号常量。

在 Visual Basic 中，常量分为如下 3 种：

1. 直接常量(常数)

各种数据类型都有常量，如表 4.2 所示。

表 4.2 常量的表示

常量类型	示　例	备　注
整型常量	整型：100，－123	
	长整型：17558624	
	八进制无符号数：&O144	
	十六进制无符号数：&H64	

续表

常量类型	示　例	备　注
实型常量	单精度小数形式：123.4	
	双精度小数形式：3.1415926535	
	单精度指数形式：1.234E2	
	双精度指数形式：3.14159265D8	
字符常量	"Visual Basic"	字符常量两端用西文双引号
逻辑常量	True,False	只能取两个值：True(真) 或 False(假)
日期常量	#6/15/1998#	一般形式为 mm/dd/yyyy,必须用"#"括起来

2. 用户声明常量

用户声明的常量是用于一些很难记住,而且在程序中多次出现、不会改变的常量值,具有便于程序的阅读或修改的作用。为了与变量名区分,一般用户声明常量名使用大写字母。

形式如下：

```
Const 常量名 [AS 类型]=表达式
```

举例：

```
Const PI=3.1415926              '声明常量 PI,代表圆周率
```

3. 系统提供的常量

系统定义常量位于对象库中,可通过"对象浏览器"(F2 键)查看。例如：vbNormal、vbMinimized、vbOK 等。

例如：

```
Text1.ForeColor=vbRed
```

vbRed 作为系统常量,比直接使用十六进制数来设置要直观得多。

4.3.2 变量

变量相对于常量而言,其值在程序执行过程中随时可以发生变化。变量的主要作用是存取数据。声明变量时,Visual Basic 在内存中开辟了一个空间,作为变量的存放地址,用于保存使用变量的值。而这个空间开辟的大小取决于变量的数据类型,例如变量是整型,则在内存中开辟 2 个字节的空间。

变量具有四要素：变量的名称、变量的数据类型、变量的值、变量的地址,如图 4.1 所示。

number	5

图 4.1 变量说明

变量 number,变量的名称为 number,意思为"数字";变量的值

为 5;变量的数据类型为 integer;变量的地址是用十六进制表示的内存地址。关于变量的地址由 Visual Basic 分配,读者不用考虑。

1. 变量的命名规则

变量必须有一个名称,Visual Basic 规定变量的命名必须遵循以下规则:

- 变量名可以由字母、数字和下划线组成。
- 变量名必须以字母打头。
- 变量名的长度不得超过 255 个字符。
- 变量名不能和关键字同名。

例如:a123、XYZ、变量名、sinx 等符合变量的命名规则,正确。

下面的变量命名不符合变量命名规则,因此都是错误的。

```
3xy              '变量名必须以字母开头,不能以数字开头
y-z              '变量名可以由字母、数字和下划线组成,不能包含减号
Wang ping        '变量名不能包含空格
Integer          '变量名不能是 Visual Basic 的关键字 Integer
```

2. 变量的声明

变量的声明分为 3 种方式,分别为显式声明变量、隐式声明变量和强制显式声明。

1) 显式声明变量

语法规则如下:

```
Dim 变量名 as 数据类型
```

例如,下面两条语句的效果相同。

```
Dim sum as integer,b as long          '变量的声明
Dim sum%,b&                           '变量的声明
```

2) 隐式声明变量

Visual Basic 允许用户在编写应用程序时,不声明变量而直接使用,系统临时为新变量分配存储空间并使用,这就是隐式声明。所有隐式声明的变量都是 Variant 数据类型。Visual Basic 根据程序中赋予变量的值来自动调整变量的类型。

3) 强制显式声明

Visual Basic 强制显式声明,可以在窗体模块、标准模块和类模块的通用声明段中加入语句 Option Explicit。此时,所使用的变量必须进行声明,否则 Visual Basic 将给出错误提示。

注意:

(1) 建议使用显示声明变量,对于变量应"先声明变量,后使用变量",这样做可以提高程序的效率,同时也使程序易于调试。

(2) 变量的取名,要求"见名思义"。

(3) 建议初学者一定使用 Option Explicit 语句。

【例 4-4】 变量的声明示例。

```
Private Sub Form_Click()
    Dim sum as integer        '变量的声明
    Sum=100000                '此时 sum 变量的值是多少?
End Sub
```

变量的声明在同一个范围内的命名必须是唯一的。如果在同一范围内声明重复,则 Visual Basic 就无法分清楚,会提示语法错误,如图 4.2 所示。就如一个班有重名的学生一样。

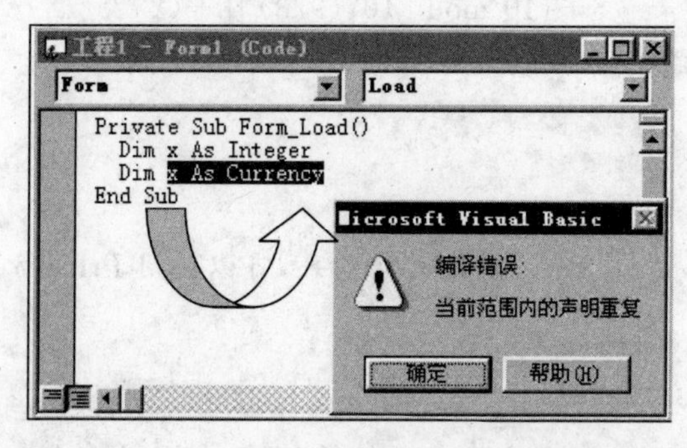

图 4.2 相同作用范围中的同名变量

4.4 运 算 符

运算符是表示实现某种运算的符号。Visual Basic 具有丰富的运算符,可分为算术运算符、字符串运算符、关系运算符和逻辑运算符等。

4.4.1 算术运算符

算术运算符如表 4.3 所示,其中"-"运算符在单目运算(单个操作数)中作取负号运算,在双目运算(两个操作数)中作减法运算,其余都是双目运算符。

表 4.3 算术运算符

运算符	含 义	优先级	实例	结 果
^	乘方	1	3^2	9
—	负号	2	—3	—3
*	乘	3	3^3^3	27
/	除	3	10/3	3.333 333 333 333 33
\	整除	4	10\3	3
Mod	取模	5	10 Mod 3	1
+	加	6	10+3	13
—	减	6	3—10	—7

表 4.3 中的"优先级"是指表达式运算时，表达式中多个运算符先执行哪个运算符，后执行哪个运算符的一个先后次序。例如，6－5＊3，乘除的优先级为"3"，加减的优先级为"6"。因此先乘除，后加减。

注意："优先级"中数值越小表示其优先级越高。

【例 4-5】 计算表达式 5＋10 mod 10\9/3＋2^2 的值。

【解析】 运算步骤如下：

(1) 找出所有的运算符＋、mod、\、/、＋、^。

(2) 根据表 4.3 将运算符的优先级进行排序，即：^ 、/、\、mod、＋。

(3) 加入必要的小括号、中括号、大括号，改变表达式运算的先后次序，如下所示：

5＋{10 mod [10\(9/3)]}＋(2^2)

(4) 依次进行运算：2^2＝4，9/3＝3，……

结果：

```
10
```

注意：为了验证 Visual Basic 表达式的结果，可以使用 Print 方法，如下所示：

```
Private Sub Form_Click()
  Print 5+10 Mod 10\9/3+2^2
End Sub
```

4.4.2 字符运算符

1. 用于连接字符串

字符串运算符"&"、"＋"用于将两个字符串拼接起来。需注意连接符"&"与"＋"之间的区别：

"＋"：连接符两边的操作数均为字符型。若均为数值型，则进行加法运算；若一个为字符型数字，另一个为数值型，则自动将字符数值型转化为数字，然后进行加法运算；若一个为非数字字符型，另一个为数值型，则会出错。

"&"：连接符两边的操作数无论是字符型还是数值型，进行连接操作前，系统先将数值型转化成字符型，然后再连接。

【例 4-6】 "&"与"＋"的应用。

【解析】 "&"与"＋"都是双目运算符（两个操作数）。

```
"123" & 456              '结果为" 123456 ",& 两侧一定要有空格
"12000"+12345        '结果为 24345,数字字符串"12000"先转化成数值,再进行加法运算
"12000"+"12345"          '结果为"1200012345",字符串连接
"abcdef"+12345           '出错,字符串与数值分属,不能运算
"abcdef"&12345      '结果为"abcdef12345",& 连接符两旁的操作数先转化成字符串,再连接
"12000"&"12345"          '结果为"1200012345",同上
12000&12345              '结果为"1200012345",同上
12000+"123"&100          '结果为"12123100",先进行算术运算,后进行字符串运算
```

注意：

```
"123 "+True                    '结果为 122
```

True 转换为数值－1，False 转换为数值 0。

2. 用于比较字符串

Like 用于比较字符串。

语法如下：

```
result=string Like pattern
```

Like 运算符的语法具有以下几个部分：

- result 必需，其内容为任何数值变量。
- string 必需，其内容为任何字符串表达式。
- pattern 必需，其内容为任何字符串表达式，遵循“说明”中的模式匹配约定。

如果 string 与 pattern 匹配，则 result 为 True；如果不匹配，则 result 为 False。

【例 4-7】 Like 的应用。

【解析】 程序代码如下：

```
Private Sub Form_Click()
  Dim strMyname As String
  strMyname=InputBox("输入姓名")                '输入的姓名是以 J 开头
  If strMyname Like "J*" Then
      'J*表示以 J 开头，*代表任意数目的任意字符或数字
      MsgBox ("输入的姓名是：" & strMyname)  '输出提示消息，使用 msgbox()函数
  End If
End Sub
```

单击窗体，触发 form_click 事件，输入 Jack，程序运行结果如图 4.3 所示。

图 4.3　Like 运算符示例

4.4.3　关系运算符

关系运算符是双目运算符，作用是将两个操作数的大小进行比较，返回 True 或 False。Visual Basic 规定，True 用 1 表示，False 用 0 表示。操作数可以是数值型、字符型。表 4.4 列出了 Visual Basic 中的关系运算符。

关系运算符在进行比较时，需注意以下规则：

(1) 两个操作数是数值型，则按大小进行比较。例如，23<3。

(2) 两个操作数是字符型，则按字符的 ASCII 码值从左到右逐一进行比较，即首先比较两个字符串中的第 1 个字符，其 ASCII 码值大的字符串为大，如果第一个字符相同，则进行第 2 个字符，以此类推，直到出现不同的字符时为止。例如，"23"<="3"。

(3) 关系运算符的优先级相同。

表 4.4 关系运算符

运算符	含 义	示 例	结 果
＝	等于	"ABCDE"＝"ABR"	False
＞	大于	"ABCDE"＞"ABR"	False
＞＝	大于或等于	"bc"＞＝"大小"	False
＜	小于	23＜3	False
＜＝	小于或等于	"23"＜＝"3"	True
＜＞	不等于	"abc"＜＞"ABC"	True
Like	字符串匹配	"ABCDEFG"Like" * DE * "	True

4.4.4 逻辑运算符

逻辑运算符除 Not 是单目运算符外，其余都是双目运算符，作用是将操作数进行逻辑运算，结果是 True 或 False。表 4.5 列出了 Visual Basic 中常用的逻辑运算符(T 表示 True，F 表示 False)。

表 4.5 逻辑运算符

运算符	含义	优先级	说 明	示例	结 果
Not	取反	1	当操作数为假时，结果为真，当操作数为真时，结果为假	Not F	T
				Not T	F
And	与	2	当两个操作数均为真时，结果才为真；否则为假	T And T	T
				F And F	F
				T And F	F
				F And T	F
Or	或	3	当两个操作数之一为真时，结果即为真，否则为假	T Or T	T
				F Or F	F
				T Or F	T
				F Or T	T
Xor	异或	3	当两个操作数不相同时，结果为真，否则为假	T Xor F	T
				T Xor T	F
				F Xor F	F
				F Xor T	T

注意： 若存在多个条件，And 运算的结果必须在所有条件全部为真时才为真，而 Or 运算符，只要其中有一个条件为真，其结果就为真。

4.5 表 达 式

4.5.1 表达式的组成

表达式由变量、常量、运算符、函数和圆括号按一定的规则组成。表达式经过运算后产生一个结果，其运算结果类型由数据和运算符共同决定。

4.5.2 表达式的书写规则

Visual Basic 的表达式如何书写？如何将数学表达式写成正确的 Visual Basic 表达式，需要注意 Visual Basic 表达式和数学表达式的区别，表 4.6 给出了一些例子。

表 4.6 数学表达式转换为 Visual Basic 的表达式

数学表达式	Visual Basic 表达式
$\frac{abcd}{efg}$	a*b*c*d/e/f/g 或 a*b *c*d/(e*f*g)
$\sin45°+\frac{e^{10}+\ln10}{\sqrt{x+y+1}}$	sin(45*3.14/180)+(exp(10)+log(10))/sqr(x+y+1)
$[(3x+y)-z]^{1/2}/(xy)^4$	sqr((3*x+y)-z)/(x*y)^4

总结上述可得：

(1) 乘号不能省略。例如，x 乘以 y 写成 Visual Basic 表达式为：x*y。

(2) 括号必须成对出现，均使用圆括号，出现多个圆括号时，从内向外逐层配对。

(3) 运算符不能相邻。例 a+ -b 是错误的。

简单地说，将数学表达式转换为 Visual Basic 的表达式具有以下两种方法：

(1) 添加必要的运算符号，例如乘号、除号等。

(2) 添加必要的函数转换相对应的数学符号。例如，数学表达式 $\sqrt{25}$ 转换 Visual Basic 表达式为 sqr(25)等。

4.5.3 不同数据类型的转化

算术运算中的操作数具有不同的数据精度时，Visual Basic 规定运算结果的数据类型采用精读相对高的数据类型，也就是说，运算结果的数据类型向精度高的数据类型靠。即：

Interger<Long<Single<Double<Currency

当 Long 型数据与 Single 型数据进行计算时，结果为 Single 型数据。

例如：

5+7.6

分析：7.6 是 Single 型，故将 Interger 5 转化为 Single 5.0，然后加法运算，结果是 12.6。

注意：算术运算符两端的操作数应是数值型，若是字符型数字或逻辑型值，则自动转化成数值类型后再进行计算。

【例 4-8】 不同数据类型的运算。

```
30-True                 '结果是 31,逻辑型常量 True 转化为数值-1,False 转化为数值 0
False+10+"4"            '结果是 14,逻辑型常量 False 转化为数值 0
```

4.5.4 优先级

Visual Basic 规定，当一个表达式中出现多种不同类型的运算符时，其优先级如下：

算术运算符＜字符运算符＜关系运算符＜逻辑运算符

如表 4.7 所示，优先级从左到右逐渐增高，从上到下逐渐减少，即 Not 运算符优先级最高，& 运算符优先级最低。

表 4.7 运算符优先级次序

算　术	关　系	逻　辑
指数运算 (^)	相等 (＝)	Not
负数 (－)	不等 (＜＞)	And
乘法和除法 (*、/)	小于 (＜)	Or
整数除法 (\)	大于 (＞)	
求模运算 (Mod)	小于或相等 (＜＝)	
加法和减法 (＋、－)	大于或相等 (＞＝)	
字符串连接 (&)	Like	

注意：对于多种运算符并存的表达式，可通过增加圆括号来改变优先级或是使表达式的含义更清晰。

4.5.5 表达式的运算

表达式的运算遵循以下步骤：

步骤 1：找出表达式中的所有运算符。

步骤 2：判断运算符的优先级别，将运算符的优先级进行排序。

步骤 3：加入必要的小括号、中括号、大括号，改变表达式的运算的书写格式。

步骤 4：对每个运算符、操作数进行计算。

【例 4-9】 计算下列表达式的值。

```
3>2 * 4 Or 3=5 And 4<>5 Or 5>6
```

【解析】 由于算术运算符的优先级高于关系运算符，所以，本题中的表达式先运算 2 * 4＝8，这样，整个表达式即简化为：3＞8 Or 3＝5 And 4＜＞5 Or 5＞6。接着，关系运算符从左向右依次运算。3＞8 的结果为 False，3＝5 的结果为 False，4＜＞5 的结果为 True，5＞6 的结果为 False。因此，整个表达式简化为：False Or False And True Or False。由于逻辑运算符的运算顺序为：Not＞And＞Or＞Xor。所以，上式中先运算 False And True，结果为 False，这样，整个表达式简化为：False Or False Or False。最后表达式的值为 False。

【例 4-10】 执行语句 Print 10＞5＞1 后，窗体上显示的结果是什么？

【解析】 表达式 10＞5＞1 中共有 2 个运算符"＞"。系统从左向右逐个计算，先计算 10＞5，结果为 True，整个表达式简化为 True＞1，根据 Visual Basic 的规定，当 Boolean 类型的数据参加数值运算时，将 True 当做 －1，而将 False 当做 0，所以，表达式 True＞c

等价于－1>1，显然，该表达式的值为 False，因而输出结果为 False。

4.6 常用系统函数

系统函数是 Visual Basic 为实现一些特定功能而编写的内部程序，按其功能可分为数学函数、转换函数、字符串函数等。下面介绍一些常用的系统函数。

4.6.1 数学函数

表 4.8 列出了常用的数学函数，其中参数 N 表示数值。

表 4.8 常用的数学函数

函数名	含 义	示 例	结 果
Abs(N)	取绝对值	Abs(－3.5)	3.5
Cos(N)	余弦函数	Cos(0)	1
Exp(N)	以 e 为底的指数函数，即 e^N	Exp(3)	20.086
Log(N)	以 e 为底的自然对数	Log(10)	2.3
Rnd[(N)]	产生随机数	Rnd	0～1 之间的数
Sin(N)	正弦函数	Sin(0)	0
Sgn(N)	符号函数	Sgn(－3.5)	－1
Sqr(N)	平方根	Sqr(9)	3
Tan(N)	正切函数	Tan(0)	0

说明：

(1) 三角函数中，参数的单位为弧度；Sqr 函数的参数不能是负数；Log 和 Exp 互为反函数，即 Log(Exp(N))、Exp(Log(N))结果还是原来 N 的值。

例如，将数学表达式 $x^2+|y|+e^3+\sin 30°$ 转换为 Visual Basic 表达式：X * X＋Abs(y)＋Exp(3)＋Sin(30 * 3.14/180)。

(2) Rnd 函数返回 0 和 1(包括 0 但不包括 1)之间的双精度随机数。产生一定范围的随机整数的通用表达式为：

```
Int(Rnd * 范围+基数)
```

【例 4-11】 产生一个 20～50 之间的随机整数(包括边界值 20、50)。

【解析】 根据 Rnd 函数，其取值范围的长度为 31＝50－20＋1，基数为 20。程序代码如下：

```
Private Sub Form_Click()
    Print Int(Rnd * 31+20)
End Sub
```

4.6.2 转换函数

常用转换函数如表 4.9 所示。

表 4.9 常用的转换函数

函数名	含 义	示 例	结 果
Asc()	字符型转成 ASCII 码值	Asc("A")	65
Chr()	ASCII 码值转换成字符	Chr(65)	"A"
Fix()	取整	Fix(-3.5)	-3
Hex()	十进制数转换成十六进制数	Hex(100)	64
Int()	取小于或等于 N 的最大整数	Int(-3.5)	-4
		Int(3.5)	3
LCase()	字母转化成小写字母	LCase("ABC")	"abc"
Oct()	十进制数转换成八进制数	Oct(100)	"144"
Round()	四舍五入取整	Round(-3.5)	-4
		Round(3.5)	4
Str()	数值转化成字符串	Str(123.45)	"123.45"
UCase()	字母转化成大写字母	UCase("abc")	"ABC"
Val()	数字字符转化成数值	Val("123AB")	123

说明：

(1) Chr()和 Asc()函数互为反函数，即 Chr(Asc (c))、Asc(Chr(N))的结果为原来自变量的值。

例如，表达式 Asc(Chr(122))的结果还是 122。

(2) Lcase()和 Ucase()函数互为反函数。

(3) str()和 Val()函数互为反函数。Str()函数将数值转换成字符型值后，系统自动在数字前加符号位，负数为"－"，正数为空格。

【例 4-12】 Str()函数示例。

```
Private Sub Form_Click()
    Print Len(Str(123))      '转换后的字符长度,结果为 4,为什么?
    Print Str(-123)
End Sub
```

(4) Val()将数字字符串转换为数值，当字符串出现数值类型规定的数字字符以外的字符时，则停止转换，函数所返回的是停止转换前的结果。

例如，表达式 Val("－123.45ty")的结果为－123.45。

4.6.3 字符串函数

Visual Basic 中对于字符串操作的函数相当丰富，常用的字符串函数如表 4.10 所示。

说明：

(1) 字符串函数 Mid()的功能包含了 Left()和 right()的功能，更为强大。

(2) Trim()函数用于去掉字符串两侧的空格。InStr、Len 函数返回的结果为整数，其余函数返回的结果为字符串。

表 4.10 常用的字符串函数

函数名	含　义	示　例	结　果
InStr(C1,C2)	在 C1 中查找 C2 是否存在,若找不到结果为 0	InStr("EFABCDEFG","DE")	6
Left(C,N)	取出字符串左边 N 个字符	Left("ABCDEFG",3)	"ABC"
Len(C)	字符串长度	Len("AB高等教育")	6
Mid(C,N1[,N2])	取字符字串,在 C 中从第 N1 个字符开始向右取 N2 个字符,默认到结束	Mid("ABCDEFG",2,3)	"BCD"
Replace(C,C1,C2)	在 C 字符串中,用 C2 代替 C1	Replace("ABCDABCD","CD","123")	"AB123AB123"
Right(C,N)	取出字符串右边 N 个字符	Right ("ABCDEF",3)	"DEF"
String(N,C)	返回由 C 中首字符组成的 N 的相同字符的字符串	String(3, "ABCDEF")	"AAA"
Trim(C)	去掉字符串中的空格	Trim(" ABCD ")	"ABCD"

例如：

```
Private Sub Form_Click()
    Print Mid("ABCDEFG", 2, 3)          '从第 2 个位置取,取 3 个字符
    Print trim(" ABCDEFG ")             '去掉 ABCDEFG 两侧各 2 个空格
    Print InStr("ABCDEFG", "EF")        '在第 1 个字符串中找第 2 个字符串,如果完全包含,
                                        '则返回第 1 个字符在字符串中的位置
End Sub
```

【例 4-13】 执行语句 s=Len(Mid("VisualBasic",1,6))后,变量 s 的值为( )。

【解析】 本题赋值号"="右边的表达式 Len(Mid("VisualBasic",1,6))中,Mid("VisualBasic",1,6)的值作为函数 Len 的参数,先求 Mid("VisualBasic",1,6)的值,根据 Mid 函数的功能可知,该值为"Visual",这时整个表达式可简化为 Len("Visual"),变量 s 最后被赋值为 6。

4.6.4 格式输出函数

使用 Format 格式输出函数使数值、日期或字符串按指定的格式输出,其形式如下：

```
Format(表达式,"格式字符串")
```

其中：

- 表达式：要格式化的数值、日期和字符串类型表达式。
- 格式字符串：表示按其指定的格式输出表达式的值。格式字符串有三类：数值格式、日期格式和字符串格式。格式字符串两旁要加双引号。

函数的返回只是按规定格式形成的一个字符串。

数值格式化时将数值表达式的值按“格式字符串”指定的格式输出。有关格式及举例如表 4.11 所示。

表 4.11 常用数值格式化符号及举例

符号	作 用	数值表达式	格式化字符串	显示结果
0	实际数字位数小于符号位数,数字前后加 0	1234.567	"0000.0000"	1234.5670
		1234.567	"000.00"	1234.57
#	实际数字位数小于符号位数,数字前后不加 0	1234.567	"####.####"	1234.567
		1234.567	"###.##"	1234.57
,	千分位	1234.567	"###,###,###"	1,235
%	数值乘以 100,加百分号	1234.567	"####.##%"	123456.7%

说明：对于符号“0”或“#”,相同之处：若要显示数值表达式的整数部分位数多于格式字符串的位数,按实际数值显示;若小数部分的位数多于格式字符串的位数,按四舍五入显示;不同之处：“0”按其规定的位数显示,“#”对于整数前的 0 或小数后的 0 不显示。

【例 4-14】 利用格式输出符号“#”和“0”,控制小数位数输出;同时请比较“;”和“&”的输出效果。程序代码如下：

```
Private Sub Form_Click()
    a=12.2345
    b=12
    Print "a="; Format(a, "0.00"); "                b="; Format(b, "0.00")
    Print "a=" & Format(a, "#.##") & "              b=" & Format(b, "#.##")
    Print a; "+"; b; "="; a+b                       '用; ";"; 紧凑格式输出表达式
    Print a & "+" & b & "=" & a+b                   '用字符串连接符"&"将各输出列表联结成
                                                    '一个字符串表达式后输出
End Sub
```

读者可运行后观看效果。

【例 4-15】 利用 Format()函数显示有关的日期和时间。

程序代码如下：

```
Private Sub Form_Click()
    FontSize=12
    Print Format(Date, "m/d/yy")
    Print Format(Date, "mmmm-yy")
    Print Format(Time, "h-m-s AM/PM")
    Print Format(Time, "hh:mm:ss A/P")
    Print Format(Date, "dddd,mmmm,dd,yyyy")
    Print Format(Now, "yyyy年 m月 dd日 hh:mm")
End Sub
```

程序运行结果如图 4.4 所示。

图 4.4　Format 格式输出函数

4.7 注意事项

Visual Basic 常常有如下一些错误：

(1) 逻辑表达式书写错。

书写逻辑表达式需要了解表达式真正的逻辑含义。例如：数学表达式 3≤x<10，其对应的 Visual Basic 表达式应为 3<=x And x<10。

(2) 多个变量同时赋值。

Visual Basic 不会给出语法错误提示，但会产生逻辑错误。

例如：

```
Dim x%,y%,z%
x=y=z=1
```

(3) 语句书写位置错。

在通用声明段只能有 Dim 语句，不能有赋值等其他语句。

例如：

```
Dim a=6
```

习　题

1. 填空题

(1) 在 Visual Basic 中，当没有声明变量时，系统会默认它的数据类型是________。

(2) 在 Visual Basic 中，字符型变量应使用符号________将其括起来，日期/时间型常量应使用符号________将其括起来。

(3) Visual Basic 的字符串连接运算符通常有________和________两种，其中，运算符两边的表达式类型必须为字符型的运算符是________。

2. 选择题

(1) “x 是小于 105 的非负数”，用 Visual Basic 表达式表示正确的是(　　)。

A) 0＜＝x＜105　　B) 0＜x＜105

C) 0＜＝x And x＜105　　D) 0＜＝x Or x＜105

(2) 函数 Int(Rnd * 100)是在(　　)范围内的整数。

A) (0,1)　　B) (0,100)

C) (1,100)　　D) (1,90)

(3) Int 函数用于取整，它返回不大于自变量的最大整数，要将 123.456 保留两位小数并将第三位四舍五入，应使用(　　)表达式。

A) Int(x * 10^2＋0.5)　　B) Int(x * 10^2)/10^2

C) Int(x * 10^2＋0.5)/10^2　　D) Int(x * 10^2)

(4) 数学式子 tg45°用 Visual Basic 表达式表示为(　　)。

A) tan(45°)　　B) tan(45)

C) tan(45 * 3.1415926/180)　　D) tan 45

(5) 用于从字符串左端截取字符的函数是(　　)。

A) Ltrim()　　B) Trim()

C) Left ()　　D) Instr()

(6) 可实现从字符串任意位置截取字符的函数是(　　)。

A) Instr()　　B) Mid()

C) Left ()　　D) Right()

(7) 下列运算结果正确的是(　　)。

A) 10/3＝3　　B) 9 Mod 4＝2

C) "20"＋"12"＝"32"　　D) 10\3＝3

(8) 下列运算结果正确的是(　　)。

A) Not("act"＞"abz")＝True

B) ("act"＞"abz")And(65＜76)＝True

C) ("act"＞"abz")Or(65＜76)＝False

D) Not("act"＞"abz") And("23"＜"3") ＝True

(9) 下列标识符不能作为变量名的是(　　)。

A) if　　B) 你好

C) a_b　　D) a1

(10) 表达式(5＋6)＞9and(10 mod 3)＜1 的值为(　　)。

A) true　　B) false

C) 5　　D) 6

3. 写出下列各表达式的值

(1) 2 * 3＞＝8。

(2) "BCD"＜"BCE" 。

(3) "12345"＜＞"12345"&"ABC"。

(4) Not 2 * 5＜＞10。

4. 用 Visual Basic 表达式表示下列命题

(1) n 是 m 的倍数。

(2) n 是小于正整数 k 的偶数。

(3) x≥y 或 x<y。

(4) x,y 其中有一个小于 z。

(5) x,y 都小于 z。

(6) x,y 两者都大于 z,且为 z 的倍数。

第5章

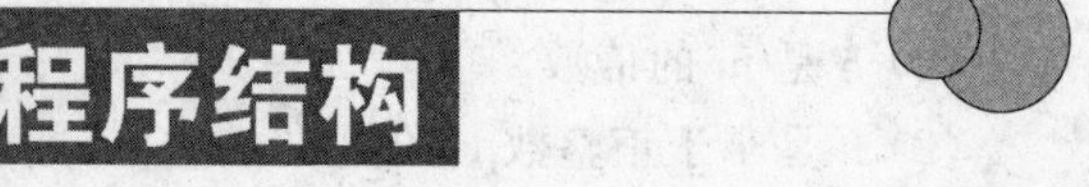

Visual Basic 编程采用面向对象的程序设计思想和事件驱动的编程机制，但是事件过程代码的编写完全沿用结构化程序设计的方法。本章首先介绍算法，其次介绍程序流程图，最后详细介绍三种基本结构中的顺序结构和分支结构。

5.1 算　　法

通过 3.7 节"Visual Basic 的第一个例程"的学习，程序一般都要经过算法设计、界面设计、代码设计等步骤，并最终编译运行。算法作为解决某个问题或实现某项功能的方法和步骤，具备以下 5 个特性：

1. 确定性

算法的每个步骤都应确切无误，没有歧义，不存在二义性。

2. 可行性

算法的每个步骤都必须是计算机语言能够有效执行、可以实现的，并可得到确定的结果。

3. 有穷性

一个算法包含的步骤必须是有限的，并在一个合理的时间限度内可以执行完毕，不能无休止的执行下去。例如计算圆周率，只能精确到某一位，这才是算法，否则就不是算法。

4. 输入性

算法中操作的对象是数据，因此，应在进行操作之前提供数据，执行算法时可以有多个输入，但也可以没有输入(0 个输入)。

5. 输出性

算法的目的是用于解决问题，必然要提供 1 个或多个输出。

【例 5-1】 从键盘上输入三角形 3 边，求三角形面积。

【解析】 其算法步骤如下：

步骤1：从键盘上任意输入三个整数，用变量a、b、c存储。

步骤2：判断a、b、c是否符合三角形的定义，两边之和大于第三边。

步骤3：如果符合，求出周长的一半 s=(a+b+c)/2。

步骤4：调用海伦公式 $area=\sqrt{s(s-a)(s-b)(s-c)}$，求出三角形面积area。

步骤5：输出area。

下面用算法的5个特性来分析例5-1。

(1) 确定性。算法共有5个步骤，每一个步骤都有确定的含义，语法没有二义性。

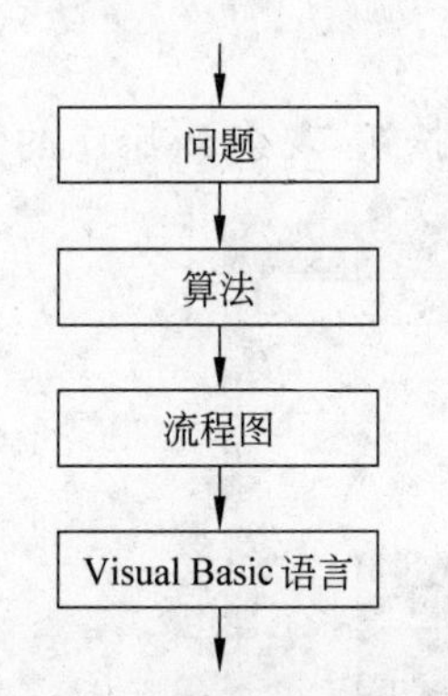

图5.1　编程的基本流程

(2) 可行性。每个步骤都可以用Visual Basic去实现，得到确定的结果。

(3) 有穷性。只有短短的5个步骤，是有限的。

(4) 输入性。算法有3个输入，a、b、c分别代表三角形的3边。

(5) 输出性。算法有1个输出，area代表三角形的面积。

至此，用Visual Basic编程去解决一个问题，首要做的是找出解决问题的算法，也就是确定一个一个的步骤，这必须符合算法的5个特性。然后，将算法转换为程序流程图，最后转化为具体的编程语言，如Visual Basic语言，如图5.1所示。

5.2　输入和输出

Visual Basic得到用户（或系统）的输入数据，经过处理，然后将处理结果输出，如图5.2所示，下面介绍一些输入和输出语句。

5.2.1　数据输入

从键盘输入数据有如下两种方法：

(1) 通过Visual Basic提供的控件，如文本框等。文本框作为最常使用的控件，用于得到从键盘上输入的值，注意此值是字符串。

输入

处理

输出

图5.2　Visual Basic程序处理的流程

(2) 通过一些Visual Basic提供的系统函数，实现输入的功能，例如InputBox函数。InputBox函数显示一个输入框，并提示用户在文本框中输入文本、数字，当按下确定按钮后返回文本框内容中的字符串。

语法：

```
InputBox(提示[,标题][,默认值])
```

参数说明：

(1) 提示：必需的参数，作为输入框中提示信息出现的字符串。

(2) 标题：可选的参数，作为输入框标题栏中的字符串。若省略该参数，则在标题栏中显示应用程序名称。

(3) 默认值：可选的参数，作为输入框中默认的字符串，在没有其他输入时作为默认值。若省略该参数，则文本框为空。

【例 5-2】 InputBox 函数举例。

在窗体的 Click 事件中编写如下代码：

```
Private Sub form_click()
    Label1=InputBox("请输入您的姓名")
End Sub
```

运行程序，结果如图 5.3 所示。输入“王海”后，按下“确定”按钮，观察 Label1 的值。

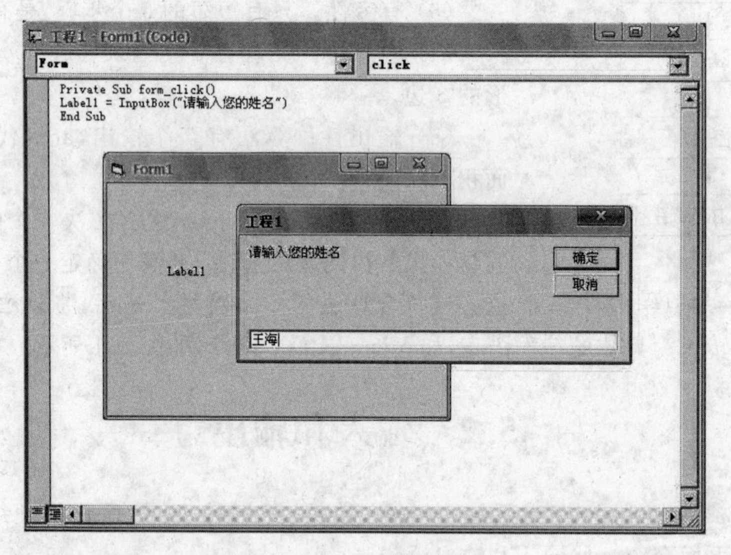

图 5.3　例 5-2 的运行结果

MsgBox 有 MsgBox 函数和 MsgBox 过程两种形式，其中，MsgBox 函数的作用是弹出一个对话框，在其中显示指定的数据和提示信息，并将返回用户在此对话框所做的选择，将返回值赋给指定变量。具有以下功能：

- MsgBox 函数用于在用户与应用程序之间进行交互。
- MsgBox 函数显示一个带有消息的对话框并等待用户单击某个按钮来关闭它。
- 用户单击按钮后，会返回一个值指示用户单击的按钮。

MsgBox 函数的形式如下：

```
变量[% ]=MsgBox(提示[,按钮][,标题])
```

MsgBox 过程的形式如下：

```
MsgBox ([提示信息],[标志和按钮],[对话框的标题信息])
```

MsgBox 函数中按钮值如表 5.1 所示。

表 5.1 MsgBox 函数中按钮值列表

分组	内部常数	按钮值	描 述
按钮数目	vbOkOnly	0	显示 OK 按钮
	vbOkCancel	1	显示 OK、Cancel 按钮
	vbAbortRetryIgnore	2	显示 Abort、Retry、Ignore 按钮
	vbYesNoCancel	3	显示 Yes、No、Cancel 按钮
	vbYesNo	4	显示 Yes、No 按钮
	vbRetryCancel	5	显示 Retry、Cancel 按钮
图标类型	vbCritical	16	关键信息图标"红色 STOP 标志"
	vbQuestion	32	询问信息图标"?"
	vbExclamation	48	警告信息图标"!"
	vbInformation	64	信息图标"I"

MsgBox 函数返回所选按钮整数值如表 5.2 所示。

表 5.2 MsgBox 函数返回值列表

内部常数	返回值	内部常数	返回值
vbOk	1	vbIgnore	5
vbCancel	2	vbYes	6
vbAbort	3	vbNo	7
vbRetry	4		

【例 5-3】 MsgBox 函数举例。

程序代码如下：

```
Private Sub Form_Load()
    Text1.MaxLength=6
    Text1=""
    Text2.MaxLength=6
    Text2.PasswordChar="*"
    Text2.Text = ""
End Sub
Private Sub Text1_LostFocus()                        '账号失去焦点
    If Not IsNumeric(Text1) Then
      MsgBox "账号有非数字字符错误"                  'MsgBox 的过程形式
      Text1.Text=""
      Text1.SetFocus
    End If
End Sub
Private Sub Command1_Click()                         '确认按钮
```

```
    Dim i As Integer
    If Text2.Text<>"Hello" Then            '如果输入的密码内容不是字符串 Hello
      I=MsgBox("密码错误", vbRetryCancel+vbExclamation, "输入密码")
          'vbRetryCancel 表示按钮为 vbRetryCancel,
          'vbExclamation 表示图标类型为警告信息图标"!"

      If i=vbRetry Then                     '按下的按钮为 Retry 按钮
          Text2.Text=""
          Text2.SetFocus
      Else                                  '按下的按钮为 Cancel 按钮
          End
      End If
    End If
End Sub

Private Sub Command2_Click()               '取消按钮
    End
End Sub
```

图 5.4 为账号不是数字时,"MsgBox 的过程形式"所产生的运行结果。

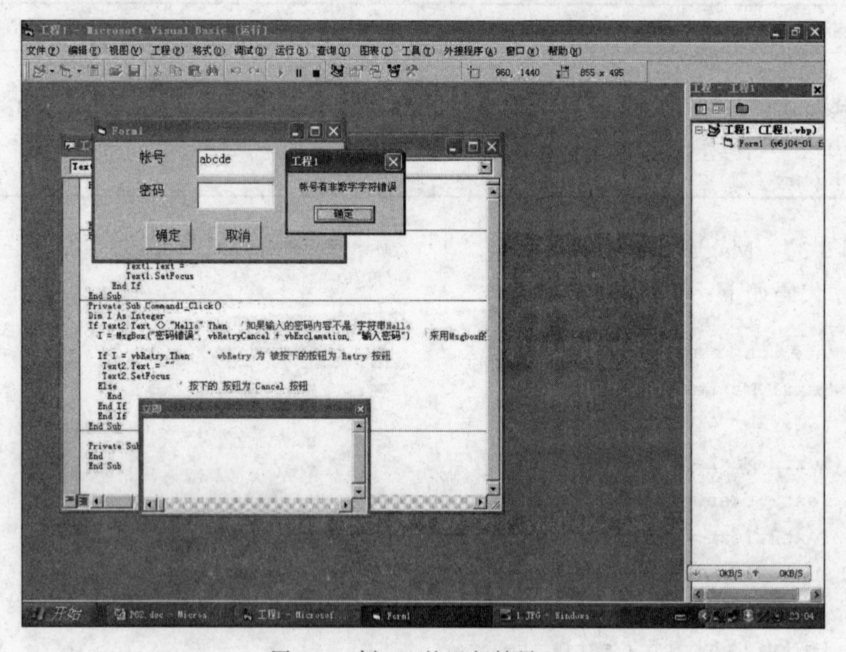

图 5.4　例 5-3 的运行结果(1)

图 5.5 为输入密码不是"Hello"字符串时,"MsgBox 的函数形式"所产生的程序代码运行结果。

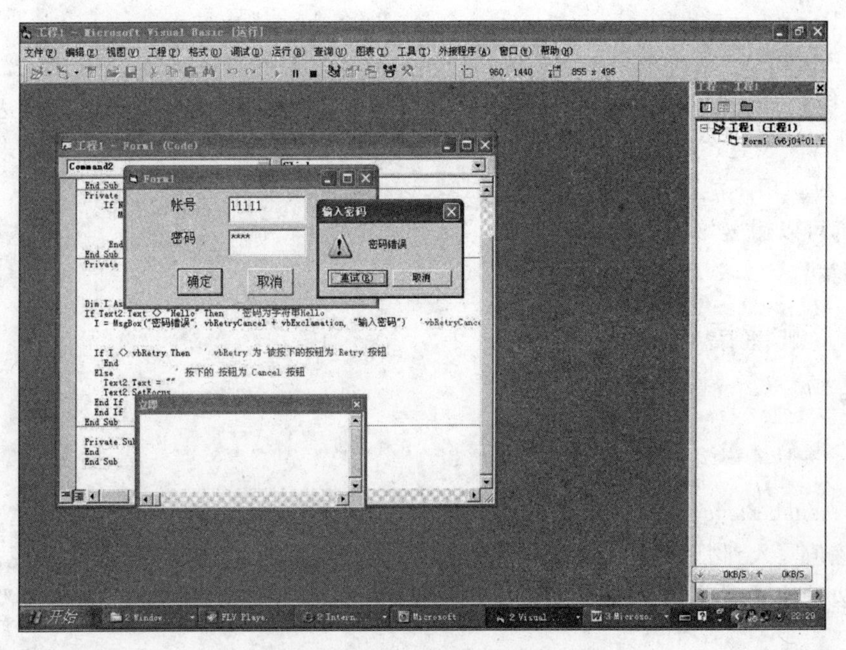

图 5.5 例 5-3 的运行结果(2)

5.2.2 数据输出

数据的输出就是将 Visual Basic 运行的结果反馈给用户，一般也具有两种方式：一种是通过控件，如 label 控件；另一种可以通过 Visual Basic 提供的方法和函数，如 print 方法。

print 方法用于在窗体、图形框上打印输出。

语法：

```
[对象.] print
```

若省略对象，则表示在窗体上打印输出。例如：

```
(1) Print                                   '在窗体上输出一空行
(2) Print "变量必须先声明后使用,这是为什么?"  '在窗体上输出一句话
(3) print "素数是" & "5","7","11"            '使用逗号,在窗体上输出一行
(4) print "素数是" & "5";"7";"11"            '使用分号,在窗体上输出一行
```

分析：体会(3)和(4)的异同点。两者都是实现在一行输出，但是，采用逗号，在 5、7、11 三个数字之间自动添加 Tab 键，也就是 8 个空格；而使用分号，5、7、11 三个数字相连，输出结果为“素数是 5711”，容易产生困惑，是 5711 这个数吗？此时，应该在 5、7、11 之间加入空格，将(4)改写代码为：

```
print "素数是" & "5";" ";"7" ; " ";"11"
'使用分号,并加入必要的空格,在窗体上输出一行
```

【例 5-4】 设 x＝4，y＝6，以下不能在窗体上显示出“A＝10”的语句是(　　)。

A) Print A=x+ y　　　　B) Print "A=";x+y

C) Print "A="+ Str (x+y)　　　　D) Print "A="&(x+y)

【解析】 Print 方法没有赋值功能。选项 A 中,表示用 Print 方法输出表达式 A=x+y 的值,该表达式是一个关系表达式,由于 x+y 的值为 10,而变量 A 的值未进行赋值,因此 A 选项不能在窗体上显示"A=10",该选项的结果为 False。而选项 B、C、D 对应的语句都可以输出"A=10"。

【答案】 A。

5.2.3 赋值语句

语法:

```
[LET]变量名=表达式
```

当 Visual Basic 执行一个赋值语句时,先求出赋值操作符"="右边表达式的值,然后把该值写入到"="左边的变量中。这是从右到左的单向过程,也就是说,赋值操作符右边的表达式的值会改变左边变量的值,而左边变量对于右边的表达式没有任何影响。

赋值语言一般用于给变量赋值或对控件设定属性值。赋值操作符执行如表 5.3 所示。

表 5.3 赋值操作符

变量类型	表达式类型	系统处理
数值	数值	系统先求出表达式的值,在将其转换为变量类型后再赋值
字符	数值	系统将把表达式的值转换为字符型赋给变量
逻辑	数值	所有的非 0 值,系统都转换为 True 赋给变量,0 则转换为 False 赋给变量

【例 5-5】 在窗体上显示一个对象为文本框,为其设定属性值,并给变量赋值。

程序代码如下:

```
Private Sub Form_Click()
  Dim number As Integer
  Dim strName As String
  number=600+1000                     '把表达式的结果值 1600 赋给整型变量 number
  strName="我一定要把 VB 学会"          '把字符串赋给 strName
  Let Text1.Text="赋值号的特点是什么?"  '对控件赋值,格式为对象.属性=属性值
  Text1.fontname="黑体"
  Text1.fontsize=15
  Print number
  Print strName
End Sub
```

运行效果如图 5.6 所示。

【例 5-6】 设计一个窗体,包含两个标签和两个文本框,若在"输入"框中输入任意文

字，将在“显示”框中同时显示相同的文字。运行界面如图 5.7 所示。

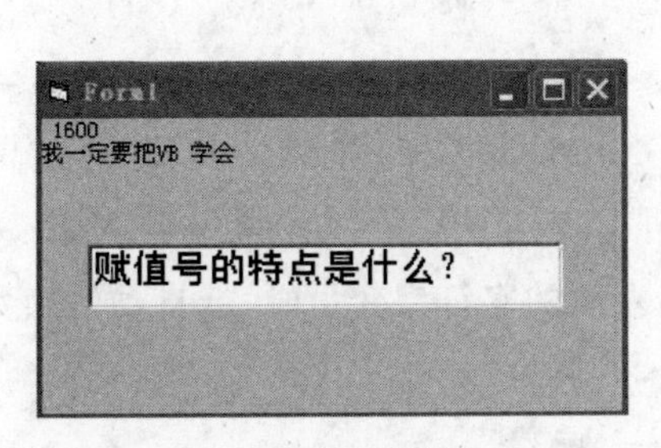

图 5.6 运行效果

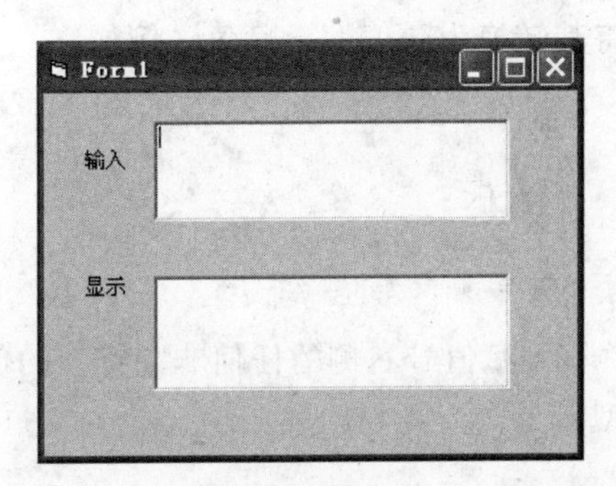

图 5.7 界面设计

对文本框进行属性设置，如图 5.8 所示。

程序代码如下：

```
Private Sub Text1_Change()
   Text2.Text=Text1.Text
End Sub
```

运行结果如图 5.9 所示。

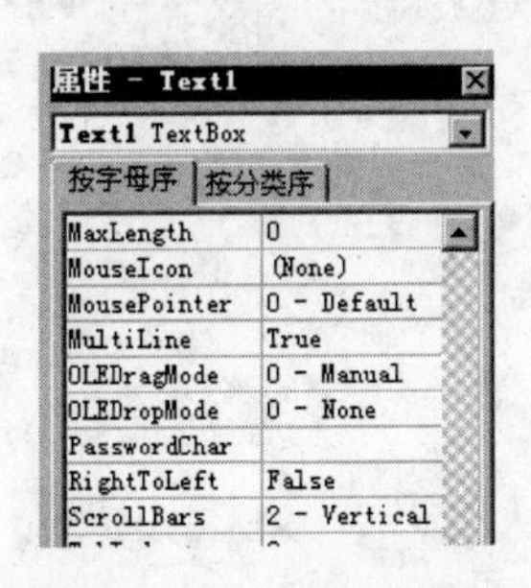

图 5.8 文本框属性设置

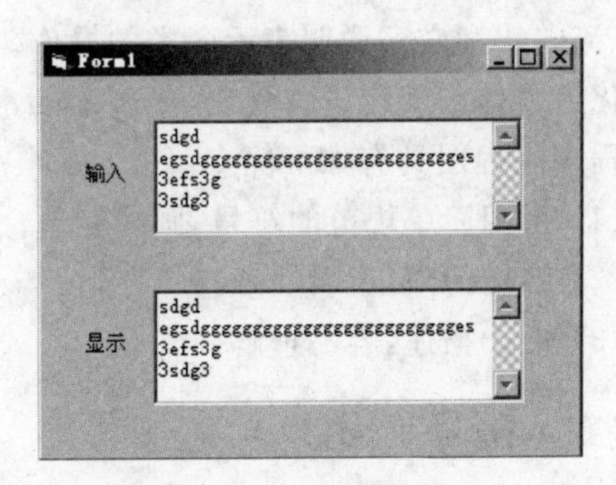

图 5.9 输入后运行结果

注意：赋值号需要注意如下一些问题。

(1) 当表达式的类型与变量的类型不一致时，强制转换成左边的精度。

例如：

```
number% =10/3        'number 为整型变量，转换时四舍五入，结果为 3
```

(2) 赋值号与关系运算符的等于号都用“＝”表示，Visual Basic 根据上下文判断是赋值号还是关系运算符。

例如：

```
Dim a as integer
a=3             '赋值操作符
If(a=5)         '关系运算符中的"等于"号
```

(3) 赋值号左边只能是变量，不能是常量或者表达式。

(4) 当赋值号右侧的表达式为数字字符串,左边的变量为数值型时,Visual Basic 自动将其转换为数值型再赋值。例如:

```
Number% ="123"
```

等价于

```
Number% =val("123" )
```

(5) 赋值号右侧的任何非字符型的值,赋值给左侧的字符型变量时,会自动转换为字符型。

5.3 程序流程图

5.3.1 简介

采用自然语言描述算法,容易产生二义性。例如英文单词 doctor,意思是“博士”还是“医生”,需要根据当时的场景决定其含义。因此,自然语言不适合算法的描述。在计算机语言中,采用流程图、伪语言、形式化语言(Z 语言等)描述算法。

程序流程图又名框图,是对解决问题的方法、思路或算法的一种描述,采用一些几何框图、流向线和文字说明表示各类的操作。一般采用 N-S 图和 PAD 图,之后将程序流程图转化为具体的编程语言代码,如 Visual Basic 代码。

程序流程图具有如下优点:

(1) 采用简单规范的符号,画法简单;

(2) 结构清晰,逻辑性强;

(3) 便于描述,容易理解。

5.3.2 符号介绍

程序流程图主要采用如下的符号进行问题的描述。

(1) 箭头:表示控制流向,如图 5.10(a)所示。

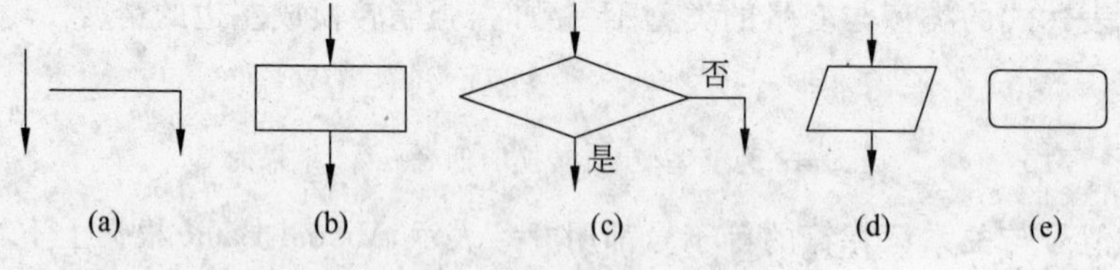

图 5.10 程序流程图基本符号

(2) 执行框,又名方框,用于表示一个处理步骤,如图 5.10(b)所示,箭头是一进一出。

(3) 判别框,又名菱形框,用于表示一个逻辑条件,如图 5.10(c)所示,箭头是一进二出。

(4) 输入输出框:又名平行四边形框,用于表示一个数据的输入和输出,如图 5.10(d)

所示，箭头是一进一出。

(5) 起始/终止框：又名圆角矩形框，用于表示流程的起点与终点，如图 5.10(e)所示。

5.4 顺序结构与分支结构

随着计算机的发展，程序代码越来越多，一个程序往往就会有数千条，乃至数万条的语句，程序的结构也越来越复杂。为了解决这一问题，出现了结构化程序设计。其基本的思想是采用几种简单类型的结构去规范程序设计结构，采用工程的方法进行软件的生产。

1996 年意大利人 Bobra 和 Jacopini 提出了算法实现有三种基本结构：顺序结构、分支结构和循环结构，由这 3 种基本结构组成的程序，称之为结构化程序。

简单地说，Visual Basic 的学习，就是将解决问题的算法转换为符合 Visual Basic 语法要求的三种基本结构的有机组合。因此，Visual Basic 的学习包含如下两个方面：

(1) 算法。这是一个难点，即如何将一个问题的算法一步一步地找出来。

(2) 如何将算法用 Visual Basic 的三种基本结构来表示，这需要掌握 Visual Basic 的语法规则。

下面介绍 Visual Basic 的三种基本结构：顺序结构、分支结构和循环结构

5.4.1 顺序结构

顺序结构的特点是沿着一个方向进行，具有唯一的一个入口和一个出口，如图 5.11 所示，程序执行是按照语句的先后次序从上到下地执行，只有先执行完语句 1，才会去执行语句 2。根据算法的特性，语句 1 将输入数值进行处理后，输出结果，语句 2 将语句 1 的输出作为自己的输入，然后去处理执行。也就是说，没有执行语句 1，语句 2 是不会执行的。

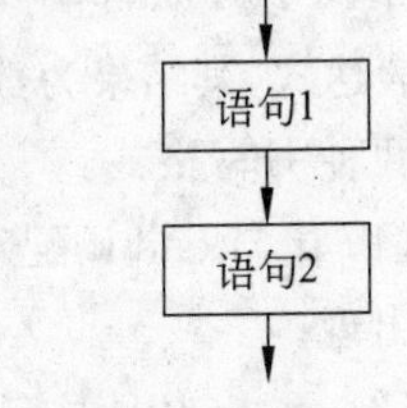

图 5.11 顺序结构流程图

【例 5-7】 从键盘上输入一整数为半径，求圆的面积和周长。

程序代码如下：

```
Private Sub Form_Click()
    Dim number As Integer                   '定义半径为整型
    Dim zhouchang As Single                 '定义圆的面积为单精度,为什么不是整型
    Dim mianji As Single                    '定义圆的面积为单精度,为什么不是整型
    Const PI as single=3.1415926            '定义常量 Π
    Number=val(inputbox("请输入一个整数"))
        '从键盘上输入一字符,用系统函数 val()将字符转化为数字
    mianji =PI * number * number            '计算圆面积
    zhouchang=2 * PI * number               '计算圆周长
    Print zhouchang;mianji                  '输出面积和周长
End Sub
```

5.4.2 分支结构

分支结构又名选择结构、条件判定结构，是在某种特定的条件下去选择地执行程序中的特定语句，根据条件表达式判断的结果，去执行相应的语句。分支结构分为两路分支(IF 语句)和多路分支(Select Case 语句)。

1. 两路分支

Visual Basic 是通过 IF 语句来实现两路分支的。IF 语句具有多种形式：单分支、双分支和多分支等。

1) If…Then…End If 语句(单分支结构)

单分支结构如图 5.12 所示，其两种书写格式如下：

```
(1) If <条件表达式> Then
        语句块
    End If
```

或

```
(2) If <表达式> Then <语句>
```

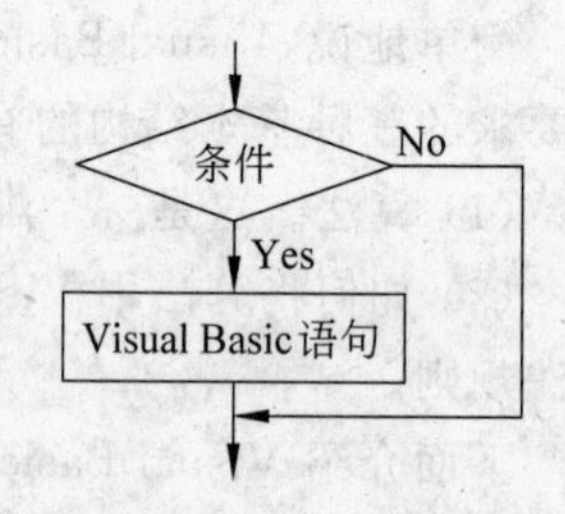

图 5.12 单分支结构流程图

在条件分支结构中要用到条件表达式作为测试条件，一般地，条件表达式是用关系运算符构成的关系表达式或由逻辑运算符构成的逻辑表达式，结果为 True 或 False，根据 True 或 False 去执行不同语句；条件表达式是由算术运算符构成的算术表达式，其结果为数值，Visual Basic 将数值 0 看做 False，而将任何非 0 看做 True。

两种书写格式：

(1) if 与 end if 配对出现。语句块可以是一条或多条语句，必须另起一行，if 与 end if 配对出现。

(2) 无 end if 语句与 if 配对出现。语句块只能有一条语句或语句间用冒号分隔，且必须写在一行上。

建议使用第(1)种书写格式。

【例 5-8】 单分支结构示例。

程序代码如下：

```
Private Sub form_click()
    Dim x, y, t As Integer
    x=Val(InputBox("请输入一个 x 值"))
    '从键盘上输入一字符,用 val()函数将其转化为数字
    y=Val(InputBox("请输入一个 y 值")) '将输入的值赋值给变量 y
    If x>y Then
        Print x & "大于" & y
    End If
    If x<=y Then
        Print x & "小于等于" & y
```

```
    End If
End Sub
```

【例 5-9】 从键盘上输入两个整数 x 和 y,升序输出。

【解析】 如果从键盘依次输入 3,5 两个数,只需要顺序输出。但输入的先后次序是 5,3 两个数,则必须进行两个数的交换后输出。

在现实生活中,一瓶可口可乐和一瓶矿泉水交换,不能直接交换,必须使用一个空瓶子作为中介进行交换。具体步骤如下:首先将可口可乐倒入空瓶子,然后将矿泉水倒入刚才可口可乐的瓶子中,最后,将空瓶子中的可口可乐倒入刚才矿泉水的瓶子中。通过以上 3 步,完成可口可乐和矿泉水的交换。同样的道理,两个整数 x 和 y 的交换,引入临时变量 t 作为中介进行交换,通过 3 步来实现 x 和 y 的交换,如图 5.13 所示。根据图 5.13,得出表 5.4。

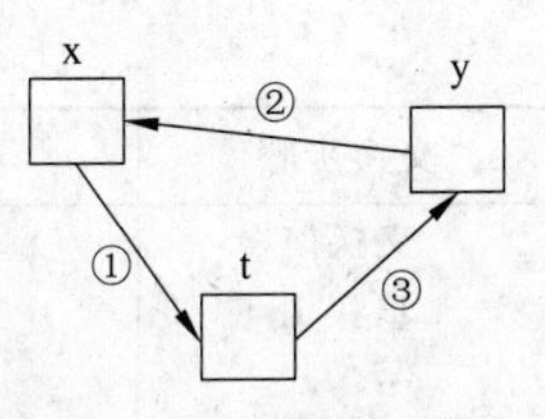

图 5.13 x,y 交换,引入临时变量 t

表 5.4 交换变量图示

交换步骤	变量 x	变量 y	变量 t
交换前	5	3	0
步骤 1	5	3	5
步骤 2	3	3	5
步骤 3	3	5	5

程序代码如下:

```
Private Sub form_click()
    Dim x, y, t As Integer
    x=Val(InputBox("请输入一个 x 值"))
    y=Val(InputBox("请输入一个 y 值"))
    Print "交换前:", x, y                    '输出从键盘上输入的 x,y 的值
      If x>y Then                           '如果 x 大于 y 条件成立,则引入 t 交换 x 和 y
        t=x
        x=y
        y=t
      End If
    Print "交换后:", x, y
End Sub
```

上述代码中“If…End If”这部分等价于下面的语句:

```
If x>y Then t=x:x=y:y=t
```

本例实现了任意两个数的降序输出。如果要实现任意两个数的升序输出,如何去做?

【例 5-10】 从键盘上输入 3 个整数,按照从大到小的顺序排序。

【解析】 假设 3 个变量 x、y、z 依次保存这三个整数。通过排列组合分析,x、y、z 三

个变量的取值共有 6 种情况。任意 3 个数(x、y、z)降序,则,若 x 为 x、y、z 三个数的最大值,有 x>y 同时 x>z,其次,y>z 即可。因此,只需三次 if 语句,三次交换即可实现。建议使用 Visual Basic 的调试工具的单步运行和监视框监视 x、y、z 三个变量的 6 种赋值情况。

读者可以仿照例 5-9 的表 5.4,完成 5、4、3 三值输入顺序的填写,如表 5.5 所示。

表 5.5 交换变量

交换步骤	变量 x	变量 y	变量 z	变量 t
交换前				
步骤 1				
…	⋮	⋮	⋮	⋮
步骤 n				

另,若题意为任意输入 4 个整数,按照从大到小的顺序输出。需要几次比较和交换呢?

【例 5-11】 已知百分制成绩 mark,显示对应的五级制成绩,如表 5.6 所示。

表 5.6 五级制与百分制成绩对比表

五级制(grade)	百分制成绩(mark)	五级制(grade)	百分制成绩(mark)
优秀	mark≥90	及格	60≤mark<70
良好	80≤mark<90	不及格	mark<60
中等	70≤mark<80		

【解析】 题意为从键盘上输入 98,则输出“优秀”,输入 91 也是“优秀”,而如果输入 45,Visual Basic 输出“不及格”。依次类推……

用 If…Then…End If 语句实现,程序代码如下:

方法 1:

```
Private sub form_click()
    Dim mark as single                    '类型为单精度型
    Mark=val(inputbox("请输入一个百分数"))
        'Mark需要的是数字,而不是字符,用Val()函数
    If mark>=90 and mark<=100 Then        '判断输入的整数的范围
      Print "优秀"
    End if
    If mark>=80 and mark<90 Then          '注意使用Visual Basic的表达式
      Print "良好"
    End if
    If mark>=70 and mark<80 Then
      Print "中等"
    End if
    If mark>=60 and mark<70 Then
      Print "及格"
```

```
    End if
    If mark>=0 and mark<60 Then
      Print "不及格"
    End if
End sub
```

注意：70=<mark<80 是数学表达式，必须转换为 Visual Basic 表达式，即 mark>=70 and mark<=80。

方法 2 和方法 3 见后面的例 5-15。

2）If…Then…Else…End If 语句

语句形式如下：

```
If <表达式> Then
    <语句块 1>
Else
    <语句块 2>
End If
```

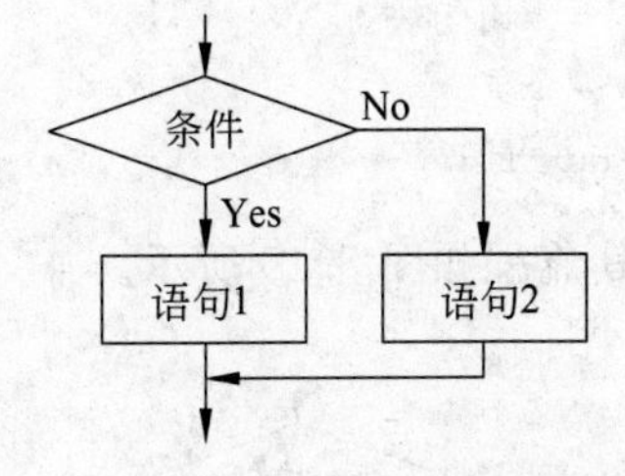

图 5.14　If…Then…Else…End If 语句

其流程如图 5.14 所示。

【例 5-12】　显示输入的两个数的大小关系。

【解析】　请读者自己画出程序流程图，程序代码如下：

```
Private Sub form_click()
  Dim x, y As Integer                        '声明两个整型
  x=Val(InputBox("请输入一个 x 值"))
  y=Val(InputBox("请输入一个 y 值"))
  If x>y Then    '如果条件成立，为真，执行语句 1；如果条件为假，则执行 else 之后的语句 2
    Print "x>y",x,y                          '语句 1
  Else
    Print "x<y",x,y                          '语句 2
  End If
End Sub
```

【例 5-13】　实现例 5-1 中的程序代码。

程序代码如下：

```
Private Sub form_click()
    Dim x, y, t As Integer
    Dim s, Area As single                              '注意类型为单精度，为什么？
    x=Val(InputBox("请输入一个 x 值"))                  '步骤 1
    y=Val(InputBox("请输入一个 y 值"))
    z=Val(InputBox("请输入一个 z 值"))
    If x<y+z and y<x+z and z<x+y Then                  '步骤 2
            S=(x+y+z)/2                                '步骤 3
            Area=sqr(s*(s-x)*(s-y)*(s-z))              '步骤 4
            Print area                                 '步骤 5
```

```
    Else
        Print "输入的3边不符合三角形定义的要求"
    End If
End Sub
```

3) If…Then…ElseIf…End If 语句

语句形式如下：

```
If <表达式 1> Then
    <语句块 1>
Else If <表达式 2> Then
    <语句块 2>
…
End If
```

其流程如图 5.15 所示。

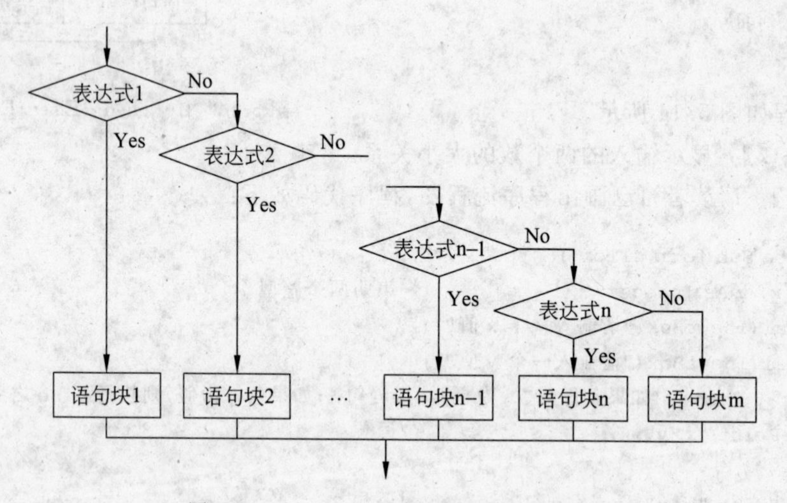

图 5.15 If…Then…ElseIf…End If 语句

【例 5-14】 用 If…Then…ElseIf…End If 判断输入数字的位数。

【解析】 程序代码如下。

```
Private Sub Form_Click()
    Dim intNum As Integer
    intNum=Val(InputBox ("输入一个数"))
    If intNum< 0 Then
        Print "输入的是个负数"
    ElseIf intNum< 10 Then
        Print "输入的是个一位数"
    ElseIf intNum< 100 Then
        Print "输入的是个两位数"
    Else
        Print "输入的是个两位以上的数"
```

```
    End If
End Sub
```

请读者根据上面的代码画出程序流程图。

【例 5-15】 用 If…Then…ElseIf…End If 语句实现例 5-11。

接着上面例 5-11 的方法 1，下面介绍方法 2 和方法 3 的程序代码。

方法 2：

```
Private Sub form_click()
  Dim mark as single
  Mark=val(inputbox("请输入一个百分制成绩"))
  If mark>=90 Then
    Print "优"
  ElseIf mark>=80 Then
    Print "良"
  ElseIf mark>=70 Then
    Print "中"
  ElseIf mark>=60 Then
    Print "及格"
  Else
    Print "不及格"
  End If
End Sub
```

方法 3：

```
Private Sub form_click()
  Dim mark as single
  Mark=val(inputbox("请输入一个百分制成绩"))
  If mark<60 Then
    Print "不及格"
  ElseIf mark<70 Then
    Print "及格"
  ElseIf mark<80 Then
    Print "中"
  ElseIf mark<90 Then
    Print "良"
  Else
    Print "优"
  End If
End Sub
```

4）IIF 函数

IIF 函数用于两路分支。

语法格式为：

```
IIf(表达式,真的部分,假的部分)
```

根据表达式的值，返回真、假两部分中的其中一个。

IIf 函数的语法参数如下所示，转化为 IF 语句，如图 5.16 所示。

- 表达式为必要参数，用来判断真伪的表达式。
- 真的部分为必要参数。如果表达式为 True，则返回真的部分的值。
- 假的部分为必要参数。如果表达式为 False，则返回假的部分的值。

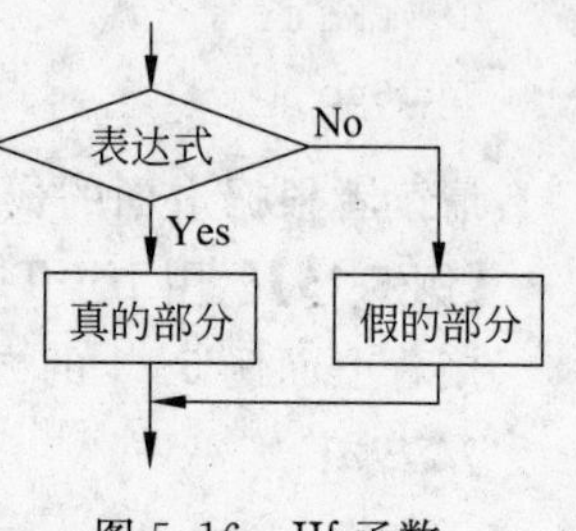

图 5.16　IIf 函数

【例 5-16】 在窗体上画一个命令按钮和一个文本框，名称分别为 Command1 和 Text1，然后编写如下程序：

```
Private Sub Command1_Click()
    a=InputBox("请输入日期(1~31)")
    t="旅游景点:"_
        & IIf(a>0 And a<=10, "长城", " ")
        & IIf(a>10 And a<=20, "故宫", " ")
        & IIf(a>20 And a<=30, "颐和园", " ")
    Text1.Text=t
End Sub
```

程序运行后，如果从键盘输入 16，则在文本框中显示的内容是(　　)。

A) 旅游景点：长城故宫　　　　B) 旅游景点：长城颐和园

C) 旅游景点：颐和园　　　　　D) 旅游景点：故宫

【解析】 程序的主要功能是根据给变量 a 输入的值，计算变量 t 的值，变量 t 的值是将字符串" 旅游景点："与三个 IIf 函数的值进行连接而得。输入对话框中输入了值 16，因而变量 a 的值为 16，这样，根据 IIf 函数的求值原理，第 1 个 IIf 函数的值就为其第三个参数的值" "(因为它的第一个参数 a>0 And a<=10 的值为 False)；第 2 个 IIf 函数的值就为其第二个参数的值"故宫"(因为它的第一个参数 a>10 And a<=20 的值为 True)；第 3 个 IIf 函数的值就为其第三个参数的值" "(因为它的第一个参数 a>20 And a<=30 的值为 False)。因此，变量 t 的值为 t="旅游景点:" &" "&"故宫" &" "=" 旅游景点：故宫"，因此，在文本框 Text1 中显示的值为"旅游景点:故宫"。

【答案】 D。

5) If 语句的嵌套

If 语句的嵌套是指 If 或 Else 后面的语句块中又包含 If 语句。

形式如下：

```
If <表达式 1> Then
    If <表达式 2> Then
        …
    End If
        …
```

```
End If
```

【例 5-17】 实现任意 3 个数的降序输出。

程序代码如下所示。

方式 1：

```
Private Sub form_click()
  Dim x, y, z ,t As Integer
  x=Val(InputBox("输入 x 值"))
  y=Val(InputBox("输入 y 值"))
  z=Val(InputBox("输入 z 值"))
  If x<y Then
    t=x: x=y: y=t
    If x<z Then
        t=x: x=z: z=t
        If y<z Then
            t=y: y=z: z=t
        End If
    End If
  End If
  Print x, y,z
End Sub
```

方式 2：

```
Private Sub form_click()
  Dim x, y, z ,t As Integer
  x=Val(InputBox("输入 x 值"))
  y=Val(InputBox("输入 y 值"))
  z=Val(InputBox("输入 z 值"))
  If x<y Then
        t=x: x=y: y=t
  EndIf
  If x<z Then
        t=x: x=z: z=t
  EndIf
  If y<z Then
      t=y: y=z: z=t
  End If
  Print x, y,z
End Sub
```

思考：方式 1 和方式 2 哪个是 if 语句的嵌套？方式 1 和方式 2 运行结果是否相同？为什么？方式 1 和方式 2 是否都能实现任意 3 个数的降序输出？

2. 多路分支

Select 语句的格式如下：

```
Select Case 变量或表达式
    Case 表达式 1
        <语句块 1>
    Case 表达式 2
        <语句块 2>
    …
    Case Else
        <语句块 m>
End Select
```

在 Select Case 语句中，各个 Case 子句后面的表达式可以有以下 4 种写法：

(1) 表达式[,表达式]…即用逗号将各表达式分开，这种形式表示把属于同一情况的所有可能取值列举出来，以逗号分隔的这几个表达式间是“并列”关系，也就是“或者”关系。

(2) 表达式 To 表达式。这种形式用来指定一个取值范围，必须将较小的值写在前面，较大的值写在后面。对于字符串常量必须按字母顺序写出。

(3) Is 关系运算表达式。用来表示一个条件，条件中可以使用的关系运算符有：>、>=、<、<=、<>、=，但注意此时关系表达式只能是简单条件，而不能是用逻辑运算符连接形成的复合条件。

(4) 可以由以上三种形式混合组成，各种形式间用逗号隔开。

【例 5-18】 给窗体选择红、蓝、绿颜色。

【解析】 程序代码如下：

```
Private Sub Form_Click()
    Dim strColor As String
    strColor=InputBox("输入颜色的名称(red、blue 或 green)")
    strColor=LCase(strColor)
    Select Case strColor
        Case "red"
            Form1.BackColor=RGB(255, 0, 0)
        Case "green"
            Form1.BackColor=RGB(0, 255, 0)
        Case "blue"
            Form1.BackColor=RGB(0, 0, 255)
        Case Else
            MsgBox "请选择其他颜色"
    End Select
End Sub
```

【例 5-19】 用 select… case 语句完成例 5-11。

接着上面的例 5-15 的方法 3，下面介绍方法 4 和方法 5 的程序代码。

方法 4：

```
Private Sub form_click()
    Dim mark as single
```

```
    Mark=val(inputbox("请输入一个百分制成绩"))
    Select Case mark
        Case 90 to 100
          Print "优"
        Case 80 to 90
          Print "良"
        Case 70 to 80
          Print "中"
        Case 60 to 70
          Print "及格"
        Case Else
          Print "不及格"
    End Select
End Sub
```

方法 5:

```
Private Sub form_click()
    Dim mark As Single
    Dim grade as integer
    mark=Val(InputBox("请输入一个百分制成绩"))
    grade=mark \10       '用于保存十位数,采用整除运算符
    Select Case grade
        Case 10 '对于分数为 100 分,需注意此行代码
            Print "优"
        Case 9
            Print "优"
        Case 8
            Print "良"
        Case 7
            Print "中"
        Case 6
            Print "及格"
        Case Else
            Print "不及格"
    End Select
End Sub
```

【例 5-20】 有如下函数:

$$y=\begin{cases} x+3 & (x>3) \\ x^2 & (1\leqslant x\leqslant 3) \\ x & (0<x<1) \\ 0 & (x\leqslant 0) \end{cases}$$

写一个程序，输入 x 值后，则输出相应 y 值。

下面给出用 Select Case 语句完成的程序代码，请读者改为用 If…ElseIf…End If 语句实现。

```
Private Sub Form_click()
  Dim x, y As Single
  x=Val(InputBox("请输入数值"))
  Select Case x
      Case Is>3
          y=x+3
      Case 1 To 3
          y=x * x
      Case is>0 , is<1
          y=Sqr(x)
      Case Else
          y=0
  End Select
  Print y
End Sub
```

分支语句的一些常见错误如下：

(1) 在选择结构中缺少配对的结束语句。在多行式的 If 块语句中，应有配对的 End If 语句结束。

(2) 多边选择 ElseIf 关键字的书写和条件表达式的表示。例如，ElseIf 不要写成 Else If。

(3) If…Then…Else…End If 语句应用较为广泛，Select Case 语句的使用较少，并且 Select Case 语句可以用 If 语言来代替实现。在使用 Select Case 语句时，需要注意 Select Case 后不能出现多个变量，Case 子句后不能出现变量或者表达式，只能是常量。

例如：

```
Case 1 to 10                  '表示式的值在 1~10 的范围内
Case is>10                    '表示式的值大于 10
```

5.5 编码风格

1. Visual Basic 代码不区分字母的大小写

系统保留字自动转换每个单词的首字母大写，用户自定义行以第一次为准。

2. 语句书写自由

一行可书写几条语句，之间用冒号分隔；一句语句可分若干行书写，用续行符“_”连接;一行要小于等于 255 个字符。

3. 注释有利于程序的维护和调试

在 Visual Basic 里,注释语句有两种:

(1) 利用单引号“'”完成,例如:

```
Dim sum As interger '定义一个变量 sum,其为整型,表示求和
```

(2) 采用 REM 关键字,参见 3.7 节“Visual Basic 的第一个程序”代码。

注释可以帮助读者去思考每个过程、每个函数、每一条 Visual Basic 语句的意义,有利于程序的维护和调试,本书的大部分例题都有必要的注释。

4. 缩进

书写程序代码,如果所有语句都从最左一列开始,很难看清程序语句之间的关系,因此习惯上在编写过程、判断语句、循环语句的正文部分时都按一定的规则进行缩进处理。经缩进处理的程序代码,可读性将大为增强。

【例 5-21】 分支嵌套的程序代码都使用了缩进格式。

程序代码如下:

```
Private Sub form_click()
    Dim x, y, z ,t As Integer
    x=Val(InputBox("请输入一个 x 值"))
    y=Val(InputBox("请输入一个 y 值"))        '将输入的值赋值给变量 y
    z=Val(InputBox("请输入一个 z 值"))
   ┌If x<y Then
   │     ┌t=x: x=y: y=t
   │     │If x<z Then
   │     │    t=x: x=z: z=t
 ①┤   ②┤      ┌If y<z Then
   │     │    ③┤    t=y: y=z: z=t
   │     │      └End If
   │     └End If
   └End If
    Print x, y,z
End Sub
```

If 语句的嵌套需要注意如下两点:

(1) 书写采用锯齿型,即需要缩进。

(2) If 与 End If 要配对,如例 5-21 中的①、②、③。

习　题

1. 选择题

(1) 运行下列程序之后,显示的结果为(　　)。

```
J1=10
J2=30
If J1<J2 Then Print J2; J1
```

A) 10　　B) 30　　C) 10 30　　D) 30 10

(2) 下列程序段的执行结果为(　　)。

```
X=5
Y=-20
If Not X>0 Then X=Y-3 Else Y=X+3
Print X-Y;Y-X
```

A) −3 3　　B) 5 −8　　C) 3 −3　　D) 25 −25

(3) 下列程序段的执行结果为(　　)。

```
A=75
If A>60 Then I=1
If A>70 Then I=2
If A>80 Then I=3
If A>90 Then I=4
Print "I="&I
```

A) I=1　　B) I=2　　C) I=3　　D) I=4

(4) 下列程序段的执行结果为(　　)。

```
X=Int(Rnd+4)
Select Case X
  Case 5
    Print "优秀"
  Case 4
    Print "良好"
  Case 3
    Print "通过"
  Case Else
    Print "不通过"
End Select
```

A) 优秀　　B) 良好　　C) 通过　　D) 不通过

2. 简答题

(1) 什么是算法? 有何特征?

(2) 结构化程序设计有哪3种基本结构？它们之间的最大区别是什么？

(3) 用程序流程图描述根据交通灯通过十字路口的过程。

3. 编程题

编写一个判断给定坐标在第几象限的程序,界面如图5.17所示。

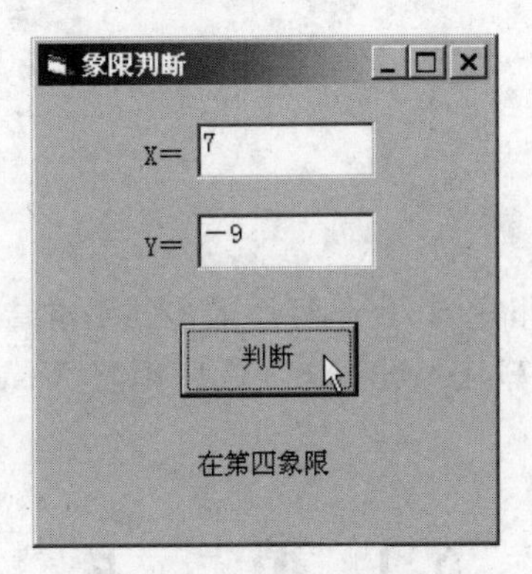

图5.17 程序运行界面

第6章 循环结构

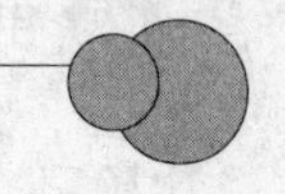

循环结构在程序设计中很重要,也是运用最多的基本结构,本章详细介绍循环结构的语句,并就循环结构的典型算法给出分析,最后阐释 Visual Basic 的程序调试与错误处理。

6.1 循　环

前面介绍了当根据条件表达式的真假结果去选择执行相应语句的结构称为分支结构。如果当满足条件时,反复执行某一操作,就采用循环结构,其特点是,当条件成立时,反复执行某程序段,直到条件不成立,不再执行某程序段为止。

循环结构是 Visual Basic 程序设计中最能发挥计算机特长的程序结构,可以减少程序代码重复书写的工作量。Visual Basic 中提供了 For…Next 语句和 Do…Loop 语句实现循环结构。

6.1.1 For…Next 语句

循环语句是由循环体及循环的条件两部分组成的。反复执行的程序段称为循环体,循环体能否继续执行,取决于循环的条件,由循环条件的真假值确定。语法如下:

```
For 循环控制变量=初值 To 终值 [Step 步长值]
    循环体
Next 循环控制变量
```

说明:

(1) 循环的条件由循环控制变量构成,循环控制变量必须是整数类型。

(2) 循环变量的初值、终值和步长值,决定了循环的次数为

$$n = \mathrm{int}\left(\frac{终值 - 初值}{步长} + 1\right)$$

(3) 如果省略 step 步长值,则 Visual Basic 默认为 step 1。

如图 6.1 所示, For/Next 语句的执行过程如下所示。

循环开始时,首先将初值赋给循环变量,同时记录下终值和步长值,判断循环变量的当前值是否小于终值,如果控制变量小于终值,也就是说,循环的条件为真,就执行循环

体,循环变量增加一个步长值,返回进行条件判断;如果此时循环变量的当前值仍小于终值,则继续执行循环体,循环变量再增加一个步长值,返回再进行条件判断,如此反复,直到循环变量的当前值超过终值,也就是条件表达式的结果为假,则结束循环,不再执行循环体,而去执行 Next 的下一条语句。

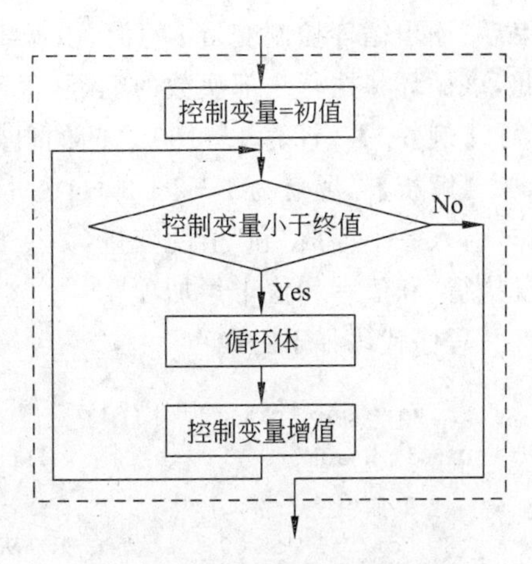

图 6.1 For/Next 语句流程图

Visual Basic 按以下步骤执行 For/Next 循环:

步骤 1: 首先将<循环控制变量>设置为<初值>。

步骤 2: 测试循环的条件是否为真,即如图 6.1 所示,判断控制变量小于终值是否为真。如果为真,则进入循环体;如果为假,则退出循环,执行 Next 语句之后的语句。

步骤 3: 执行循环体部分,即执行 For 语句和 Next 语句之间的语句块。

步骤 4: <循环控制变量>的值增加<步长>值。

步骤 5: 返回步骤 2。

【例 6-1】 读下面程序段,指明循环控制变量、循环体,给出程序运行结果。

```
For x=1 To 5 Step 2
    Print x                        '循环体
Next x
```

【解析】 程序段的循环控制变量是 x,循环体为 Print x。循环控制变量 x 的初值为 1,终值是 5,步长值是 2。则,循环的条件表达式为 1<=x And x<=5,因此,循环变量 x 取值为 1 时,条件表达式成立,执行循环体;然后循环变量 x 增加步长值 2,变成了 3,也符合条件表达式成立,因此,又执行一次循环体,依次类推,当循环变量 x 增加步长值 2,变成了 7 时,循环的条件表达式为 1<=x And x<=5 不成立,因此,循环体不再执行。因此,循环体重复执行三次,在窗体上输出了 1、3、5 三个值。建议使用调试工具的监视框监视循环变量 x。

【例 6-2】 在窗体上画一个名称为 Command1 的命令按钮,然后编写如下事件过程:

```
Private Sub Command1_Click ( )
    For i=1 To 20                          '步长值默认为 1
        If i Mod 3<>0 Then m=m+i\3         '循环体
    Next i
    Print i
End Sub
```

程序运行后,单击命令按钮,则窗体上显示的内容是什么。

【解析】 分析程序结构,程序主要是由循环控制变量 i 控制的一个 For 循环,循环结束后，输出循环控制变量 i 的值，由于 For 循环的循环体中没有强制程序跳出的语句，因此，该循环将执行全部次数的循环，很明显，当 For 执行完毕后，循环变量 i 的值为 21。

【例 6-3】 计算 1～100 之间的自然数的和。

【解析】 题意为 1＋2＋3＋4…＋100。求取一批数据的"和"是一种典型"累加"操作，引入一个存放"和"值的变量，如变量 Sum。首先设置该"和"值为 0，然后通过循环重复执行"和值＝和值＋累加项"。

程序代码如下：

```
Private sub form_click()
Dim i% , sum%                   'i 为循环变量,sum 表示累加的和
    sum=0
    For i=1 To 100 step 1       '从 1~100,每次步长为 1
        sum=sum+i               '循环体,反复被执行了 100 次
    Next i
    Print sum                   '总和
End sub
```

如何将循环结构用 For-Next 语句构造出来？主要是确定与循环控制变量有关的表达式 1、表达式 2 和表达式 3。

表达式 1(i=1)是赋予循环控制变量初值，只有满足表达式 1 时，循环才能开始去执行。

表达式 2(i＜＝100)是把循环控制变量小于等于终值，作为循环执行与否的判定条件，用于判断是否去执行循环体。当满足表达式 2 时，即表达式 2 的结果为真，循环体反复被执行，反之，当条件表达式 2 的结果为假，则退出循环体，不再去执行循环体。

设想如果只有表达式 1 和表达式 2，那么表达式 2 的结果始终为真，循环体将会反复一直地被执行，不会停止，会产生"死循环"。那么如何让循环终止呢？也就是说，如何让表达式 2 的结果为假，从而终止循环呢？产生了表达式 3。

表达式 3(i=i+1)是循环控制变量递增。在每次循环中，循环体每执行一次，表达式 3 也执行一次，循环控制变量 i 增加一个步长值 1，这样，经过 100 次循环，循环控制变量 i 的值最终会变成 101，表达式 2(i＜＝100)的条件判断的结果为假，从而循环终止。也就是说，表达式 3 的最终作用是使得表达式 2 不成立，终止循环，避免"死循环"的产生。

循环控制变量 i 的值如表 6.1 所示。

表 6.1 循环控制变量 i 值图示

循环控制变量 i	表达式 2 (i＜＝100)	是否执行循环体	循环体 sum＝sum＋i	表达式 3 (i＝i＋1)
1	true	执行	1	2
2	true	执行	3	3
3	true	执行	6	4
…	…	…	…	…
99	true	执行	4950	100
100	true	执行	5050	101
101	false	不执行	5050	101

因此，当一个问题中某些类似的操作反复执行，需要循环时，如何构造表达式 1、表达式 2 和表达式 3 是构造循环语句的关键所在。

若例 6-3 题意为计算 1～100 之间的奇数和，程序代码如下：

方法 1：改变步长。

```
Dim i % , sum%
sum=0
For i=1 To 100 step 2          '步长为 2
    sum=sum+i
Next i
```

方法 2：对循环变量进行控制，找出奇数。

```
Dim i % , s%
sum=0
For i=1 To 100 step 1
  if i mod 2<>0 then          '判断与 2 求余是否为 0,i 是否为奇数
    sum=sum+i
  end if
Next i
```

【例 6-4】 求 5!。

【解析】 题意为 5! =5×4×3×2×1。与累加相似，“乘”这种操作是反复地被执行，用循环去做。

程序代码如下：

```
Private sub form_click()
  Dim i % , s%                  'i 为循环变量,s 为积,注意 s 的数据类型
  s=1                           's 的初值为 1,需注意
  For i=1 To 5 step 1           '循环体,s 表示每次相乘之积
    s=s * i
  Next i
  Print s                       '总积
End sub
```

若改为计算任意值 n!，如何去做？读者可自行完成。

6.1.2 Do…Loop 语句

For…Next 循环结构，循环控制变量的终值是确定的，也就是说，开始执行循环体时，就确切地知道了表达式 2(循环变量的取值范围)，循环体将被执行的次数为 $n=\text{int}\left(\dfrac{\text{终值}-\text{初值}}{\text{步长}}+1\right)$，因此，这种循环称为确定次数循环。但是，有些循环只知道循环结束的条件，而重复执行的次数事先并不知道，称之为不确定次数循环，Visual Basic 提供了 Do…Loop 循环语句来解决此类问题。

例如，需要计算圆周率 π 的近似值，采用公式：

$$\pi/4 = 1-1/3+1/5-1/7+\cdots+1/n$$

直到最后一项绝对值小于 10^{-6} 为止。在这种情形下，n 的值在开始时无法确定，只能在逐渐累加的过程中进行判断，也就是说，循环次数无法确定，循环是通过 $1/n$ 是否小于 10^{-6} 来确定的，因此 For 语句并不适用。

Do…Loop 有如下 4 种书写格式：

(1)

```
Do While 条件
...
[Exit Do]       '中止循环
...
Loop
```

(2)

```
Do
...
[Exit Do]
...
Loop While 条件
```

(3)

```
Do Until 条件
...
[Exit Do]
...
Loop
```

(4)

```
Do
...
[Exit Do]
...
Loop Until 条件
```

格式(1)：当 Visual Basic 执行循环时，先判断指定的条件是否为真，若为真，则重复执行循环体。

格式(2)：当 Visual Basic 执行循环时，进入循环体后，先执行一次循环体，然后再检查条件是否成立。若条件为真，执行循环体，条件为假时退出循环。

格式(3)：首先判断 Do Until 语句后的条件，若不成立，则执行循环体。

格式(4)：Until 被称为“直到型循环”。重复执行循环体，直到条件为真，即条件成立时退出循环。

注意：Do…Loop While 语句与 Do…Loop Until 语句对条件的逻辑设置相反。Do While…Loop 语句与 Do Until…Loop 语句对条件的逻辑设置相反。

【例 6-5】 用 4 种不同的 Do…Loop 实现 1～100 之间的自然数的和。

程序代码如下：

方法 1：

```
n=1:sum=0
Do While n<=100
  sum=sum+n
  n=n+1
Loop
  Print "sum=";sum
```

方法 2：

```
n=1:sum=0
Do
  sum=sum+n
  n=n+1
Loop While n<=100
  Print "sum=";sum
```

方法 3：

```
n=1:sum=0
Do until n>100
  sum=sum+n
  n=n+1
Loop
  Print "sum=";sum
```

方法 4：

```
n=1:sum=0
Do
  sum=sum+n
  n=n+1
Loop Until n>100
  Print "sum=";sum
```

在方法 2 中，注意 While 后面的条件，只有当 n＜＝100 为假时，才不执行循环体。反之，当 n＜＝100 为真时，则反复执行循环体。

在方法 3 中，注意 Until 后面的条件，只有当 n＞100 为真时，才不执行循环体。反之，当 n＞100 为假时，则反复执行循环体。

【例 6-6】 从键盘上输入一个正整数，将其逆序输出。

【解析】 假设输入 2345，则输出为 5432。显然，循环体的执行次数与所输入的整数的位数有关，重复执行的次数事先并不知道。因此是一个不确定次数的循环，采用 Do…Loop 循环。

分析如下：

步骤 1：得到 2345 的最末一位 5。采用 2345 mod 10 实现。

步骤 2：将其输出。

步骤 3：输出后，将 2345 变成 234。采用 2345 \ 10 实现。

步骤 4：得到 234 的最末一位 4。

步骤 5：将其输出。

步骤 6：输出后，将 234 变成 23……

可以发现，步骤 1 至步骤 3 和步骤 4 至步骤 6 基本相似。总结如下：将某个数的最末一位得到，将其输出，然后将此数截去最末一位，得到前面的剩余位数，如此反复，当这个数最终变为 0 时则不再反复。因此，步骤 1 到步骤 3 被反复地执行。

程序代码如下：

```
Private Sub form_click()
  Dim number, a As Long
  number=Val(InputBox("请输入一个正整数"))
  Print "输入数为:" & number
  Do
    a=number Mod 10              'a为number的最末一位
    Print a;                     '将最末一位输出
    number=number \ 10           '截去number最末一位,得到剩下的前部分
  Loop While number<>0           '当number不为0时,反复执行
End Sub
```

读者可用 Until 语句将本例改写。

6.1.3 几种循环语句

For…Next、Do…Loop 等循环语句各自的适应场合如表 6.2 所示。

表 6.2 几种循环语句比较

	For…Next	Do While…Loop/ Do…Loop While	Do…Loop Until/ Do Until…Loop
循环类型	当型循环	当型循环	直到循环
循环控制条件	循环变量大于或小于终值	条件成立/不成立执行循环	条件成立/不成立执行循环
循环变量初值	在 For 语句行中	在 Do 之前	在 Do 之前
使循环结束	For 语句中无需专门语句	必须用专门语句	必须使用专门语句
使用场合	循环次数容易确定	循环/结束控制条件易给出	循环/结束控制条件易给出

6.2 循环嵌套

6.2.1 概述

通常，把循环体内不再包含其他循环的循环结构叫做单层循环。在处理某些问题时，常常要在循环体内再进行循环操作，这种情况叫多重循环，又称为循环的嵌套。

下面是几种常见的二重嵌套形式：

(1)

```
For i=…
```

```
    …
    For j=…
    …
    Next j
    …
Next i
```

(2)

```
For i=…
    …
    Do While/Until …
    …
    Loop
    …
Next i
```

(3)

```
Do While…
    …
    For j=…
        …
    Next j
    …
Loop
```

(4)

```
Do While/Until…
    …
    Do While/Until …
        …
    Loop
    …
Loop
```

【例 6-7】 请在屏幕上输出以下图形(每行 10 个"*",行数 m 从键盘输入)。

```
**********
**********
**********
**********
```

程序代码如下:

```
Dim m As Integer
Dim i As Integer
m=Val(InputBox("please input m"))
i=1
Do While i <=m
    Print "**********"
    i=i+1
```

```
Loop
```

分析可知,Print "**********"语句是将一个"*"反复输出了10次,故引入循环。改写代码如下:

```
Dim m As Integer
    Dim i As Integer
    m=Val(InputBox("please input m"))
    i=1
    Do While i<=m
        j=1
        Do While j<=10
           Print "*";     ⇔ Print "**********"
           j=j+1
        Loop
        Print
        i=i+1
    Loop
```

【例 6-8】 打印九九乘法表。

【解析】 九九乘法表涉及乘数 i 和被乘数 j 两个变量,它们的变化范围都是从1～9。先假设被乘数 j 的值不变,则,用单重循环实现,程序代码如下:

```
For i=1 To 9              'i为乘数,其变化范围为1到9
    j=1                   'j为被乘数,取定值为1
    Print Str(i)+"x"+Str(j)+"="+Str(i * j)+Space(3);
       'Str()函数用于将数字转化为字符, Space(3)为添加3个空格
Next i
```

下面将被乘数 j 的值从1～9进行变化,完整的代码如下:

```
Private Sub form_click()
    Dim i,j as integer
    For i=1 To 9
      For j=1 To 9                   '改变j的变化范围
        Print Str(i)+"x"+Str(j)+"="+Str(i*j)+Space(3);
      Next j
      Print                          '换行
    Next i
End Sub
```

注意:多层循环的执行过程是,外层循环每执行一次,内层循环就要从头开始执行一轮。在例6-7的双重循环中,外层循环变量 i 取1时,内层循环就要执行9次(J依次取1,2,3,…,9),接着,外层循环变量 I=2,内层循环同样要重新执行9次(J再依次取1,2,3,…,9)……所以循环共执行9×9=81次。

【例 6-9】 计算1!+2!+3!+…+10!。

【解析】 方法1:例6-3实现了1+2+3+…+10的累加,此题和例6-3极为相似,只是将例6-3中的1转变为1!,2转变为2!,3转变为3!,……10转变为10!。而每个阶乘

是一个累积,例 6-4 可以实现。因此,外层循环由 10 个元素相加而构成。每一个元素是一个阶乘,构成了内层循环。程序代码如下:

```
Private Sub form_click()
    Dim i, j As Integer
    Dim sum As Long                    'i 为循环变量,sum 为和,注意 sum 的数据类型
    Dim s As Long                      's 为阶乘
        sum=0                          '和的初始值
        For i=1 To 10 Step 1           '外层循环变量 i 循环 10 次
            s=1                        '积的初始值
            For j=1 To i Step 1        '内层循环变量 j 循环的次数与每个元素具体有关
                s=j * s                's 表示求得每个元素的阶乘
            Next j
            sum=sum+s                  'sum 表示累加每个阶乘的和
        Next i
    Print sum                          '总和
End Sub
```

方法 2:采用单重循环。

```
Dim i, j As Integer
s=1:sum=0
For i=1 To 10
    s=s*i
    sum=sum+s
Next i
Print sum
```

注意:方法 2 只用了 10 次循环,而方法一用了 55 次循环。

对于多重循环,需要将其简化处理。首先,从单重循环去思考,确定其中一个循环变量为定值,让它不变,实现单重循环;然后改变此循环变量,将其从定值改变为变量,即,给出此循环变量的变化范围,从而将单重循环转变为双重循环。

建议使用调试程序的 3 种调试工具来监视内外层的循环变量。简单总结为,在多重循环中,外层循环执行一次,内层循环将执行多次。多重循环的总的循环次数等于每一重循环次数的相乘之积。

【例 6-10】 在窗体上输出如下图案。

```
*
**
***
****
```

【解析】 题意是第 1 行打印 1 个星号,第 2 行打印 2 个星号,……第 n 行打印 n 个星号。对于每一个星号都有行和列两个位置属性决定其输出位置,因此,用变量 i 控制行数,变量 j 控制列数。对于外层循环 i,其变化范围为 1～4;对于每一个确定的 i 值,即每

一行,j 的变化范围为 1～i。观察可知,此图刚好是方阵的下三角形。程序代码如下:

```
Private Sub Form_Click()
    For i=1 To 4                    'i 控制行数
        For j=1 To i                'j 控制列数,其变化分为 1 到方阵的对角线,对角线为 i=j
            Print "*";
        Next j
    Print                           '输出空行 '注意换行
    Next i
End Sub
```

【例 6-11】 输出如下图案。

```
   *
  ***
 *****
*******
```

方法 1:观察此题和例 6-10 的异同点,例 6-11 是输出一个金字塔形状。采用例 6-10 的方法,用变量 i 作为外层循环变量,控制输出的行数;变量 j 作为内层循环变量,控制输出的列数。对于每一行,其星号数目为奇数增长,1、3、5、7、…,在每一行的星号前都出现了若干个空格,空格数目随着行数的增加是递减的。程序代码如下:

```
Private Sub Form_Click()
    For i=1 To 4
      For j=1 To 4-i+1              '输出空格
          Print " ";
      Next j
      For j=1 To 2*i-1              '输出星号
          Print "*";
      Next j
      Print                         '输出空行 '注意换行
    Next i
End Sub
```

方法 2:利用函数 String()来完成空格和星号的输出。

程序代码如下:

```
Private Sub Form_Click()
    For i=1 To 4
        Print String(4+1-i, " ");           '输出空格,需要分号
        Print String(i*2-1, "*")            '输出星号
    Next i
End Sub
```

6.2.2 注意事项

下面介绍一些注意事项:

(1) 不循环或死循环，主要是循环条件、循环初值、循环终值、循环步长的设置有问题。

(2) 循环结构中缺少配对的结束语句，如 For 缺少配对的 Next。

(3) 关于循环嵌套易出现错误的问题。

① 各个控制结构必须完整，内层结构必须完全包含在外层结构中，不能内外循环交叉，内外循环变量也不能同名。

② 循环嵌套在使用中注意如下几点：

- 能够正确判断内层循环体的范围；
- 能够正确判断内层循环体的执行次数；
- 设定内层循环的初值；
- 能够正确处理内层循环与外层循环变量的关系。

下面是出现错误的 3 种情况：

情况 1：

```
For i=1 To 10
    …
    For j=1 To 20
    …
    Next i
Next j
```

情况 2：

```
Do
    …
    For j=1 To 20
    …
    Loop While i<=10
Next j
```

情况 3：

```
For i=1 To 10
    …
    Do While j<=20
    …
    Next i
Loop
```

(4) 关于累加、连乘时，存放累加、连乘结果的变量赋初值问题。

① 一重循环：存放累加、连乘结果的变量初值设置应在循环语句前。

② 多重循环：要视具体问题分别对待。

6.3 循环结构的典型算法

6.3.1 累加、累乘算法

【例 6-12】 实现 1～100 的 5 或 7 的倍数的和。

算法思想：采用一个变量保存部分和或积，如 Sum＝Sum＋i 或 Sum＝Sum * i。

【解析】 程序代码如下：

```
Private Sub Form_Click()
    Sum=0
    For i=1 To 100
        If i Mod 5=0 Or i Mod 7=0 Then
            Sum=Sum+i
        End If
    Next i
    Print Sum
End Sub
```

6.3.2 枚举算法

算法思想："枚举法"也称为"穷举法"或"试凑法"，通过列出事件所有可能出现的各种情况，逐一检查每个状态是否满足指定的条件。

【例 6-13】 鸡兔问题：鸡、兔共有 30 只，脚共有 90 只，问鸡、兔各有多少只？

【解析】 设鸡为 x 只，兔为 y 只，根据题目要求，列出方程组为：

$$\begin{cases} x+y=30 \\ 2x+4y=90 \end{cases}$$

采用"试凑法"解决方程组的求解问题，将 x、y 变量的每一个值都进行尝试。

方法 1：利用二重循环来实现。程序代码如下：

```
Private Sub Form_click()
    Dim x,y as integer
    For x=0 To 30
          For y=0 To 30
            If(x+y=30 and 2 * x+4 * y=90) then
            Print x,y
          End If
          Next y
    Next x
End Sub
```

注意：采用二重循环，则循环体被执行 30×30＝900 次。

方法 2：利用一重循环来实现。程序代码如下：

```
Private Sub Form_click()
    Dim x,y as integer
    For x=0 To 30
        Y=30-x
        If(2 * x+4 * y=90) then
            Print x,y
```

```
        End If
    Next x
End Sub
```

注意：采用一重循环，则循环体被执行30次。

方法3：采用一重循环来实现。程序代码如下：

```
Private Sub Form_click()
    Dim x,y as integer
    For y=0 To 22
        X=30-y
        If(2 * x+4 * y=90) then
            Print x,y
        End If
    Next y
End Sub
```

注意：同样采用一重循环，则循环体被执行22次，请读者分析为什么 y 的取值范围为 $y\leqslant 22$。

方法4：假设鸡、兔共有 a 只，脚共有 b 只，a 为30，b 为90。那么方程组为

$$\begin{cases}x+y=a\\2x+4y=b\end{cases}\Rightarrow\begin{cases}x=(4a-b)/2\\y=(b-2a)/2\end{cases}$$

程序代码如下：

```
Private Sub Form_click()
    Dim a,b as integer
    a=30:b=90
    x=(4 * a-b)/2
    y=(b-2 * a)/2
    Print x,y
End Sub
```

【例6-14】 百元买百鸡问题：用一百元钱买一百只鸡，已知公鸡5元/只，母鸡3元/只，小鸡1元/3只。

【解析】 这是个不定方程组问题，即三元一次方程组问题(三个变量，两个方程)，设公鸡为 x 只，母鸡为 y 只，小鸡为 z 只。则：

$$\begin{cases}x+y+z=100\\5x+3y+z/3=100\end{cases}$$

程序代码如下：

```
Private Sub Form_Click()
    Dim x, y, z As Integer
    For x=0 To 100
        For y=0 To 100
            z=100-x-y
```

```
            If (5 * x+3 * y+z/3#=100) Then
                Print "cocks=" & x, "hens=" & y, "chickens=" & z
            End If
        Next y
    Next x
End Sub
```

可以优化程序代码，x 的取值范围可以是 0～20，y 的取值范围可以是 0～33。

6.3.3 递推算法

算法思想："递推法"又称为"迭代法"，其基本思想是把一个复杂的计算过程转化为简单过程的多次重复。每次重复都从旧值的基础上递推出新值，并由新值代替旧值。

【例 6-15】 输出 Fibonacci 数列的前 20 项。

【解析】 1202 年，意大利数学家斐波那契在《算盘全书》中提到 Fibonacci 数列，定义如下：f(1)=1，f(2)=1，f(n)=f(n−1)+f(n−2)，n>2。因此，Fibonacci 数列为 1，1，2，3，5，8，13，21，34，…，推理为 f(3)=f(2)+f(1)，f(4)=f(3)+f(2)，f(5)=f(4)+f(3)，…，如图 6.2 所示。

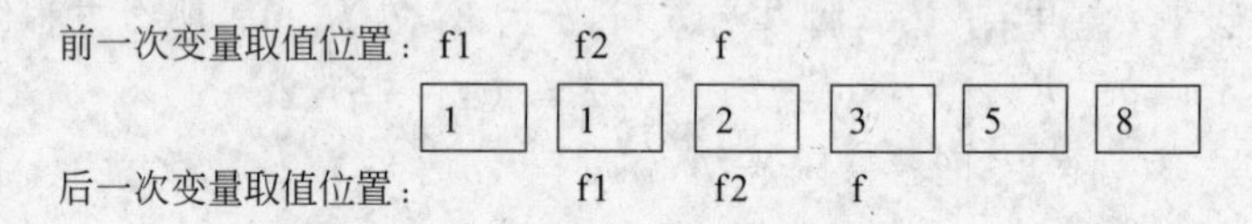

图 6.2 Fibonacci 数列公式示意图

观察图 6.2，前一次公式中的变量的取值位置和后一次公式中的变量的取值位置之间的转换关系，存在着一个恒定的表达式 f = f2 + f1，其中：

(1) 将前一次的 f2 赋值给后一次的 f1，得到 f1=f2；

(2) 将前一次的 f 赋值给后一次的 f2，得到 f2=f。

程序代码如下：

```
Private Sub Form_click()
    Dim i As Integer
    Dim f1, f2, f As Long                  'f为从第3项开始到第20项的具体每项的值
    f1=1: f2=1                             '给 Fibonacci 数列前两项赋初值
        For i=3 To 20 Step 1               '循环变量 i 从第 3 项开始到第 20 项变化
            f=f2+f1                        'Fibonacci 数列
            Print f; Space(2);             '输出第 n 项
            f1=f2                          '将原先 f2 的旧值赋值给新的变量 f1
            f2=f                           '将原先 f 的旧值赋值给新的变量 f2
        Next i
End Sub
```

【例 6-16】 求自然对数 e 的近似值，要求其误差小于 0.00001，近似公式为：

$$e = 1 + \frac{1}{1!} + \frac{1}{2!} + \frac{1}{3!} + \cdots + \frac{1}{i!} + \cdots = \sum_{i=0}^{\infty} \frac{1}{i!} \approx 1 + \sum_{i=1}^{m} \frac{1}{i!}$$

【解析】 该例题涉及两个问题：

(1) 用循环结构求级数和的问题。本例根据某项值的精度来控制循环的结束与否。

(2) 累加：e＝e＋t。累加和 e 的初值为 0。连乘：n＝n＊i。连乘积 n 的初值为 1。

```
Private Sub Form_click()
    Dim i% ,n&, t!, e!
    e=0 : n=1                     'e 存放累加和,n 存放阶乘
    i=0 : t=1                     'i 为计数器,t 存放第 i 项的值
    Do Until t<=0.00001           '条件为真,则不执行循环体
      e=e+t : i=i+1               '累加、连乘
      n=n * i : t=1 / n
    Loop
    Print "计算了 "&i&"项"
    Print "e 的近似值"&e
End Sub
```

【例 6-17】 分析如下代码,确定正确答案。

```
Private Sub Command1_Click ( )
    Dim sum As Double, x As Double
    sum=0
    n=0
    For i=1 To 5
        x=n/i
        n=n+1
        sum=sum+x
    Next i
End Sub
```

该程序通过 For 循环计算一个表达式的值,这个表达式是(　　)。

A) 1＋1/2＋2/3＋3/4＋4/5　　B) 1＋1/2＋2/3＋3/4

C) 1/2＋2/3＋3/4＋4/5　　D) 1＋1/2＋1/3＋1/4＋1/5

【解析】 分析程序结构可知,进入 For 循环前,变量 sum 和 n 的值都赋为 0。执行到 For 语句时,循环变量 i 赋为初值 1,由于循环变量 i 的值(为 1)未超过终值 5,因此,执行第 1 次 For 循环,执行语句 x＝n/i,即 x＝0/1＝0;执行语句 n＝n＋1,即 n＝0＋1＝1;执行语句 sum＝sum＋x,即 sum＝0＋0/1,执行到 Next 语句时,循环变量自动加一个步长 1,从而使 i 的值变为 2,并返回到 For 语句。

由于循环变量 i 的值(为 2)未超过终值 5,因此,执行第 2 次 For 循环,执行语句 x＝n/i,即 x＝1/2;执行语句 n＝n＋1,即 n＝1＋1＝2;执行语句 sum＝sum＋x,即 sum＝0＋0/1＋1/2,执行到 Next 语句时,循环变量自动加一个步长 1,从而使 i 的值变为 3,并返回到 For 语句。

由于循环变量 i 的值(为 3)未超过终值 5,因此,执行第 3 次 For 循环,执行语句 x＝n/i,即 x＝2/3;执行语句 n＝n＋1,即 n＝2＋1＝3;执行语句 sum＝sum＋x,即 sum＝0＋

0/1+1/2+2/3，执行到 Next 语句时，循环变量自动加一个步长 1，从而使 i 的值变为 4，并返回到 For 语句。

由于循环变量 i 的值(为 4)未超过终值 5，因此，执行第 4 次 For 循环，执行语句 x=n/i，即 x=3/4；执行语句 n=n+1，即 n=3+1=4；执行语句 sum=sum+x，即 sum=0+0/1+1/2+2/3+3/4，执行到 Next 语句时，循环变量自动加一个步长 1，从而使 i 的值变为 5，并返回到 For 语句。

由于循环变量 i 的值(为 5)未超过终值 5，因此，执行第 5 次 For 循环，执行语句 x=n/i，即 x=4/5；执行语句 n=n+1，即 n=4+1=5；执行语句 sum=sum+x，即 sum=0+0/1+1/2+2/3+3/4+4/5，执行到 Next 语句时，循环变量自动加一个步长 1，从而使 i 的值变为 6，并返回到 For 语句。

由于循环变量 i 的值(为 6)超过终值 5，条件为假，因此，跳出 For 循环，执行结束。从以上分析可见，经过几次循环，变量 sum 中的值为 1/2+2/3+3/4+4/5，答案为 C。

本例代码的运行过程如表 6.3 所示。

表 6.3 交换变量

循环次数	变量 i	变量 x	变量 n	变量 sum
0	0	0	0	0
1	1	0/1	0+1	0+0/1
2	2	1/2	1+1	0+1/2
3	3	2/3	2+1	0+1/2+2/3
4	4	3/4	3+1	0+1/2+2/3+3/4
5	5	4/5	4+1	0+1/2+2/3+3/4+4/5
6	6	4/5	4+1	0+1/2+2/3+3/4+4/5

6.3.4 几个有意思的数

【例 6-18】 求最小值和最大值。

【解析】 在若干个数中求最大值，一般先假设第一个数为最大值；然后将每一个数与最大值比较，若该数大于最大值，将该数替换为最大值；依次逐一比较。例如，随机产生 10 个 100～200 之间的数，求最大值，程序代码如下：

```
Private Sub Command1_Click()
  Max=100
  For i=1 To 10
    x=Int(Rnd * 101+100)      '随机产生 100~200 之间的整数
    Print x;
    If x>Max Then Max=x
  Next i
  Print
  Print "最大值="; Max
End Sub
```

【例 6-19】 输入一整数,判断其是否为素数。

【解析】 素数的定义:素数是一个大于 2,且不能被 1 和本身以外的整数整除的整数。若 m 是素数,只能被 1 和 m 自身整除,也就是说,不能被 2,3,…,m－1 整除。根据一个命题的逆否命题等于其本身的定律,如果 2,3,…,m－1 之中只要有一个数能被 m 整除,则,m 就不是素数,反之,如果 2,3,…,m－1 之中没有一个数能被 m 整除,则,m 就是素数。因此,"整除"操作反复被执行,构造循环的 3 个表达式,程序代码如下:

```
  Private Sub Form_click()
    Dim flag As Boolean               'flag 作为标志,true 表示素数,false 表示不是素数
    Dim number As Integer             'number 为输入的整数
    Dim i As Integer                  'i 为循环变量,为 2 到 number-1 的任意数
    number=Val(InputBox("请输入一个整数"))
    flag=True                         '作为标志用,true 表示素数,false 表示不是素数
          For i=2 To number-1 Step 1 '从 2 到小于自身之间取值
              If number Mod i=0 Then '是否能整除
                  flag=False          '标志为假
                  Exit For            '退出循环
              End If
          Next i
  If flag=True Then
        Print number & "是素数"
  Else
        Print number & "不是素数"
  End If
End Sub
```

假设从键盘输入了 9,即 number 为 9,程序运行过程如表 6.4 所示。

表 6.4 程序运行过程

变量 i	表达式 number mod i	布尔值 flag
2	1	true
3	0	false

本例代码中 Exit For 有何作用?如果没有 Exit For 语句,程序将按表 6.5 运行。

表 6.5 没有 Exit For 语句的程序运行过程

变量 i	表达式 number mod i	布尔值 flag
2	1	true
3	0	false
4	1	false
5	4	false
6	3	false
7	2	false
8	1	false

因此，可以看到 Exit For 提高了程序的效率，减少了循环次数。若题意为显示1～100 之间的素数，如何去做？

【例 6-20】 输出所有水仙花数。

【解析】 水仙花数是这样的一个三位数，其各位数字立方和等于该数字本身。例如，153＝1＊1＊1 ＋ 5＊5＊5 ＋ 3＊3＊3，所以 153 是水仙花数。分析可知，水仙花数算法的关键是如何将一个数转化为它的每一位的数。采用算术运算符 mod 和\来实现。

方法 1：代码如下所示。

```
Private Sub Form_click()
    Dim i, a, b, c As Integer
    For i=100 To 999
        a=i Mod 10                  '个位
        b=(i \ 10) Mod 10           '十位,先求前两位,然后求十位
        c=i \ 100                   '百位
          If i=a * a * a+b * b * b+c * c * c Then
          Print i
        End If
    Next i
End Sub
```

方法 2：代码如下所示。

```
Private Sub Form_click()
    Dim i, a, b, c As Integer
    For i=100 To 999
        a=i Mod 10                  '个位
        b=(i Mod 100) \ 10          '十位,先求后两位,然后求十位
        c=i \ 100                   '百位
        If i=a * a * a+b * b * b+c * c * c Then
          Print i
        End If
    Next i
End Sub
```

方法 3：利用三重循环，将 3 个个位数连接成一个三位数，例如，将 i、j、k 3 个个位数连成一个三位数的表达式 i＊100＋j＊10＋k，判断 i＊100＋j＊10＋k＝i ^3＋j ^3＋k ^3 是否成立，满足水仙花数的定义。

```
Dim i, j, k, a
For i=1 To 9
  For j=0 To 9
    For k=0 To 9
      If i *100+j * 10+k=i^3+j^3+k^3 Then
        a=a & i & j & k & Space(2)
```

```
        End If
      Next k
    Next j
  Next i
  Print a
```

【例 6-21】 显示 1～100 之间的完数。

【解析】 完数是这样一个整数，其所有的因子，除去其本身外，因子相加之和等于其自身。例如整数 6，其因子为 1、2、3、6，除去整数 6 本身，其余的因子 1+2+3 之和与自身 6 相等，因此，6 就是一个完数。

根据完数的定义，借鉴素数和水仙花数中的思路，程序代码如下：

```
Private Sub Form_click()
    Dim i ,j As Integer           'i 表示因子，j 表示所要判断的数是否为完数
    For j=0 To 100
        s=0                       '和的初始值
        For i=1 To (j-1)          '对于整数 j ,其因子的范围不包括完数本身，所以为 1 到 j-1
            If j Mod i=0 Then     '求因子
            s=s+i                 '累加
            End If
        Next i
        If s=j Then               '因子之和与原数进行比较
            Print j & "输入的数是完数"
        End If
    Next j
End Sub
```

6.4 程序调试与错误处理

6.4.1 程序入口设置

如图 6.3 所示，在一个工程中可以添加多个窗体。

注意：防止多个窗体的 name 相同而不能添加；添加的窗体实际是将其他工程中已有的窗体加入，多个工程共享窗体；通过“另存为”命令以不同的窗体文件名保存，断开共享。

在缺省情况下，应用程序中创建的第一个窗体是启动窗体，即 form1。在“工程属性”对话框来设置启动窗体或其他启动对象，如图 6.4 所示。

6.4.2 Visual Basic 的工作模式

从程序的设计到执行，一个 Visual Basic 应用程序处于不同的模式之中。Visual Basic 大致有以下三种模式：设计模式、运行模式和中断模式。

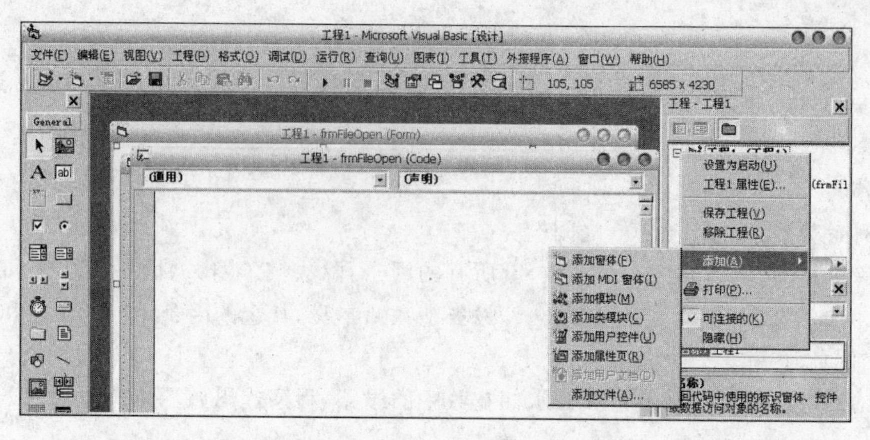

图 6.3　添加窗体

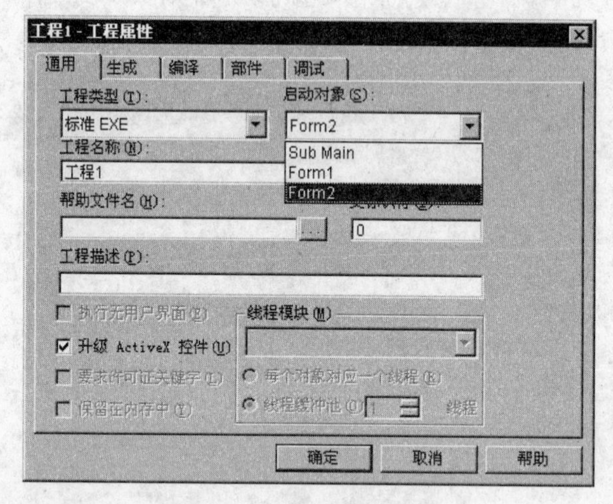

图 6.4　程序入口设置

1. 设计模式

启动 Visual Basic 后，打开一个工程窗口，此时就进入了 Visual Basic 的设计模式，在主窗口的标题栏上显示[设计]字样，如图 6.5 所示。

创建一个 Visual Basic 应用程序的所有工作都是在设计模式下完成的。设计模式下，程序是不能执行操作的，也不能使用调试工具对之进行调试，但可以设置断点(breakpoint)和添加监视(Add Watch)。

2. 运行模式

选择“运行”菜单中的“启动”命令，或直接按 F5 键，都可使得 Visual Basic 应用程序进入到执行模式。此时，图 6.5 中的“设计”字样将变成“运行”字样。在运行模式下，用户不能修改 Visual Basic 代码，可以查看程序运行结果。

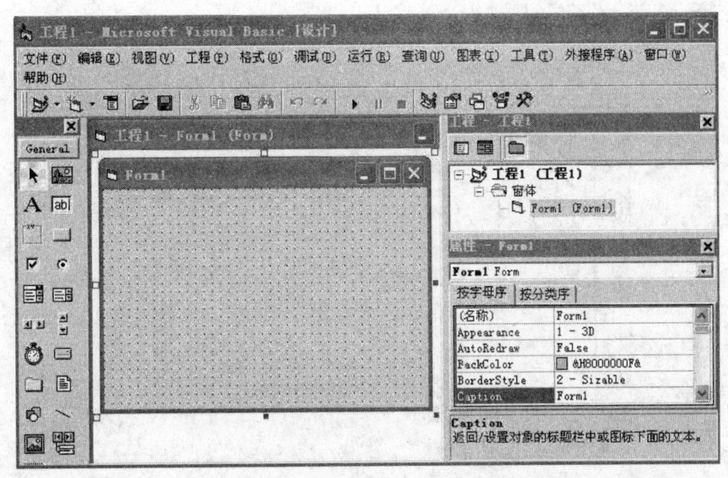

图 6.5 设计模式窗口

3. 中断模式

在中断模式下，图 6.5 中的“设计”字样将变成“中断”字样。有如下几种方式进入中断模式。

(1) 选择“运行”菜单中的“中断”命令。

(2) 在设计模式下，对程序代码进行了断点(breakpoint)的设置，当程序执行到此断点时就进入了中断模式。

(3) 在程序执行过程中，如出现错误，则 Visual Basic 将自动地进入到中断模式中。

6.4.3 错误类型

编写 Visual Basic 代码时，通常会出现各种错误。简单地理解为 Visual Basic 编程，就是和错误打交道的过程，就是发现错误，然后改正错误的过程。

Visual Basic 程序的错误大致分为语法错误、运行错误和语义错误。

1. 语法错误

语法错误包括编辑错误和编译错误。

1) 编辑错误

在编辑代码时，Visual Basic 会对输入的代码直接进行语法检查。当发现代码存在打字错误、遗漏关键字或标点符等语法错误，例如，遗漏了配对的语句(如 For…Next 语句中的 For 或 Next)，违反了 Visual Basic 的语法规则(如拼写错误、少一个分隔点或类型不匹配等)。Visual Basic 在 Form 窗口中弹出一个子窗口，提示出错信息，出错的那一行变成红色。这时，用户必须单击“确定”按钮，关闭出错提示窗，然后对出错行进行修改。

例如：

```
lable1.caption="姓名"          'label1 拼写错误
For t=1 to 1000                '没有 next t 与之对应
```

如图 6.6 所示，发生了输入错误“a＝a＋b－”。

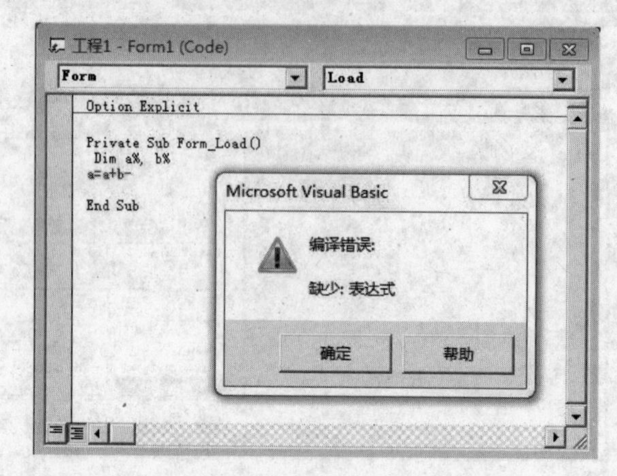

图 6.6　发生了输入错误“a＝a＋b－”

2）编译错误

编译错误指按了“启动”按钮，Visual Basic 开始运行程序前，先编译执行的程序段时产生的错误。此类错误是用户未定义变量、遗漏关键字等原因造成的。这时，Visual Basic 也弹出一个子窗口，提示出错信息，出错的那一行被高亮度显示。

如图 6.7 所示，flag 被要求强制声明定义，发生了输入错误“flog＝Not flag”。

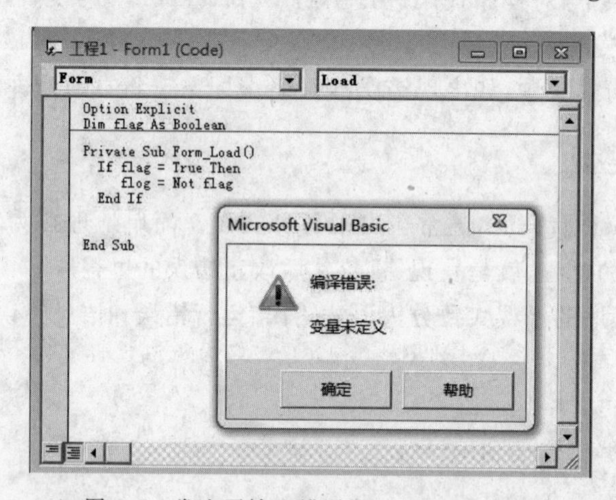

图 6.7　发生了输入错误“flog ＝ Not flag”

2. 运行错误

运行时的错误是指应用程序在运行期间执行了非法操作所发生的错误。例如，除法运算中除数为零，访问文件时文件夹或文件找不到等。这种错误只有在程序运行时才能被发现。

例如，下标越界所产生的错误提示信息如图 6.8 所示。

```
Private Sub Form_Load()
```

```
    Dim d(10) As Integer
    Dim i As Integer
    For i=1 To 20
        d(i)=i * i
    Next i
End Sub
```

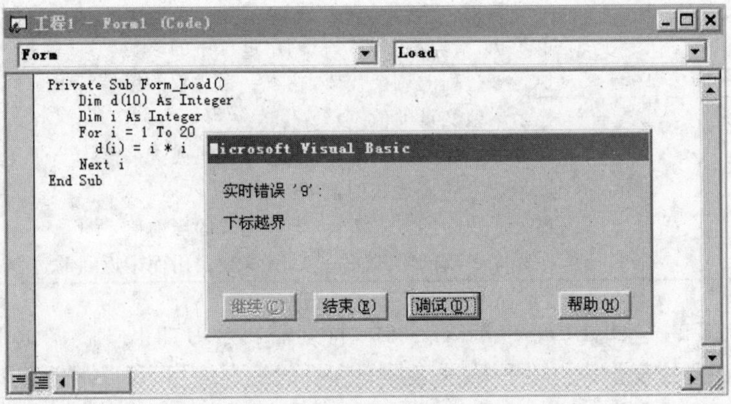

图 6.8　下标越界产生的错误提示信息

3. 语义错误

语义错误又称逻辑错误，是指程序运行的结果和所期望的结果不同。语义错误是在语法错误的基础上产生的一类错误，这类错误往往是程序存在逻辑上的缺陷所引起。例如，运算符使用的不合理，语句的次序不对，循环语句的起始、终值不正确等。

通常，语义错误较难排除，Visual Basic 可以发现大多数语法错误，准确地定位语法错误的位置。但是，通常无法发现语义错误，因此也不会产生错误提示信息。需要读者自己去分析程序，发现语义错误。虽然，Visual Basic 不能找出语义错误，但是提供了 3 种调试工具，可以帮助读者去分析程序代码，观察程序代码的执行过程和运行步骤。

6.4.4　三种调试工具

在"视图"菜单中选择"工具栏"的"调试"命令，就会出现如图 6.9 所示的"调试"工具栏。

图 6.9　"调试"工具栏

"调试"工具栏从左到右，依次为"启动"、"中断"、"结束"、"切换断点"、"逐语句"、"逐过程"、"跳出"、"本地窗口"、"立即窗口"、"监视窗口"、"快速监视"和"调用堆栈"。其功能如表 6.6 所示。

表 6.6 调试工具的功能

工　具	功　能
启动	启动应用程序
中断	中断程序
结束	结束应用程序的运行
切换断点	在光标所在行设置断点
逐语句	单步执行
逐过程	单步执行,但不单步执行调用过程中的语句
跳出	执行该过程的剩余代码,在下一个过程的第一行中断
本地窗口	显示本地变量的值
立即窗口	在程序中断的方式下,可以执行代码或查询值
监视窗口	显示选中的表达式的值
快速监视	在程序中断的方式下,列出表达式的当前值
调用堆栈	在程序中断的方式下,显示所有被调用而未返回的过程

在这些众多的 Visual Basic 调试工具中,特别需要学习如下 3 种调试工具:单步运行、设置断点和监视变量。这 3 种调试工具的有机的组合使用,可以帮助读者分析思考程序,找到语义错误。3 种调试工具如图 6.10 所示。

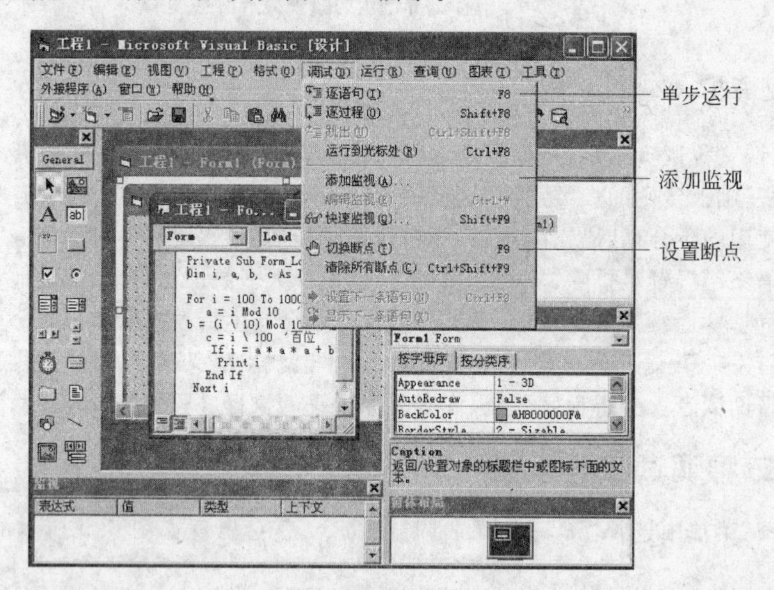

图 6.10 调试的三种工具

1. 逐语句

逐语句(Trace Into)又名单步运行,顾名思义,它可以使得程序一步一步地,一行一行地执行,Visual Basic 用黄色光带来表示程序当前的运行位置。只有每次按下"逐语句"(F8 键),程序才能前进一行,黄色光带才能往下移动一行,不按 F8 键,黄色光带停止不动,程序就不运行,如图 6.11 所示。

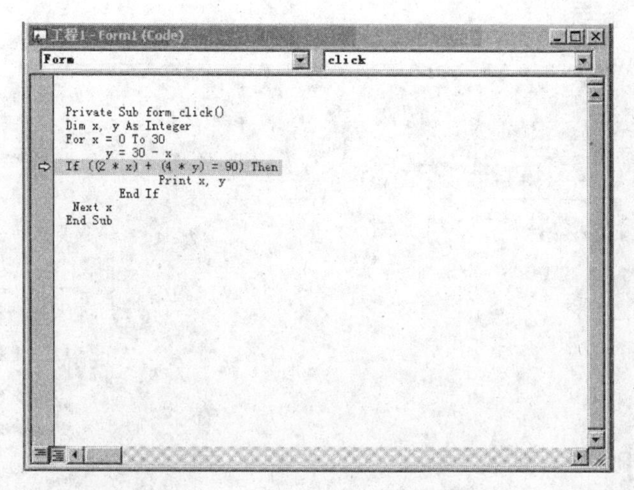

图 6.11 “单步运行”的示意图

2. 添加监视

添加监视(Add Watch)用于监视变量。在设计模式下,“调试”中“添加监视”中输入所要监视的变量,然后按 F8 键运行程序,通过监视框直接查看变量在运行过程中的值,随着逐语句的一步一步地执行,观察变量是如何一步一步地改变,如图 6.12 所示。

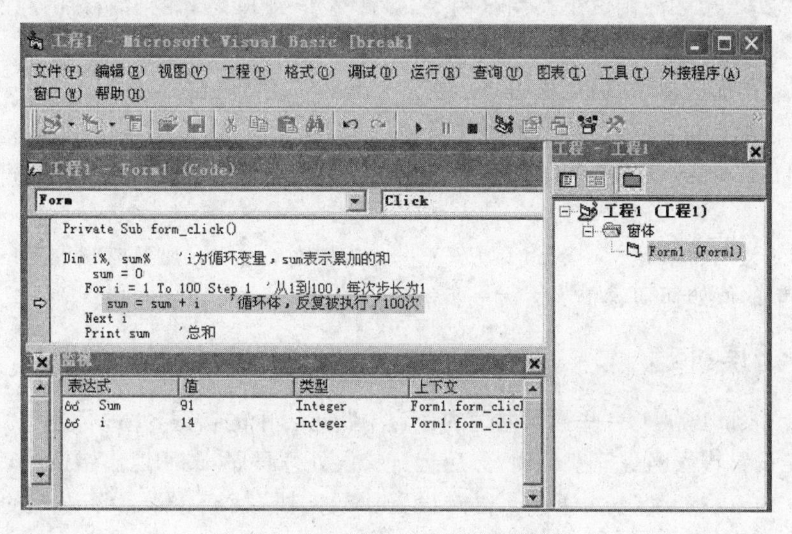

图 6.12 “添加监视”的示意图

3. 设置断点

断点,顾名思义,就是说程序运行到断点处,就停止了,就“断”了,不能再往下执行了。断点是 Visual Basic 挂起程序执行的一个标记,在设计模式下,Visual Basic 用棕色光带来表示程序的断点位置,按 F5 键运行程序,执行到断点处,则程序自动暂停,不再往下执行,棕色光带变成黄色光带,进入中断模式,此时可以采用单步运行和添加监视来分析程序代码，如图 6.13 所示。

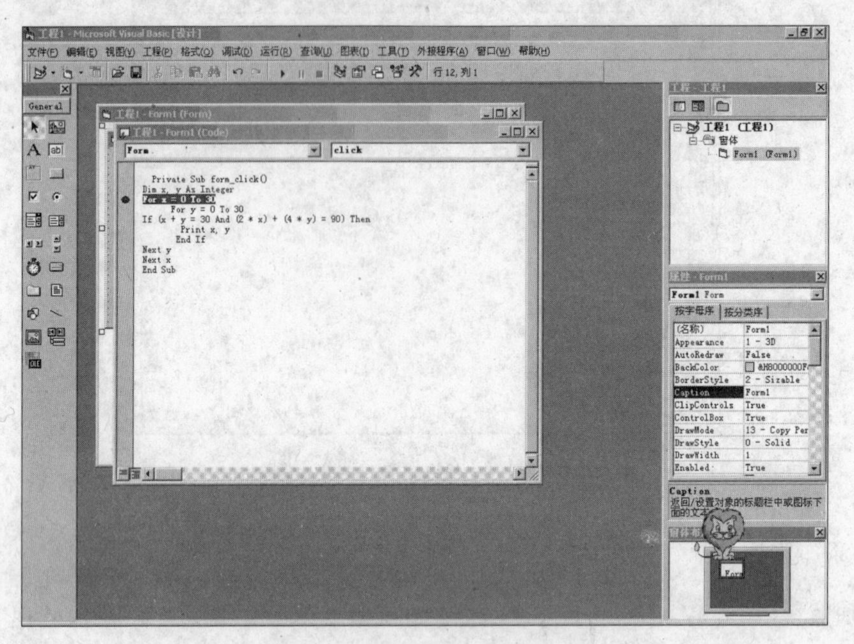

图 6.13 设置"断点"的示意图

【例 6-22】 用三种调试工具调试例 5-14，计算 1～100 之间的自然数的和的程序。

【解析】 调试工具使用步骤如下所示。

步骤 1：添加监视，在监视框中添加变量 sum 和 i，用于监视。

步骤 2：在 sum ＝ sum ＋ i 行设置断点。

步骤 3：启动运行程序(按 F5 键)，程序运行到断点处自动停止，棕色光带变成了黄色光带。

步骤 4：使用单步运行(按 F8 键)来一步一步地运行程序，观察监视框中的变量的值是多少，变量的值如何随着单步运行一步一步地改变。

6.4.5 错误处理

Visual Basic 提供了一些错误处理的语句中断运行中的错误，并进行处理。错误处理过程一般先设置错误陷阱捕获错误，然后运行错误处理程序，最后退出错误处理程序。

Visual Basic 提供了 On Error 语句设置错误陷阱，捕获错误。该语句的使用语法如下：

```
On Error GOTO ErrorHandler
```

其中，ErrorHandler 是一个错误处理程序段的标号，当执行一条语句产生一个可捕获的错误时，该语句可以中断错误，跳转到指定标号处，对错误进行处理。

On Error 语句有如下 3 种方式：

(1) On Error GoTo 语句标号：在发生运行错误时，转到语句标号指定的程序块执行错误处理程序。指定的程序块必须在同一过程中，错误处理程序的最后必须加上

Resume 语句,以告知返回位置。

(2) On Error Resume Next:在发生运行错误时,忽略错误,转到发生错误的下一条语句继续执行。

(3) On Error GoTo 0:停止错误捕获,由 Visual Basic 直接处理运行错误。

在错误处理程序中,当遇到 Exit Sub、Exit Function、End Sub、End Function 等语句时,将退出错误捕获。

在错误处理程序结束后,要恢复运行,可用 Resume 语句,Resume 语句一般位于出错处理程序的尾部。

Resume 语句有如下 3 种方式:

(1) Resume 语句标号:返回到标号指定的行继续执行,若标号为 0,则表示终止程序的执行。

(2) Resume Next:跳过出错语句,到出错语句的下一条语句继续执行。

(3) Resume:返回到出错语句处重新执行。

【例 6-23】 错误处理举例。

【解析】 从键盘上输入两个整数,计算并输出相除的商和余数。

程序代码如下:

```
Private Sub Form_Click()
  a=InputBox("请输入被除数")
  b=InputBox("请输入除数")
  c=a / b
  d=a Mod b
  Print "商是"; c
  Print "余数"; d
End Sub
```

当程序运行时,如果给除数输入的值为 0,则会出现如图 6.14 所示的提示。

利用 Visual Basic 的错误陷阱,代码如下:

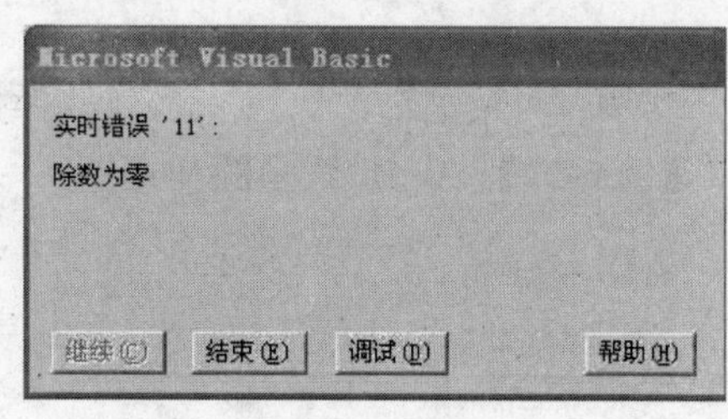

图 6.14 除数为零的出错信息

```
Private Sub Form_Click()
    On Error GoTo handler
    begin:
    a=InputBox("请输入被除数")
    b=InputBox("请输入除数")
    c=a / b
    d=a Mod b
    Print "商是"; c
    Print "余数"; d
    Exit Sub
    handler:
      Print "注意:除数不能为零!!!";
      Resume begin
End Sub
```

6.5 其他辅助语句

6.5.1 退出与结束语句

1. Exit 语句

Exit 语句具有多种形式：Exit For、Exit Do、Exit Sub、Exit Function 等。Exit 语句的作用：退出某种控制结构的执行。

具体语法如下。

(1) Exit For 表示退出 for …next 循环。

(2) Exit Do 表示退出 do …loop 循环。

(3) Exit Sub 表示退出子过程。

(4) Exit Function 表示退出子函数。

2. End 语句

End 语句具有多种形式：End、End If、End Select、End With、End Type、End Sub、End Function 等。

(1) End 语句的作用：结束一个程序的运行。

(2) 其余表示某个结构的结束，与对应的结构语句配对出现。

6.5.2 With 语句

With 语句形式如下：

```
With 对象
    语句块
End With
```

作用：对某个对象执行一系列的操作，而不用重复指出对象的名称。

【例 6-24】 With 语句的使用。

```
With Label1
    .Height=2000
    .Width=2000
    .FontSize=22
    .Caption="MyLabel"
End With
```

等价于：

```
Label1.Height=2000
Label1.Width=2000
Label1.FontSize=22
```

```
Label1.Caption="MyLabel"
```

习　题

1. 选择题

(1) 下列程序段的执行结果为(　　)。

```
X=1
Y=1
For I=1 To 3 step 1
  F=X+Y
  X=Y
  Y=F
  Print F
Next I
```

A) 2 3 6　　B) 2 2 2
C) 2 3 4　　D) 2 3 5

(2) 下列程序段的执行结果为(　　)。

```
I=4
A=5
Do
    I=I+1
    A=A+2
Loop Until I>=7
Print "I=";I
Print "A=";A
```

A) I=7 A=5　　B) I=7 A=13　　C) I=8 A=7　　D) I=7 A=11

(3) 下列程序段的执行结果为(　　)。

```
A=0:B=1
Do
    A=A+B
    B=B+1
Loop While A<10
Print A;B
```

A) 10 5　　B) A B　　C) 0 1　　D) 10 30

(4) 下面程序的内层循环次数是(　　)。

```
For i=1 TO 3
   For j=1 TO i
```

```
            For k=j TO 3
                Print "*"
            Next k
        Next j
    Next i
```

A) 3　　B) 14　　C) 9　　D) 21

(5) 下面程序的运行结果是(　　)。

```
Private Sub Commandl_Click()
  x=1: y=1
  For i=1 TO 3
     x=x+y: y=y+x
  Next i
  print x,y
End Sub
```

A) 6 6　　B) 5 8　　C) 13 21　　D) 34 35

2. 编程题

(1) 有一个如下的式子，8 个数字只能看清 3 个，第一个数字不清楚，但知道其不是 1，请问不清楚的 5 个数是什么？(不清楚的 5 个数用 * 表示)

$$[\,*\times(*3+*)\,]^2=8**9$$

(2) 用 Visual Basic 分别实现如图 6.15 所示两个图形的输出。

```
      1            *****
     222            ****
    33333            ***
   4444444            **
                       *
     (a)              (b)
```

图 6.15　第(2)题图形

(3) 一个两位数的正整数，如果将其个位数字与十位数字对调，所生成的数称为对调数，如 28 是 82 的对调数。现给定一个两位的正整数，请找到另一个两位的正整数，使这两个数之和等于它们各自的对调数之和，如 56＋32＝65＋23。

(4) 利用随机函数产生 20 个 50～100 之间的随机数，显示它们的最大值、最小值和平均值。

(5) 计算 $S=1+\frac{1}{2^2}+\frac{1}{3^2}+\frac{1}{4^2}+\cdots+\frac{1}{n^2}$ 的值，当第 i 项 $\frac{1}{i^2}\leqslant 10^{-5}$ 时结束。

(6) 打印 1～1000 中所有能被 3 和 7 同时整除的奇数。

(7) 计算小于 1000 且靠近 1000 的 10 个素数之和。

第7章

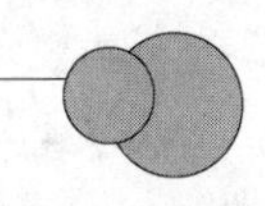

数组与自定义类型

数组作为一组相同数据类型的变量的集合,可以处理更为复杂的问题。自定义类型作为一种复合的数据类型,为复杂的数据结构提供了有力的手段。

7.1 数组概念

【例 7-1】 声明 5 个变量,并赋值都为 0。

【解析】 程序代码如下:

```
Private sub Form_click()
    Dim a1, a2, a3, a4, a5 As Integer                        '定义 5 个变量
    a1=0: a2=0: a3=0: a4=0: a5=0                             '赋值
    Print a1, a2, a3, a4, a5
End Sub
```

题意若为声明 100 个变量,赋值为 0。是否声明 100 个变量,然后赋值?那样工作量会很大,也不可行。分析规律发现,声明变量和赋值操作都反复执行 100 次,是否可以采用循环实现呢?但是如何去构造循环语句呢?

【例 7-2】 多个整数排序。

【解析】 在前面介绍了"从键盘上任意输入两个整数 x 和 y,使其升序输出"。任意两个整数排序,需要使用一次 if 语句,通过比较和交换实现。如果是任意 3 个整数,则需要使用三次 if 语句,通过比较和交换实现。如果 10 个任意整数呢?需要几次 if 语句呢?如果声明 10 个变量 a1,a2,a3,…,a10,如何构造循环?设想循环语句如下:

```
For i=2 to 100
  If (a1>ai)
    …
  End if
Next i
```

如果每次循环,ai 会变为 a2,a3,…,不就可以了吗?但是,Visual Basic 认为 ai 是一个确定的简单变量名,ai 是不会随着循环变量 i 的变化而生成一个一个简单的变量名"a1"、"a2",无法让循环体中的语句这次执行"if(a1>a2)",下次循环执行为"if(a1>a3)"。

这是因为循环执行相似的操作，每次循环，循环体中执行的语句必须是不变的。所以，循环无法解决例 7-2。

为了解决例 7-1 和例 7-2 等一类的问题，Visual Basic 引入了数组。

7.1.1 数组的声明

数组用于表示一组性质相同的有序的数，这一组数用一个统一的名称来代替，称为数组名，数组中的每一个元素称为数组元素。为了在处理时能够区分数组中的每一个元素，需要用一个索引号加以区别，该索引号称为下标。数组中的每一个元素可以用数组名和下标唯一地表示，写成：

```
数组名(下标)
```

数组并不是一种新的数据类型，只是一组相同数据类型的变量的集合，也就是一批变量，这批变量是“有组织的”，是在内存空间中连续存放多个相同数据类型元素。

按数组的初始元素个数是否确定进行分类，可以分为静态数组和动态数组。静态又称为定长数组，是指数组元素的个数固定不变。动态数组也称为可变长数组，是指其元素的个数在运行时可以改变。

7.1.2 静态数组及声明

静态数组的声明，必须指定数组元素的个数。

形式：

```
Dim 数组名(下标 1[,下标 2…]) [As 类型]
```

声明数组时，必须指定数组的四个要素：数组的名、维数、大小、类型。

(1) 数组的名。命名和简单变量的声明方法相同。

(2) 数组的维数。几个下标为几维数组，最多 60 维。

按数组的下标进行分类。下标又称为 Index。下标只有一个的数组称为一维数组。下标有两个的数组则称为二维数组。

```
[下界 To ] 上界
```

注意：下标必须为常数，省略下标的值 0。

(3) 数组的大小。

每一维大小是“上界－下界＋1”，整个数组大小为每一维大小的乘积。

(4) 数组的类型。

例如：

```
Dim a(10) As Integer                '声明一维数组,共有 11 个元素,默认第一个元素为 a(0)
```

又例如：

```
Dim a% (1 to 10)                    '声明有 10 个元素的 a 数组
```

如图 7.1 所示，数组的分配空间是连续的，数组元素之间是相连的，一个挨着一个。A(1)后面紧跟着 A(2),而 A(2)之前是数组元素 A(1),A(2)之后是数组元素 A(3)……

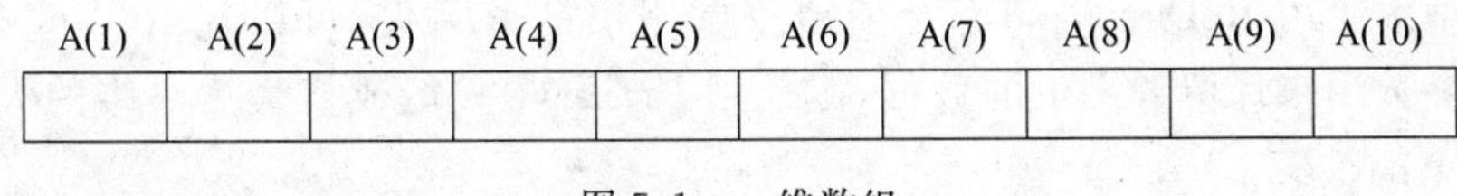

图 7.1 一维数组

说明:在表示数组元素时,应注意以下几点:

(1) 要用圆括号把下标括起来,不能用中括号或大括号代替,也不能省略圆括号。

(2) 下标可以是常量、变量或表达式,其值必须是整数。

(3) 下标的最小取值称为下界,下标的最大取值称为上界。在不加任何说明的情况下,数组的下界默认值为 0。若希望下标从 1 开始,可在模块的通用部分使用 Option Base 语句将设为 1。其使用格式是:

```
Option Base 0|1        '后面的参数只能取 0 或 1
```

例如:

```
Option Base 1        '将数组声明中缺省<下界> 下标设为 1
```

(4) <下界>和<上界>不能使用变量,必须是常量,常量可以是整型常量和符号常量,一般是整型常量。

7.1.3 动态数组及声明

动态数组相对静态数组而言,它是在声明数组时未给出数组的大小(省略括号中的下标),当使用它时,用 ReDim 语句重新指出数组大小。因此声明一个动态数组分为以下两个步骤。

步骤 1:用 Dim 语句声明数组,但不能指定数组的大小,语句形式为:

```
Dim 数组名( ) As 数据类型
```

步骤 2:用 ReDim 语句动态地分配元素个数,语句形式为:

```
ReDim (Preserve)  数组名(下标)
```

例如:

```
Sub Form_click( )
    Dim sArray( ) As Single      '声明为动态数组,注意括号内为空,没有给出数组的大小
    …
    ReDim sArray(10)             '此处指定其数组的大小,大小为 10
    …
End Sub
```

说明:

(1) Dim、Private、Public 变量声明语句是说明性语句,出现在过程内或通用声明段;

ReDim 语句是执行语句，只能出现在过程内。

（2）在过程中可多次使用 ReDim 来改变数组的大小，也可改变数组的维数。

（3）每次使用 ReDim 语句都会使原来数组中的值丢失，可以在 ReDim 语句后加 Preserve 参数用来保留数组中的数据，但使用 Preserve 只能改变最后一维的大小，前面几维大小不能改变。

（4）ReDim 中的下标可以是常量，也可以是有了确定值的变量。

7.2 数组操作

7.2.1 数组元素的赋初值

数组元素的赋初值有以下两种方式。

方式一：通过循环，利用赋值语句来依次给每个数组元素赋值。

程序代码如下：

```
Private Sub Form_Click()
    Dim a(1 to 10) as integer      '定义一个数组,包含 10 个元素
    For i=1 To 10
        a(i)=0   '通过循环变量控制数组元素的下标,每一个数组元素得到的值为 0
    Next i
    For i =1 To 10
        PRINT a(i)                 '输出每个数组元素
    Next i
End sub
```

注意：方式一用循环变量控制数组元素的下标，实现例 7-1 的功能。

方式二：利用 Array()函数。

程序代码如下：

```
Private Sub Form_Click()
    Dim a()                        '定义一个数组,没有给定数组类型,需注意
    a=Array("abc", "def", "67")    '用 Array()函数给数组每个元素赋值
    For i=LBound(a) To UBound(a)
        'LBound(a)得到数组 a()的下界,Ubound(a)得到数组 a()的上界
        Print a(i); space(2);      '输出每个数组元素,并输出两个空格
    Next i
End Sub
```

注意：

（1）利用 Array 对数组各元素赋值，声明数组时可以省略圆括号，并且其类型只能是 Variant。

（2）数组的上界由 Array 函数括号内的参数个数决定，也可通过函数 Ubound()获得。

7.2.2 数组之间的相互赋值

将数组 a()的值赋值给数组 b()有以下两种方式。

方式一：数组 a()整体赋值给数组 b()。

程序代码如下：

```
Private Sub Form_Click()
    Dim a() As Variant, b() As Variant          'a()和 b()都是动态数组
    Dim i as integer
    a=Array(1, 2, 3, 4, 5)                      '用 Array()函数给数组 a()每个元素赋值
    ReDim b(UBound(a))  '重新定义数组 b(),使得 b()得到数组 a()相同的元素个数
    b=a                                         '通过数组名,完成数组的整体赋值
    For i=0 To UBound(b)
        Print b(i)                              '通过循环,输出数组 b()每个数组元素
    Next i
End Sub
```

方式二：通过循环，将数组 a()的每个元素依次赋值给数组 b()的每个元素。

程序代码如下：

```
Private Sub Form_Click()
    Dim a() As Variant, b() As Variant
    Dim i as integer
    a=Array(1, 2, 3, 4, 5)    '用 Array()函数给数组 a()每个元素赋值
    ReDim b(UBound(a))        '重新定义数组 b(),使得 b()得到数组 a()相同的元素个数
    For i=0 To UBound(a)
        b(i)=a(i)        '通过循环,将数组 a()的每个元素依次赋值给数组 b()的每个元素
    Next i
    For i=0 To UBound(b)
        Print b(i)            '通过循环,输出数组 b()的每个数组元素
    Next i
End Sub
```

7.2.3 数组的输出

【例 7-3】 输出方阵 a 中的元素，如图 7.2 所示。

$$\begin{bmatrix} 0 & 1 & 2 & 3 & 4 \\ 5 & 6 & 7 & 8 & 9 \\ 10 & 11 & 12 & 13 & 14 \\ 15 & 16 & 17 & 18 & 19 \\ 20 & 21 & 22 & 23 & 24 \end{bmatrix}$$

图 7.2 二维数组的元素输出

【解析】 任意的一个数组元素为 a(I, j)。i 为行标，变化范围为 0～4，j 为列标，变化范围为 0～4。

方法 1：程序代码如下所示。

```
Private Sub Form_Click()
    Dim a(4, 4) As Integer
    For i=0 To 4
        For j=0 To 4
            a(i, j)=i * 5+j
            Print a(i, j); Space(2);
        Next j
        Print           '换行
    Next i
End Sub
```

方法 2：程序代码如下所示。

```
Private Sub Form_Click()
    Dim a(4, 4) As Integer
    Dim z As Integer
    Z=0
    For i=0 To 4
        For j=0 To 4
            a(i, j)=z '引入 z 变量
            z=z+1
            Print a(i, j); Space(2);
        Next j
        Print           '换行
    Next i
End Sub
```

数组名是一批数据共同的名称，数组元素之间逻辑位置相关，通过下标来标识数组中的各个元素的位置。也就是说，通过循环变量控制数组的下标，对每一个数组元素进行处理和操作，最终达到对整个数组的所有元素进行处理，从而可以通过循环对一批相同数据类型的数据进行类似的反复操作。

【例 7-4】 数组元素的查找。

【解析】 假设数组中的所有元素都是相异数值，如(1, 2, 3, 7, 8, 49)，从键盘上任意输入一值，假设为 3，在整个数组中寻找与 3 相同的数组元素，记录下 3 在数组中的位置。若输入值为 9，则在整个数组中没有找到与 9 相同的数组元素，提示用户没有找到。

方式一：顺序查找法。

其基本思想是从数组的第一项开始，依次与所要查找的数据进行比较，直到找到该数据，或者检索完全部的数组元素都未找到该数据为止。程序代码如下：

```
Private Sub Form_Click()
```

```
    Dim i, num As Integer                  'i 循环变量 num 为要查找的值
    Dim length As Integer                  '数组元素的个数
    Dim a()                                '不定长数组
    Dim pos As Integer                     '记录与输入需要查找的整数相同的数组元素的位置
    a=Array(1, 2,3, 7, 8, 49)              '给不定长数组初始化为有序递增的数组
    length=UBound(a)                       '得到数组所包含的数组元素的个数,即数组的上界
    Print "输出数组"
    For i=0 To length                      '输出数组
      Print a(i);
    Next i
    num=Val(InputBox("please input a number :"))       '输入需要查找的整数
    For i=LBound(a) To length              '从数组的下界到数组的上界
      If a(i)=num Then                     '每一个数组元素和所要查找的值进行比较
        pos=i                              '记录所要查找的数值在数组中的位置
        Print                              '输出一空行
        Print "找到了,在数组中找到需要的整数,位置是"; pos+1 '数组默认从位置 0 算起
        Exit For                           '退出循环
      Else
        pos=-1                             '没有找到
      End If
    Next i
    If pos=-1 Then
        Print
        Print "没有找到,数组中没有所要寻找的整数"
    End If
End Sub
```

如果数组中存在相同的数组元素,例如(1, 4, 3, 6, 2, 1, 3, 1),当要查找的元素为1时,则可引入 flag 作为“是否找到”的标志。程序代码如下:

```
Private Sub Form_Click()
    Dim flag As Boolean
    Dim a()
    Dim i, number As Integer
    flag=False
    a=Array(1, 4, 3, 6, 2, 1, 3, 1)
    Print "输出整个数组"
    For i=LBound(a) To UBound(a)
        Print a(i);
    Next i
    number=Val(InputBox("find number"))
    Print
    Print "查找的数为" & number
    For i=LBound(a) To UBound(a)
      If number=a(i) Then
```

```
            Print "位置是" & i+1;
            flag=True
        End If
    Next i
    If flag=False Then
        Print "没有发现所要查找数值"
    End If
End Sub
```

方式二：二叉查找法。

假设数组中的数组元素为相异有序的值，如在数组(0,1, 2,3, 7, 8, 49)中查找的数值为7，可以采用一种比"顺序查找"效率高的查询方法——"二叉查找法"。其算法步骤如下：

步骤1：在数组(0,1, 2,3, 7, 8, 49)中找到位置居中的正整数3，用3将数组(0,1, 2,3, 7, 8, 49)数列分成以下3个有序的序列。

第1序列：(0,1, 2)。

第2序列：(3)。

第3序列：(7, 8, 49)。

步骤2：用位置居中的数组元素3和所要查找的数7进行比较，由于7大于3，则，所要查找的数肯定在第3个序列中。

步骤3：将第3个序列(7,8,49)进行"步骤1"的操作，分割为以下3个有序的序列。

第1序列：(7)。

第2序列：(8)。

第3序列：(49)。

步骤4：重复"步骤2"，用位置居中的数组元素8和所要查找的数7进行比较，由于7小于8，则，肯定在第1个序列中。

步骤5：重复"步骤1"、"步骤2"直到不能分割为止，直到找到7或得到"7找不到"的结论为止。

程序代码如下：

```
Private Sub Form_Click()
    Dim a()                         '不定长数组
    Dim i As Integer, low As Integer, high As Integer, mid As Integer
    Dim x As Integer
    a=Array(0, 1, 2, 3, 7, 8, 49)   '给不定长数组初始化为有序递增的数组
    Print "'输出数组"
    For i=0 To UBound(a)            '输出数组
        Print a(i);
    Next i
    x=Val(InputBox("请输入要查找的值"))
    low=0                           '此处是0,由于数组的默认下标从0位置开始
    high=UBound(a)                  '得到数组所包含的数组元素的个数,即数组的上界
```

```
    Do While low<=high
        mid=(low+high) / 2          '位置居中,1/2处
        If x=a(mid) Then            'x=A(k),则查找结束
            Print "在数组中找到了!所要查找的数为:"; x; "位置为"; mid+1
            Exit Do
        End If
        If x<a(mid) Then
            high=mid-1              '在"第1序列"中继续
        Else
            low=mid+1               '在"第3序列"中继续
        End If
    Loop
    If low>high Then Print "没有发现所查找数值"
End Sub
```

【例 7-5】 任意10个整数,求其中的最大值以及最大值所在次序位置。

【解析】 "打擂台"算法。在古代,擂台比武,擂台下一个比武者和擂主进行比武,如果打败擂主,取得胜利,那么他就成为新的擂主,反之,如果失败,原先的擂主不变,反复如此,最终留在擂台上的人为擂主。根据此思路,声明一个变量Max相当于擂台上暂时的擂主,用于存储最大值。先假设第一个数组元素为最大值Max,然后循环依次与其余的数组元素进行比较,只要有比当前最大值(擂主)还大的数组元素,它就是最大值,成为新的擂主。最后,当整个数组比较结束,Max中的值为最大值,最终的擂主。假设从键盘上输入的10个整数都是相异的,程序代码如下:

```
Private Sub Form_click()
    Dim i as integer
    Dim A(1 to 10 ) as integer
    Dim Max As Integer,iMax As Integer
    For i=1 to 10                           '给数组输入10个值
        A(i)=val(inputbox("请输入一个整数"))        '将输入的值保存到数组中
    next i
    Max=A(1):iMax=1                         '假设第一个人是擂主,记录其次序位置
    For i=2 To 10
       If A(i)>Max Then                     '如果取胜,他就成为新的擂主
          Max=A(i)
          iMax=i
       else                                 '如果失败,擂主不变
          Max=Max
          iMax=iMax
       End If
    Next i
    Print max,imax
End Sub
```

【例 7-6】 任意的 10 个整数逆序输出。

【解析】 题意为任意的 10 个整数,假设 10 个整数为(1,2,3,4,5,6,7,8,9,0),则以(0,9,8,7,6,5,4,3,2,1)输出。

方法 1:将数组从后往前逆序输出数组元素即可,程序代码如下:

```
Private Sub Form_click()
    Dim i As Integer
    Dim A(1 To 10) As Integer
    Print "任意的 10 个整数"
    For i=1 To 10                    '构造 10 个任意的整数数组
        a(i)=100 * Rnd               'Rnd 为随机数,取值为 0~1 之间
        Print a(i);
    Next i
    Print "逆序输出"
    For i=1 To 10 '逆序输出
    Print A(11-i);                   '从后往前,依次输出数组元素,需要注意 a()的下标
    Next i
End Sub
```

方法 2:"镜像"算法。当照镜子时,镜子外距离镜子近的位置的物品在镜子里距离镜子也近,在镜子外距离镜子较远位置的物品在镜子里面距离镜子的位置也较远,如图 7.3 所示。因此,将任意的 10 个数的中点作为镜子,则镜子左边距离镜子较近的 A 点,在镜子的右边对称的 A′也距离镜子较近……因此,只需将 A 点与 A′点进行交换,B 点与 B′点进行交换,依次交换就可以了。

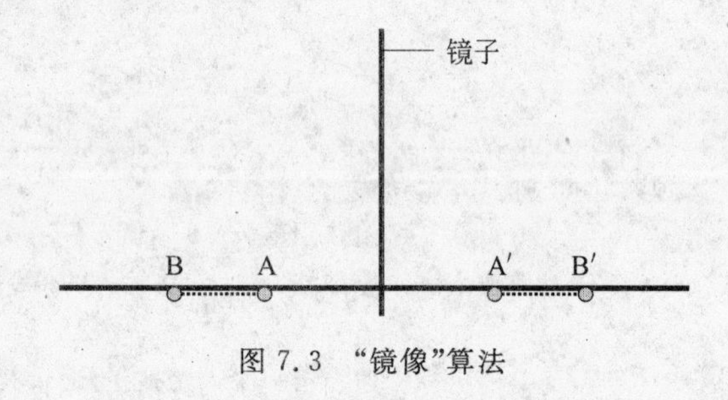

图 7.3 "镜像"算法

程序代码如下:

```
Private Sub Form_click()
    Dim i As Integer
    Dim A(1 To 10) As Integer
    Print "任意的 10 个整数"
    For i=1 To 10                    '构造 10 个任意的整数数组元素
        a(i)=100 * Rnd               'Rnd 为随机数,取值为 0~1 之间
        Print a(i);
    Next i
    For i=1 To 10 \ 2                '中点为轴
```

```
        t=A(i)                    '引入临时变量 t,实现交换
        A(i)=A(10-i+1)            '从最外侧的两个元素开始交换,然后靠近镜子
        A(10-i+1)=t
    Next i
    Print:Print "逆序输出"
    For i=1 To 10 '逆序输出
    Print A(i);
    Next i
End Sub
```

【例 7-7】 编写程序将输入的一个十进制数转换成二进制数,然后以二进制数形式输出。

【解析】 不妨设将十进制数 59 转换成二进制数,如图 7.4 所示。

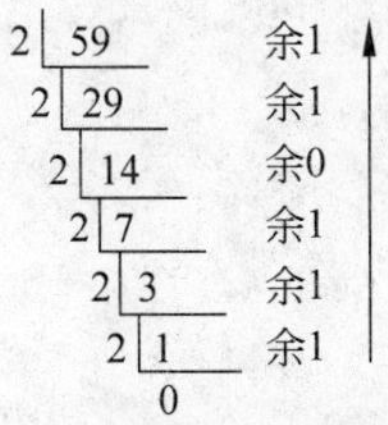

```
2 | 59      余1  ↑
 2 | 29     余1  |
  2 | 14    余0  |
   2 | 7    余1  |
    2 | 3   余1  |
     2 | 1  余1  |
          0
```

图 7.4 十进制数转换成二进制数

即:

$$(59)_{10}=(111011)_2$$

代码如下:

```
Private Sub Form_Click()
    Dim i, x, arr(30) As Integer
    Print "请输入一个整数"
    x=Val(InputBox("a number"))
    Print "输入的十进制数值为:" & x
    i=0
    Do While x<>0
        arr(i)=x Mod 2            '保存余数
        x=x \ 2
        i=i+1
    Loop
    Print "转换为对应的二进制数值为:"
    num=i-1
    For i=num To 0 Step -1        '逆序输出
        Print arr(i);
    Next i
End Sub
```

【例 7-8】 在有序数组中插入一个值，保持数组有序不变。

【解析】 假设有序数组为(1, 2, 7, 8, 49)增序，现在从键盘上输入一个整数 6，依照题意，最后输出的数组应为(1, 2, 6,7, 8,49)。算法的步骤有以下 3 步。

步骤 1：确定所要插入整数的位置。在数组(1, 2, 7, 8, 49)中找到 6 所要插入的位置，其位置为 2 和 7 之间的位置，由于数组元素位置依次相邻，因此，6 所要插入的位置是数组元素 7 所在的位置 pos。需要注意，pos 为数组中第 1 个大于插入的值的数组元素的位置。

步骤 2：腾出空位。直接将 6 插入到 7 所在的位置，数组元素 7 将被覆盖，所以，需要给 6 腾出位置。从数组的末尾开始，将数组元素依次往其后的位置上移动，即，49 往后移动，8 移到 49 原先的位置上，7 移到 8 原先的位置上。即 a(i+1)=a(i)。需要注意，由于插入了一个值，增加一个位置，数组的上界也要增加一个。

步骤 3：插入整数。将数据 6 插入 pos 位置。

程序代码如下：

```
Private Sub Form_click()
    Dim i As Integer
    Dim number As Integer
    Dim pos As Integer
          '插入元素的位置,其为数组中第 1 个大于插入的值的数组元素的位置
    Dim A(1 To 10) As Integer  '声明定长数组,共包含 10 个元素
    For i=1 To 9               '注意此处是 1~9,必须小于 10,为什么?
       A(i)=i * 20
       Print A(i);
    Next i
    number=Val(InputBox("请输入一个整数"))      '插入的值 number
    For i=1 To 9               '步骤 1: 查找欲插入数 number 在数组中的位置
      If number<=A(i) Then
        pos=i                  '找到插入的位置下标为 pos
        Exit For               '第 1 个大于插入的值的数组元素的下标,产生中断,退出循环
      End If
    Next i
    For i=9 To pos Step-1      '步骤 2: 从最后元素开始往后移,腾出位置 pos
      A(i+1)=A(i)
    Next i
    A(pos)=number              '步骤 3: 数插入
    Print                      '输出一空行
    For i=1 To 10              '注意此处是 1~10,因为已经插入了一整数
      Print A(i);
    Next i
End Sub
```

定长数组的操作需注意“溢出”的问题。在现实中，一直给木桶中灌水，就会发生水溢

出的现象，这是因为水的体积最终超越了木桶的体积导致“溢出”。同样，定长数组中所包含的数组元素个数是定长，如果存放在数组中的元素的个数大于其在声明时所指定的定长，就会发生“溢出”。正因为定长数组存在“溢出”的问题，Visual Basic 引入了不定长数组，也就是动态数组。用动态数组改写例 7-8，程序代码如下：

```
Private Sub Form_Click()
    Dim i, num As Integer                          'i 循环变量 num 插入的值
    Dim length As Integer                          '数组元素的个数
    Dim a()                                        '不定长数组
    Dim pos As Integer                             '所要插入的位置
    a=Array(1, 2, 7, 8, 49)                        '给不定长数组初始化为有序递增的数组
    length=UBound(a)                               '得到数组所包含的数组元素的个数
    Print "插入前的数组"
    For i=0 To length                              '输出数组
      Print a(i);
    Next i
    num=Val(InputBox("please input a number:"))        '输入插入的整数
    For i=0 To length
      If a(i)>=num Then
          pos=i
          Exit For                                 '退出循环
      Else
          pos=length+1   '如果插入的整数大于所有的数组元素，则将整数保存到数组末尾
    End If
    Next i
    ReDim Preserve a(length+1)                     '数组增加一个元素
    For i=length To pos Step-1                     '腾出所插空间
      a(i+1)=a(i)                                  '数组元素依次往后移一位
    Next i
      a(pos)=num                                   '插入整数
    Print
    Print "插入后的数组"
    For i=0 To length+1
      Print a(i);
    Next i
End Sub
```

步骤 1“确定位置”和步骤 2“腾出空位”这两步是否可以合并为一步进行？如果在有序数组中插入任意多个数值，又如何操作？代码如下，请读者自行分析。

```
Private Sub Form_Click()
    Dim a(1 To 10) As Integer
    Dim data()
    Dim count As Integer
    Form1.Cls
```

```
    a(1)=1: a(2)=30: a(3)=70: a(4)=90              '不妨设有序数组最初有 4 个元素
    For i=1 To 4
        Print a(i);
    Next i
    Print
    count=Val(InputBox("插入几个数值"))
    Print "插入" & count & "个数值"
    ReDim data(count+1)
    For j=1 To count '将所要插入 count 个的数字保存在数组中
        data(j)=Val(InputBox("第" & j & "数值"))
        Print data(j);
    Next j
    For j=1 To count
        For i=4+j-1 To 1 Step -1                    '从数组尾部往前依次比较
            If a(i)>data(j) Then
                a(i+1)=a(i)
            Else
                Exit For
            End If
        Next i
        a(i+1)=data(j)
    Next j
    Print
    For i=1 To 4+count
      Print a(i);
    Next i
End Sub
```

7.2.4 数组元素的删除

【例 7-9】 输入一整数，若在数组中存在与其相同的数组元素，则将其删除，并保持数组元素的次序不变。

【解析】 假设数组为(1, 4, 8, 6, 2, 9, 5)，从键盘上输入一个整数 6，依照题意，最后输出的数组为(1, 4, 8, 2, 9, 5)。

算法的步骤有以下 3 步。

步骤 1：确定所要删除数组元素的位置。与例 7-7 的步骤 1 基本类似。即，在数组中依次比较每个数组元素是否与输入整数相同，如果相同，记下数组元素的位置 pos。即，需要找到 6 的位置。

步骤 2：依次覆盖。从例 7-7 的步骤 2 知道，只需从 pos 的位置开始，将其后位置的数组元素依次移动到前面的位置上，即，2 覆盖了原先 6 所在的位置，9 移到 2 原先的位置上，5 移到 9 原先的位置上。即 a(i)＝a(i＋1)。

步骤 3：输出数组。如果找到删除了，则，总的数组元素个数减少 1 个。

程序代码如下：

```
Private Sub Form_click()
  Dim i As Integer
  Dim number As Integer
  Dim pos As Integer
  Dim A()                          '声明不定长数组
  A=Array(1, 4, 8, 6, 2, 9, 5)     '给数组元素赋值
  length=UBound(A)                 '获得数组的上界,也就是元素个数减一
  For i=0 To length                '输出数组
      Print A(i);
  Next i
  number=Val(InputBox("请输入一个整数"))      '从键盘上任意输入 number
  For i=0 To length                '查找欲删除数 number 在数组中的位置
    If number=A(i) Then
        pos=i                      '找到与输入数值相同的数组元素的位置为 pos
        Exit For                   '产生中断,退出循环
    End If
  Next i
  If i>length Then
      Print "数组中不存与所输入的值相同的数组元素,无法删除"
      Exit Sub                     '产生中断,退出过程
  End If
  For i=pos To length-1 Step 1 '从删除元素的位置 pos 开始
  A(i)=A(i+1)                      '依次向前移
  Next i
  length=length-1                  '删除了,总长度减一
  Print
  For i=0 To length                '输出删除后的数组
      Print A(i);
  Next i
End Sub
```

如果数组中存在相同的数组元素，例如一个数组为(15,1,2,13,12,13,15,13,13,13),要求删除该数组中指定的某一元素。思路是:按照某种顺序检查是否有和给定元素相同的,如果有,则移动部分数组元素,数组元素个数减1,从当前位置开始再次检查。

程序代码如下：

```
Private Sub Form_Click()
    Dim a()
    Dim i, k, counter As Integer
    Form1.Cls
    a=Array(15, 1, 2, 13, 13, 12, 13, 15, 13, 13, 13)
    counter=UBound(a)
    Print "删除前的数组为:"
```

```
        For i=0 To counter
            Print a(i);
        Next i
        number =Val(InputBox("删除的数值为"))
        Print
        Print "删除的数值为" & number
        i=0
        Do While i<=counter
            If a(i)=number Then
                counter=counter-1
                For k=i To counter
                    a(k)=a(k+1)
                Next k
            Else
                i=i+1
            End If
        Loop
        Print
        If counter=UBound(a) Then
            Print "数组中没有找到所要删除的数值" & number & "!!"
        Else
            Print "删除后的数组为:"
            For i=0 To counter
                Print a(i);
            Next i
        End If
    End Sub
```

7.2.5 数组元素的排序

【例 7-10】 将一堆杂乱无序的数按升序或降序排列。

【解析】 假设数组为(1, 4, 8, 6, 2, 9, 5),依照题意,最后输出的数组为(1, 2, 4, 5, 6, 8,9)。下面介绍两种方法:选择排序法和冒泡排序法。

方法 1:选择排序法。

其算法分为以下步骤:

步骤 1:从数组(1, 2, 4, 5, 6, 8,9) 共 7 个元素中选择出最小的数(通过“打擂台”算法实现),将这个最小的数与数组的第 1 个位置上的元素进行交换,从而使得第 1 个数组位置上的数组元素为最小。

步骤 2:除去数组的第 1 位置上的元素外,从剩下的 n−1 个数组元素中,按“步骤 1”选出剩下的数组元素中的最小值,将其与数组中的第 2 个位置上的元素交换,从而使得第 2 个位置上的数组元素为次小。

步骤 3:除第 1、第 2 位置上的数组元素外,再从剩下的 n−2 个数中选出最小的数,与数组中的第 3 个位置上的数组元素交换。

步骤 4：如此反复。重复“步骤 1”n－1 遍，最后构成递增序列。

程序代码如下：

```
Private Sub Form_Click()
    Dim A()                          '声明不定长数组
    Dim iMin as integer              '记录最小值的下标
    A=Array(1, 4, 8, 6, 2, 9, 5)     '给数组元素赋值
    n=UBound(A)                      '获得数组的上界,也就是元素个数减一
    print "排序前的数组"
      For i=0 To n                   '输出数组
          Print A(i);
      Next i
      For i=0 To n-1                 '进行 n-1 遍比较
          iMin=i                     '对第 i 遍比较时,初始假定第 i 个元素最小
          For j=i+1 To n        '每次从剩下的数组元素中选择最小的,所以 j 是从 i+1 开始
             If A(j)<A(iMin) Then iMin=j     '记录最小元素的下标
          Next j
          t=A(i)       '引入临时变量 t,实现选出的最小元素与第 i 个位置上的元素交换
          A(i)=A(iMin)
          A(iMin)=t
    Next i
    Print
    print "排序后的数组"
    For k=0 To n
        Print A(k);
    Next k
End Sub
```

选择排序法给出另外的代码，如下所示，请读者思考两个代码的异同点，请用调试工具中的单步运行和监视工具分析。

```
Private Sub Form_Click()
    Dim A()                              '声明不定长数组
    A=Array(1, 4, 8, 6, 2, 9, 5)         '给数组元素赋值
    n=UBound(A)                          '获得数组的上界
    print "排序前的数组"
    For i=0 To n                         '输出数组
        Print A(i);
    Next i
    For i=0 To n-1                       '进行 n-1 遍比较
            For j=i+1 To n       '每次从剩下的数组元素中选择最小的,所以 j 是从 i+1 开始
              If A(j)<A(i) Then  '只要每次发现剩下元素中的值比第 i 个元素小,
                                 '就进行交换
                t=A(i)
```

```
                A(i)=A(j)
                A(j)=t
            end if
                Next j
        Next i
        Print
        print "排序后的数组"
        For k=0 To n
            Print A(k);
        Next k
    End Sub
```

方法 2：冒泡排序法。

冒泡法的基本思想是：将待排序的数组元素看做是竖着排列的“气泡”，最小的元素为最小的“气泡”，较小的元素为较小的“气泡”……气泡要往上浮，一直会浮到水面上。每一遍处理，就是自底向上检查一遍“气泡”序列，并时刻注意两个相邻的元素的顺序是否正确。如果发现两个相邻“气泡”的顺序不对，例如轻的“气泡”在重的“气泡”的下面，则交换它们的位置。如此反复，显然，一遍处理之后，“最轻”的“气泡”就浮到了最高位置；同样，通过第二遍的处理之后，“次轻”的“气泡”就浮到了次高位置。如此反复，当处理 n－1 次后，就可以完成“气泡”的有序排列。即在扫描的过程中依次比较相邻的两个元素的大小，若逆序就交换位置。

程序代码如下：

```
    Private Sub Form_Click()
    [illegible]
    [illegible] . A(5)=2: A(6)=7    '每个数组元素赋值
        Print "未排序的数组"
        For k=1 To n
            Print A(k);
        Next k
        Print                         '输入一空行
        For i=1 To n-1                '进行 n-1 遍比较
        '对第 i 遍比较时，初始假定第 i 个元素最小
            For j=n To i+1 Step-1    '在数组 i~n 个元素中选最小元素的下标
                If A(j)<A(j-1) Then
                            '相邻位置上的元素进行比较，若次序不对，则马上交换位置
                t=A(j)
                A(j)=A(j-1)
                A(j-1)=t
              End If
            Next j                    '出了内循环，一轮排序结束，最小数已冒到最上面
```

```
    Next i
      Print '输入一空行
      Print "排好序的数组"
      For k=1 To n
        Print A(k);
      Next k
End Sub
```

【例 7-11】 矩阵转置。

【解析】 数学中所谓矩阵的转置是将矩阵中原来的行变成新矩阵中的列,原来的列变成新矩阵的行。本例以三行两列的矩阵转置进行说明。

在 Visual Basic 中使用二维数组来存储和操作矩阵,其行列间的相互转换是把二维数组中两个下标变量互相交换。在实际操作中,需要将矩阵中第一行的数据变成新矩阵中第一列的数据,将原矩阵中的第二行变成新矩阵中的第二列的数据,依次类推,直到所有数据交换完毕,最后把转置后的矩阵输出即可。

程序代码如下:

```
Private Sub Form_Click()
    Dim a(3, 2) As Integer, aa(2, 3) As Integer
    Dim i As Integer, j As Integer
    Print "转置前;"
    For i=1 To 3                            '三行
      For j=1 To 2                          '两列
        a(i, j)=Int(Rnd*51+50)              '随机产生一个 50~100 之间的整数
        Print a(i, j);
      Next j
    Print
    Next i
    Print "转置后:"
    For i=1 To 2
        For j=1 To 3
            aa(i, j)=a(j, i)                '行标和列标交换
            Print aa(i, j);
        Next j
    Print
    Next i
End Sub
```

7.2.6 数组操作常见错误和注意事项

(1) 静态数组声明下标出现变量。

```
n=InputBox("输入数组的上界")
Dim a(1 To n) As Integer
```

(2) 引用的下标比数组声明时的下标范围大或小。

```
Dim a(1 To 30) As Long, i%
a(1)=1: a(2)=1
For i=3 To 30
    a(i)=a(i+1)
Next i
```

(3) 数组声明时的维数与引用数组元素时的维数不一致。

```
Dim a(3, 5) As Long
    a(I)=10
```

(4) Array()函数只能对 Variant 的变量或动态数组赋值。

(5) 获得数组的上界、下界有 UBound()、LBound()函数。

7.3 控件数组

【例 7-12】 文本框实现只能接受数字的功能。

【解析】 程序代码如下:

```
Private Sub Text1_Change()
    If (Not IsNumeric(Text1.Text)) Then      '用系统函数 IsNumeric()进行数字判断
        Text1.Text=""
    End If
End Sub
```

本例实现了文本框 text1 中只能接受数字,不是数字将无法输入的功能。题意若为实现 20 个这样功能的文本框,给每个文本框的 Change 事件写上这样的代码显然很烦琐,Visual Basic 提供了控件数组来解决。

控件数组由一组相同类型的控件组成,它们共用一个控件名,具有相同的属性,创建时系统给每个控件赋予一个唯一的索引号(Index)。控件数组共享同样的事件过程,通过下标值区分控件数组中的各个控件元素。

下面通过控件数组来实现例 7-12 的功能。

步骤 1:在窗体上画出文本框控件,进行属性设置,创建第一个控件元素。

步骤 2:选中该文本框控件,进行"Copy"和"Paste"操作,如图 7.5 所示,单击 yes,如此反复,建立了所需的 20 个文本框控件数组元素。

步骤 3:编写事件过程,代码如下所示:

```
Private Sub Text1_Change(Index As Integer)
    For Index=0 To 19              '引入循环,对每个控件元素进行操作
        If (Not IsNumeric(Text1(Index).Text)) Then
            Text1(Index).Text=""
        End If
    Next Index
End Sub
```

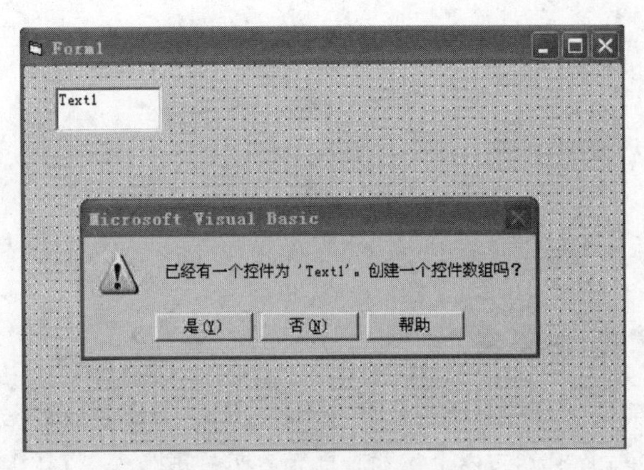

图 7.5 控件数组的创建

注意：Index 默认从 0 开始，故文本框的个数是从 0～n－1。

控件数组和一般数组的比较如表 7.1 所示。

表 7.1 控件数组和一般数组的比较

控件数组	一般数组
元素为一个控件，是一个对象	元素可以是各种类型的数据
下标可以不连续	下标必须连续
只有一维数组	可以是多维数组

7.4 自定义数据类型

在实际中，往往会遇到如下问题。例如，学生信息作为一个集合来描述和处理，它有学号、姓名、性别、年龄、成绩等多个属性，其中，学号用 Integer 数据类型声明，姓名用 String 数据类型声明，成绩用 single 数据类型声明，等等。因此，学生信息的表示需要多个不同的数据类型。因此，Visual Basic 引入自定义类型来表示不同类型变量的集合。

7.4.1 自定义类型

自定义类型格式如下：

```
Type 自定义类型名
   元素名[(下标)] As 类型名
    ...
   [元素名[(下标)] As 类型名]
End Type
```

【例 7-13】 声明一个有关学生信息的自定义类型。

【解析】 程序代码如下：

```
Type StudType                        '声明学生信息类型,起名为 StudType
    No As Integer                    '学号
    Name As String * 20              '姓名
    Sex As String * 1                '性别
    Mark(1 To 4) As Single           '4门课程成绩
    Total As Single                  '总分
End Type
```

7.4.2 自定义类型变量

自定义类型和前面学习的系统提供的 integer、long 等简单的数据类型有所区别。声明自定义类型的变量,必须分为以下两步：首先声明自定义类型,其次用声明的自定义类型去声明自定义类型变量。这两步如下：

步骤 1：声明学生信息的自定义类型,如例 7-13 所示。

步骤 2：声明自定义类型变量。

形式：

```
Dim 变量名 As 自定义类型名
```

例如：

```
Dim Student As StudType       '定义 Student 变量为 StudType 类型
```

通过上面的两步声明了一个自定义类型变量,自定义类型变量的使用如下：

```
变量名.元素名       '变量名和元素名之间用.运算符
```

例如：

```
Student.Name                   '表示学生的姓名
Student.Mark(4)                '第 4 门课程的成绩
```

7.4.3 注意事项

自定义类型需要注意以下事项：

(1) 自定义类型一般在标准模块(.bas)中定义,默认是 Public;在窗体必须是 Private。

(2) 自定义类型中的元素可以是字符串,但必须是定长字符串。

(3) 不要把自定义类型名与该类型的变量名混淆。

(4) 注意自定义类型变量与数组的差别：它们都由若干元素组成,前者的元素代表不同性质、不同类型的数据,以元素名表示不同的元素;后者存放的是同种性质、同种类型的数据,以下标表示不同元素。

(5) 自定义类型一般和数组结合使用,简化程序的编写。

习 题

1. 选择题

(1) 以下属于 Visual Basic 合法的数组元素是( )。

A) x8 B) x[8] C) x(0) D) x{6}

(2) 下面的数组声明语句中,正确的是( )。

A) Dim MA[1,5] As String

B) Dim MA [1 To 5,1 To 5] As String

C) Dim MA (1 To 5) As String

D) Dim MA (1:5,1:5) As String

(3) 设有声明语句:

```
Option Base 0
Dim B (-1 To 10 , 2 To 9, 20 ) As Integer
```

则数组 B 中全部元素的个数为( )。

A) 2016 B) 2310 C) 1800 D) 1848

2. 编程题

(1) 某数组中有 20 个元素,要求将前 10 个元素与后 10 个元素对换。即第 1 个元素与第 20 个元素互换,第 2 个元素与第 19 个元素互换,……第 10 个元素与第 11 个元素互换。输出数组原来各元素的值以及对换后各元素的值。

(2) 编写程序,建立并输出一个 10×10 的矩阵,该矩阵两条对角线元素为 1,其余元素均为 0。

(3) 两个相同阶数的矩阵 **A** 和 **B** 相加,是将相应位置上的元素相加后放到同阶矩阵 **C** 的相应位置。

$$\overset{\boldsymbol{A}}{\begin{bmatrix} 13 & 24 & 7 \\ 24 & 4 & 34 \\ 2 & 51 & 32 \\ 34 & 3 & 13 \end{bmatrix}} + \overset{\boldsymbol{B}}{\begin{bmatrix} 2 & 41 & 25 \\ 43 & 24 & 3 \\ 81 & 1 & 12 \\ 4 & 43 & 37 \end{bmatrix}} = \overset{\boldsymbol{C}}{\begin{bmatrix} 15 & 65 & 32 \\ 67 & 28 & 37 \\ 83 & 52 & 44 \\ 38 & 46 & 50 \end{bmatrix}}$$

(4) 将数组中某个位置的元素移动到指定位置。

(5) 删除数组中指定位置的元素。

第8章

过程和函数

一个复杂问题的解决通常会采用“分而治之”的思想，即把大问题或大任务分解为多个小的子任务，每个小的子任务相对容易解决。通过小任务的解决，完成对较大复杂任务的解决，如图8.1所示。

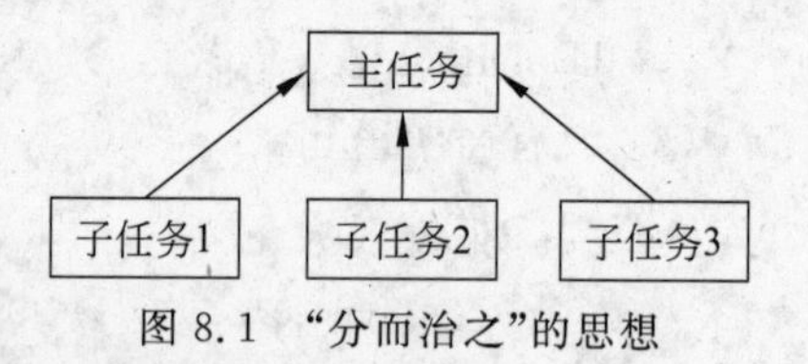

图 8.1 “分而治之”的思想

一个 Visual Basic 工程通常是由若干个功能模块组成，而一个模块通常又包含若干个过程，通过“模块化”将 Visual Basic 工程分解成多个较小的程序片段或模块，每个模块只完成一个特定的功能，这些模块称为过程或者函数。

8.1 Function 函数

8.1.1 函数的分类

在初等数学中，函数定义为 Y= f(x)，其中 f()称之为对应法则，x 称为自变量，y 称为因变量。例如，正弦函数 Sin(x)等。在 Visual Basic 中，Y= F(x)被重新命名，f()称为函数，x 称为参数，y 为函数的值。

函数分为系统函数和用户自定义函数两类。

1. 系统函数

系统函数又称为 Visual Basic 内部函数，由 Visual Basic 系统提供(4.5 节介绍了常用的系统函数)。例如：

```
Private Sub Form_Click()
  Dim x as integer
  X=25
  Print Sqr(x)              '调用系统函数 sqr(),赋值函数 sqr()的参数 x 为 25
End Sub
```

又例如，一个程序完成多项任务功能：

(1) 接受从键盘输入的字符串；

(2) 求出字符串的长度；

(3) 将数字字符串转换为数字。

分析可知,系统函数 inputbox()实现从键盘上输入字符串,系统函数 len()求得字符串的长度,val()把字符串转换为数字,代码如下:

```
Private Sub Form_Click()
  Dim str as string
  Str= Inputbox("请输入一串数字")                    '从键盘上输入字符串
  Print Len(str)                                    '求得字符串的长度
  Print Val(str)                                    '数字字符串转换为数值
End Sub
```

在这个例子中,大的任务分为多个小任务,每个小任务实现特定功能,通过特定的系统函数来实现。读者不用考虑 Sqr()函数是如何求的 25 的平方根,只要调用 Sqr()函数就可以。同样,len()、val()等函数的功能都是由 Visual Basic 系统实现的,读者只需"拿来用"。

函数一个较为形象的比喻为:函数如同手机。当用手机联系朋友时,不用去思考手机内部是由二极管组成还是由集成电路组成,手机是如何运行工作的。只要给出不同的电话号码,手机就能联系到所需的人。在这里,不同的电话号码如同函数的参数,联系人的功能如同函数的值。

2. 用户自定义函数

如果需要实现一个 Visual Basic 没有提供的函数,该如何去做? Visual Basic 提供了用户自己定义的函数,简称用户自定义函数。

8.1.2 函数的定义

函数是以 Function 语句开始,到 End Function 语句结束的一个程序执行单元。Function 的中文意思是"功能"。函数就是实现不同功能的程序块。

定义 Function 函数的方法有两个途径。

方式一:使用"添加函数"对话框。

在代码编辑器窗口,选择"工具"菜单下的"添加过程"对话框,如图 8.2 所示。

在"名称"文本框中输入过程名;在"类型"选项组中选取"函数"定义 Function 函数;输入函数名 triarea,选择"函数"和"私有的",如图 8.3 所示。

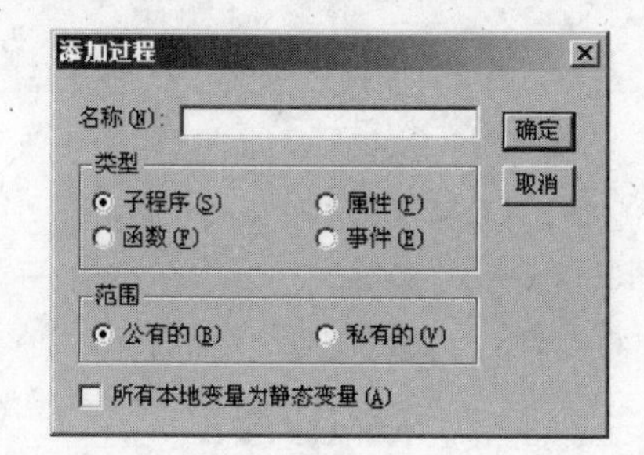

图 8.2 "添加函数"对话框(1)

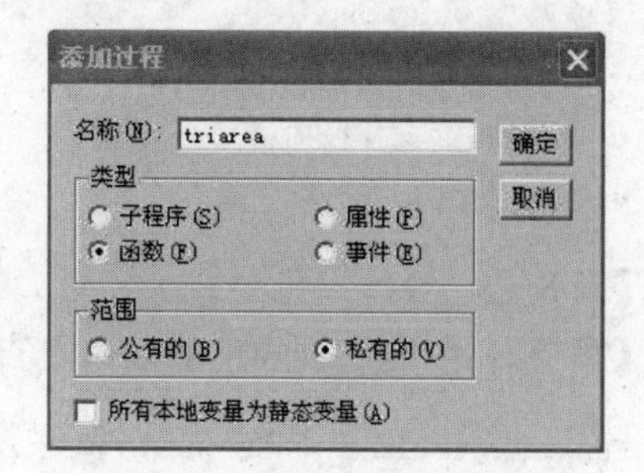

图 8.3 "添加函数"对话框(2)

单击“确定”按钮后，在代码编辑窗口就可以看到函数框架，如图 8.4 所示。

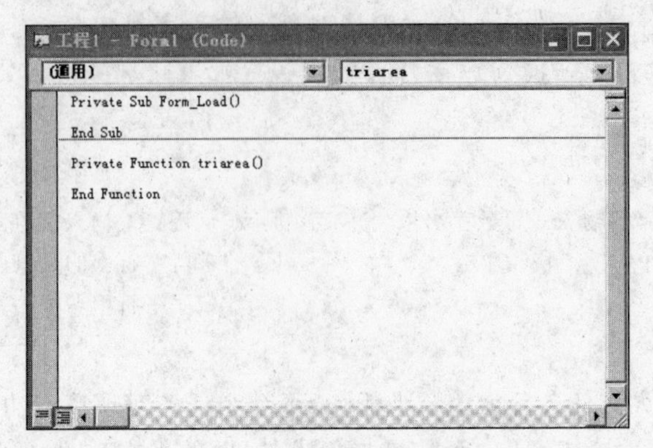

图 8.4 “添加函数”对话框(3)

在插入点处输入过程体语句，在过程名后的括号中加需要的参数，如图 8.5 所示。

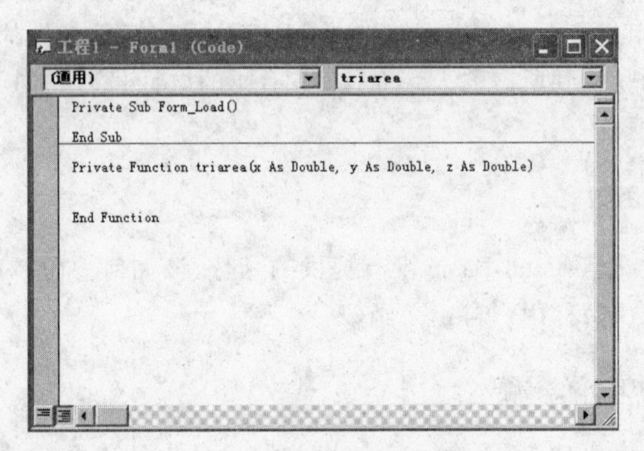

图 8.5 “添加函数”对话框(4)

方式二：在代码编辑器窗口直接输入定义语句。

Function 函数子过程结构形式如下：

```
[Public|Private][Static]Function<函数子过程名>([形参列表][As<类型>])
    <局部变量或常数定义>
    <函数体语句>
    [Exit Function]
    <函数体语句>
    <过程名>=<返回值表达式>
End Function
```

【例 8-1】 设计海伦公式为函数，求三角形面积。

【解析】 把海伦公式声明成用户自定义函数，调用即可。程序代码如下：

```
Function triarea(x As Double, y As Double, z As Double)      '海伦公式函数
    Dim s As Double
    s= (x+ y+ z)/2
```

```
    triarea=Sqr((s-x)*(s-y)*(s-z)*s)                    '一定是函数名得到值,需注意
End Function
```

说明：关键字 Function 表明是函数。Triarea 是函数名。Triarea()的三个参数 x,y,z 分别代表三边,数据类型为Double 型。函数从 Function 语句开始,到 End Function 语句结束,实现海伦公式的功能。

在 form_Click 事件过程中调用 triarea()函数。

```
Private Sub form_Click()
    Dim a As Double, b As Double, c As Double, s as double
    a=Val(InputBox("边长 1"))
    b=Val(InputBox("边长 2"))
    c=Val(InputBox("边长 3"))
    If a+b>c And b+c>a And c+a>b Then                   '满足两边之和大于第 3 边
        S=triarea(a, b, c)                              '调用海伦公式
        Print "面积=";s
    End If
End Sub
```

在 form_Click 事件过程中 triarea(a, b, c)调用 triarea(x As Double, y As Double, z As Double)时,Visual Basic 做了些什么呢?

8.1.3 函数的调用

例 8-1 中函数之间是如何实现调用的? 采用调试工具"单步运行"一步一步执行的程序代码,观察程序的执行步骤,如图 8.6 所示。

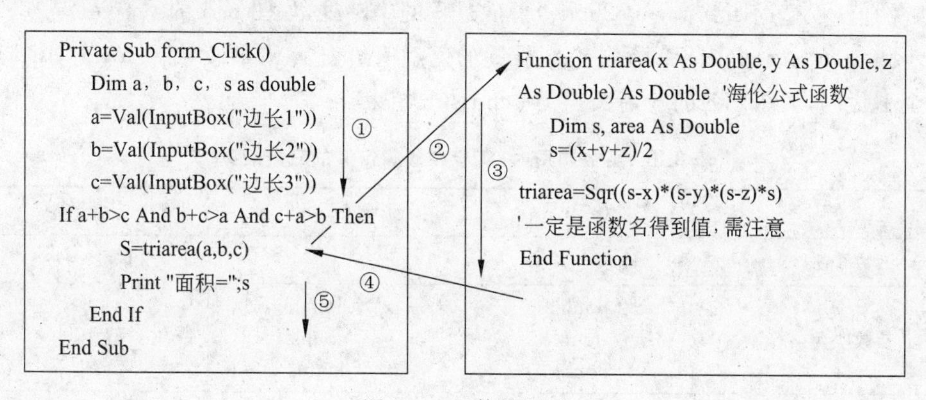

图 8.6 函数的调用

【解析】 函数调用步骤如下:

步骤 1: 驱动 form_Click()事件,程序运行如图 8.6 的①箭头所示。

步骤 2: 当运行到 triarea(a, b, c)语句时,form_Click()事件过程中断,Visual Basic 会在整个工程文件中寻找同名的 triarea()函数。如果没有找到,Visual Basic 提示出语法错误。找到同名函数,调用,如图 8.6 的②箭头。在函数调用时,进行参数的传递——实参和形参的结合。

triarea(a, b, c) 函数是调用函数。Visual Basic 规定,调用函数中的参数称为实参。a, b, c 就是实参。

triarea(x As Double, y As Double, z As Double) 函数是被调用函数。Visual Basic 规定,被调用函数中的参数称为形参。x,y,z 就是形参。

在实参和形参结合时,必须遵循以下 3 条规则。

规则 1: 实参和形参个数相等。

规则 2: 实参和形参类型依次相等。

规则 3: 实参给形参依次传递。

triarea(a, b, c) 中共有 a,b,c 三个实参。triarea(x As Double, y As Double, z As Double)也有三个形参。符合规则 1。

triarea(a, b, c) 中的 a 为 Double 数据类型,triarea(x As Double, y As Double, z As Double)中的x 也为 Double 数据类型;triarea(a, b, c) 中的 b 为 Double,triarea (x As Double, y AsDouble, z As Double)中的 y 也为 Double;triarea(a, b, c) 中的 c 为 Double,triarea(x As Double, y As Double, z As Double)中的 z 也为 Double。符合规则 2。

将第 1 个实参的值传递第 1 个形参,第 2 个实参的值传递第2 个形参,依次类推,则 x 得到 a 的值,y 得到 b 的值,z 得到 c 的值。符合规则 3,依次传递。实参和形参传递如表 8.1 所示。在随后的 8.4 节"参数的两种传递方式"中,详细地介绍实参和形参的传递关系。

步骤 3: 如图 8.6 的③箭头,运行海伦公式。

步骤 4: 海伦公式执行结束,triarea=Sqr((s-x) * (s-y) * (s-z) * s)的函数名得到函数的值,程序返回到 form_Click()事件过程的中断处,如图 8.6 的④箭头。

步骤 5: Visual Basic 将函数名 triarea 的值赋值给变量 s,继续执行 form_Click()事件的余下代码,如图 8.6 的⑤箭头,直到 end sub 结束。

表 8.1 函数调用时,实参和形参传递的三条规则

三条规则	实参(a,b,c)	形参(x,y,z)	运行结果
参数个数	3 个	3 个	个数相等
参数类型	a 为 double b 为 double c 为 double	x 为 double y 为 double z 为 double	依次类型相同
依次传递			则 x 得到 a 的值,y 得到 b 的值,z 得到 c 的值

8.1.4 注意事项

在函数的定义和函数的调用时,需要注意如下一些事项:

(1) Visual Basic 规定,在函数的定义时,一定要有返回值,并且一定是函数名得到值;

(2) 在函数调用时，由于函数返回一个值，故不能作为单独的语句加以调用，只能是表达式或表达式中的一项。

8.2 Sub 过程

8.2.1 Sub 过程的分类

一个应用程序中的多个窗体共享一些代码，或者一个窗体内不同的事件过程共享一些代码。共享的代码称为过程，用于减少编写代码的工作量，使程序结构更加清晰。Sub 过程，在之前的学习中，已经接触很多次。例如，

```
Private Sub Form_Click()
    Print"系统提供的 Form_Click 的 sub 过程"
End Sub
```

这里的 Form_Click 就是 Visual Basic 提供的系统过程。与 Function 函数分类相同，Sub 过程分为系统过程和用户自定义过程。下面具体介绍用户自定义过程。

8.2.2 Sub 过程的定义

过程是以 Sub 语句开始，到 End Sub 语句结束。与函数相同，Visual Basic 提供了两种自定义过程的方法。

1. 利用“添加过程”对话框定义

使用“添加函数”对话框，只是在“类型”选项组中选取“子过程”，如图 8.2 和图 8.3 所示。

2. 在代码编辑器窗口直接定义

在代码编辑器窗口，把插入点放在所有过程之外，通过直接输入来完成子过程的定义，这是自定义过程的最常用方法。

一旦输入了 Sub 子过程定义的首语句并按了回车键后，Visual Basic 系统就会自动生成结束语句 End Sub。Sub 子过程定义的首语句形式如下：

```
[Public|Private][Static]Sub<子过程>(<形式参数列表>)
```

该语句包含如下的内容：

(1) 过程名：过程名必须满足 Visual Basic 的标识符的命名规则。注意不要与 Visual Basic 中关键字、同一范围的变量重名，也不要与同一范围中的 Function 函数重名。

(2) 形式参数：简称形参，也称哑元，在 8.1.2 节“函数的定义”中给出一种定义。形参在定义时没有值，不占任何存储空间，只有当被调用函数调用时，实参和形参传递时，

Visual Basic 系统才给其分配存储空间。每个形参的表示形式如下：

```
[Byval|ByRef]<参数表>[()][As<类型>]
```

参数名前加关键字 ByVal 表示当过程被调用时，参数是按值传递；加关键字 ByRef 或默认时，表示该参数定义为按地址传递。在随后的 8.4 节"参数的两种传递方式"中，将详细介绍 ByVal 和 ByRef。

(3) Public|Private：可选关键字，默认时为 Public，表示 Sub 子过程是公有的，可以在程序的任何模块任何过程中调用它。Private 表示定义的 Sub 子过程是私有的，只能被本模块中的其他过程调用。

(4) Static：指定过程中的局部变量都是静态变量，即在程序运行期间，每次调用该过程执行结束后，局部变量的值被保留，作为下一次调用执行时的初值。

需要注意，Public|Private 和 Static 用于较为特殊和较大的程序场合中，其具体含义，初学者暂时不考虑。

【例 8-2】 定义了一个公有的、名称为 Area 的 Sub 过程，它有两个形参，一个按地址传递的整型变量 K 和 一个按值传递的单精度变量 P。

程序代码如下：

```
Public Sub Area(byRef k as integer, byVal p as single)
    …
End Sub
```

8.2.3 Sub 过程的调用

Sub 过程的调用有两种形式：使用 Call 语句调用或直接使用过程名调用。

1. Call 语句调用

Call 语句的一般形式为：

```
Call<子过程名>[(<实际参数列表>]
```

Call 语句调用 Sub 子过程时，实际参数必须放在括号中；如果被调用的 Sub 子过程是无参的，则括号可以省略。

2. 过程名语句调用

直接用过程名作为一条语句来调用 Sub 子过程。语句形式如下：

```
<子过程名>[<实参列表>]
```

在该语句格式中，被调用的 Sub 子过程如果是无参的，则过程名就是该语句的全部；如果有参数，则实参直接列于过程名后，不能加括号。

【例 8-3】 Sub 过程示例。

```
Private Sub Form_click()
```

```
    Call showtime                   '调用过程,由于被调用的 Sub 子过程是无参的,所以括号省略
End Sub
Sub showtime()                      '定义过程,也是被调用过程
    MsgBox Time
End Sub
```

【例 8-4】 用 Sub 过程来实现例 8-1 海伦公式的功能。

【解析】 程序代码如下：

```
Private Sub triarea(area As Double, x As Double, y As Double, z As Double)      '4 个形参
    Dim s As Double
    s= (x+ y+ z)/2
    area= Sqr((s- x) * (s- y) * (s- z) * s)
     '形参 area 的值改变了实参 s,这里不是过程名 triarea 得到值,而是 area 形参得到值
End Sub

Private Sub form_Click()
    Dim a As Double, b As Double, c As Double, s As Double
    Dim YesorNo As Integer
    a= Val(InputBox("边长 1"))
    b= Val(InputBox("边长 2"))
    c= Val(InputBox("边长 3"))
    If a+ b> c And b+ c> a And c+ a> b Then
        Call triarea(s, a, b, c)                    '使用 Call 关键字,实参用括号括起来
        Print " 面积 ="; s                          '输出的 s,是实参
    Else
        suberr YesorNo                              '不使用 Call 关键字,实参不用括号
    End If
End Sub
Private Sub suberr(yrn As Integer)
    yrn= MsgBox("请检查您的数据", vbYesNo+ vbInformation, "数据错误")
End Sub
```

注意：与函数调用的语法上有所区别。过程调用不能在过程体内对过程名赋值。而函数调用恰恰与之相反，函数调用必须在函数体内对函数名赋值。

8.3 函数和过程的关系

Function 函数与 Sub 过程有许多相似的地方：

(1) 都是完成一定的功能；

(2) Sub 过程的调用和 Function 函数的调用过程也基本类似；

(3) 都是在调用时实现实参与形参的结合，在结合中，实参与形参必须满足三条

规则。

但 Function 函数与 Sub 过程也有如下一些区别，Function 函数有一个返回值，而 Sub 过程只是执行一系列动作。所以，可以把 Function 函数理解成为一个变量，而 Visual Basic 中的每个事件都是一个过程，比如 Form_Click()就是一个过程。

那么，实现某功能的程序段是定义为 Function 函数还是 Sub 过程呢？这没有严格的规定，一般由读者自己抉择，如同例 8-1 和例 8-4 一样。但只要能用函数实现的，肯定能用 Sub 过程定义；反之则不一定。

总之，Sub 过程与 Function 函数联系如下：

(1) 函数名有值，有类型，在函数体内至少赋值一次；过程名无值，无类型，在过程体内不能对过程名赋值。

(2) 调用时，过程调用是一句独立的语句。函数不能作为单独的语句加以调用，必须参与表达式运算。

(3) 当需要有一个返回值时，函数更直观。

8.4 参数的两种传递方式

通过前面的学习，Function 函数或者 Sub 过程的调用存在着实参和形参的结合问题。一个 Sub 过程或者一个 Function 函数在被调用前，它的形参只是代表了该过程执行所需要的参数的个数、类型和位置，并没有具体的数值。只有当调用时，主调过程将实参的值传递给形参，此时，形参才具有值。

形参的名前加关键字 ByVal、ByRef(或默认)分别代表不同的参数传递方式，实参和形参的结合方式不同，使得参数的传递对实参的值将产生不同的影响。

8.4.1 传值方式

Sub 过程定义中，形参前面的关键字为 ByVal，代表形参是传值的，参数值的传递是“单向”的。在调用时，Visual Basic 系统会给每一个形参开辟一块与其相对应位置上的实参一样大小的存储单元，然后把实参值的副本传给对应的形参，实参和形参的结合被解除。形参和实参占用不同的存储单元，相互没有任何联系。当 Sub 过程执行结束时，释放形参的存储单元。因此，ByVal 的形参传递是单向的传值，实参的改变会影响形参的改变，而形参值的改变，并不能影响实参的值，如图 8.7 所示。

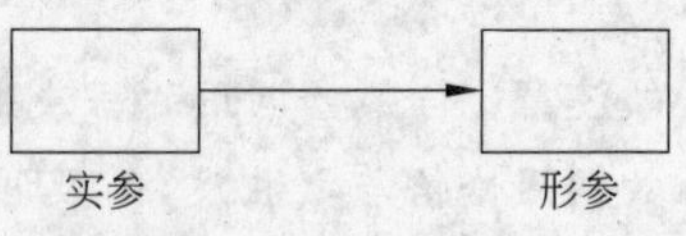

图 8.7 ByVal 图示

8.4.2 传址方式

Sub 过程定义中，形参前面的关键字为 ByRef 或默认不写，代表形参是传地址的，参数值的传递是“双向”的。调用时把实参变量的“地址”传给形参，因此，在 Sub 过程执行期间实参和形参共用同一地址的存储单元。这和 ByVal 形参和实参占用不同的存储单元不同，ByRef形参的传递中，实参和形参其实就是一个，在被调过程体对形参的任何操作都等同于对实参的操作，因此，实参的值会随着被调用过程体内形参的改变而同时改变，如图8.8所示。

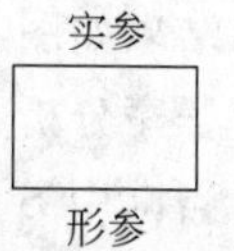

图8.8 ByRef图示

传值方式(ByVal)和传址方式(ByRef)比较如表8.2所示。

表8.2 传值方式(ByVal)和传址方式(ByRef)

通过地址传递(ByRef)	通过值传递(ByVal)
Visual Basic应用程序传递参数的缺省方法	不是缺省方法
传递参数时，过程将从该变量的内存地址位置访问其实际内容	传递参数时，传递到过程的只是参数的副本
参数的值可以被传递到的过程永久改变	只允许声明值的程序更改该值
在指定参数时，关键字ByRef不是必需的	要通过值传递参数，需要在函数声明中参数的前面附加关键字ByVal

【例8-5】 传值方式和传址方式的示例。

程序代码如下：

```
Private Sub SwapVal(ByVal x As Integer, ByVal y As Integer)          'x,y为形参
    Dim t As Integer
    t=x:x=y:y=t
End Sub

Private Sub SwapRef(ByRef x As Integer, ByRef y As Integer)          'x,y为形参
    Dim t As Integer
    t=x:x=y:y=t
End Sub

Private Sub Form_click()
    Dim a As Integer
    Dim b As Integer
    a=10:b=20
    Print"调用 SwapVal 传值前 a,b 的值"; a; b
    Call SwapVal(a, b)                                                'a,b为实参
    Print"传值后 a,b 的值"; a; b

    a=10:b=20
    Print"调用 SwapRef 传地址前 a,b 的值"; a; b
    Call SwapRef(a, b)                                                'a,b为实参
    Print"传地址后 a,b 的值"; a; b
End Sub
```

运行结果如图 8.9 所示。

```
调用 SwapVal传值前a,b的值 10 20
传值后a,b的值 10 20
调用 SwapRef传地址前a,b的值 10 20
传地址后a,b的值 20 10
```

图 8.9 例 8.5 的运行效果

程序分析如下：

当调用 SwapVal()过程，其形参前关键字为 ByVal，代表传值调用，即实参 a，b 的值单向地传递给形参 x，y。采用赋值符号“＝”实现。即第一个实参传递第一个形参，依次类推。x＝a：y＝b 。请注意，这是单向的传值，即，a，b 的改变会影响 x，y 的改变，而 x，y 的改变不会影响 a，b 的改变。因此，x，y 的值在过程 SwapVal()中的交换不会影响 a，b。所以，a，b 的输出依旧是 10、20，如下所示。

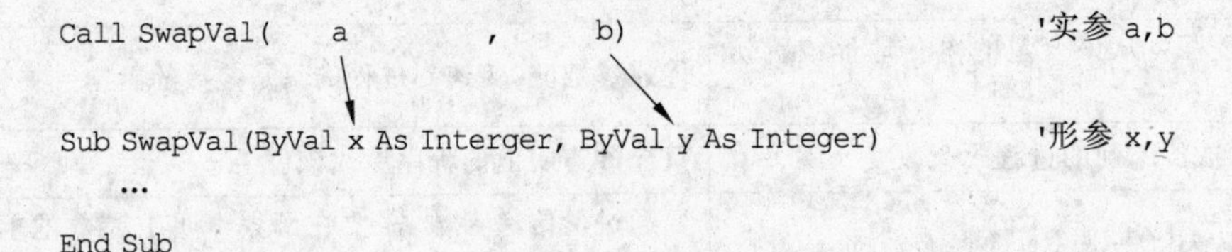

当调用 SwapRef()过程，其形参前关键字为 ByRef，代表传地址调用。注意，这是双向的传递，也就是说 a，b 值的改变会影响 x，y，同时 x，y 的改变也会影响 a，b，因此，在过程 SwapRef()中形参 x，y 的值交换会影响实参 a，b 的交换。因此，a，b 的输出为 20、10，如下所示。

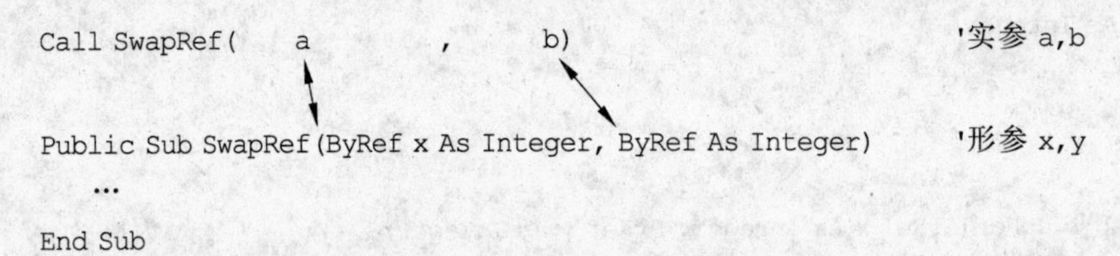

可以看到，SwapVal()过程和 SwapRef()过程的功能完全相同，都是实现了 2 个数的交换，实现了形参 x 的值和形参 y 的值的交换，但由于形参前的关键字 ByVal 和 ByRef 的不同，最终导致各自所对应的实参 a 的值和实参 b 的值有所不同。

8.4.3 数组作为形参传地址

下面介绍数组作为形参传地址。

【例 8-6】 编写一个函数 sum，求一维数组中各元素之和。

程序代码如下：

```
Private Sub form_Click()
    Dim b()                        '定义数组为 varient 型,需注意
    Dim s As Integer
    b=Array(1, 4, 6, 2, 8, 7)      '利用系统函数 array()得到一维数组的数组元素
    s= sum(b())                    '调用函数 sum,数组 b()作为实参
    Print"数组元素和为"; s
End Sub

Function sum(a( ))                 '形参 a()必须与 b()类型一致,此处省略 byRef,表示传地址
```

```
    Dim s#, i%
    s=0
    For i=LBound(a) To UBound(a) '循环控制变量从数组的下界至数组的上界
        s=s+a(i)                 '数组元素累加
    Next i
    sum=s                        '一定是函数名得到值,需注意
End Function
```

Visual Basic 允许把数组作为实参传送到过程中。数组作为参数是通过传地址方式传送。在传送数组时,除遵守参数传送的一般规则外,还应注意以下几点:

(1) 一个数组的全部元素传送给一个过程,应将数组名分别写入形参列表中,并略去数组的上下界,但括号不能省略。

```
Private Sub Sort(a() As single)
    …
End Sub
```

其中,形参“a()”即为数组。

(2) 被调过程可通过 Lbound()和 Ubound()函数确定实参数组的上、下界。

(3) 当用数组作形参时,对应的实参必须也是数组,且类型一致。

(4) 实参和形参结合是按地址传递,即形参数组和实参数组共用一段内存单元。

例如:定义了实参数组 b(1 to 8),给它们赋了值,调用 Sort()函数过程的形式如下:

```
Sort b()
```

或

```
Call Sort(b())
```

8.5 变量作用域

通过前面的学习,已经知道一个变量具有 4 个要素:变量的名称、变量的数据类型、变量的值、变量的地址。在 Visual Basic 工程中,当变量声明的位置和方法不同时,其所作用的范围也有所不同。下面介绍变量的第 5 个要素:变量的作用域。

变量的作用域分为 3 个级别:全局变量、模块级/窗体级变量和局部变量。

8.5.1 全局变量

全局变量,顾名思义,变量是在整个 Visual Basic 工程都可以被访问,也就是说在多个窗体、多个模块和多个过程中都可以被使用。全局变量在窗体模块或标准模块的任何过程外,在“通用声明”段中,用 Public 声明的变量。全局变量的值在整个应用程序中对整个模块中的任何过程或窗体都可用,只有当整个应用程序执行结束时,才会消失,如图 8.10 所示。

声明全局变量格式如下:

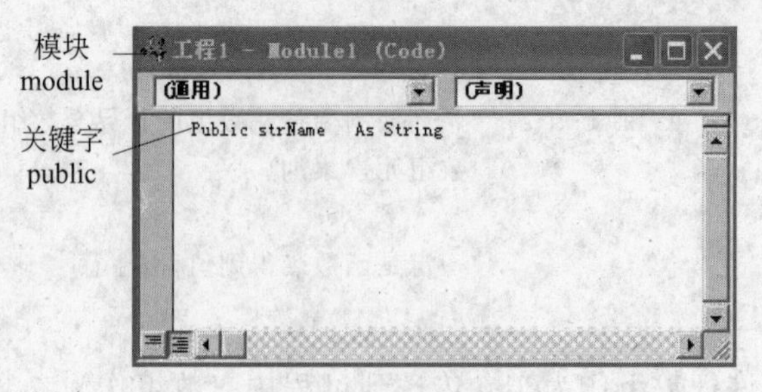

图 8.10 全局变量

```
Public<变量名>As<类型>[,<变量名>As<类型>]…
```

全局变量声明需同时满足以下两点：

(1) 全局变量定义的位置：在窗体模块或者标准模块的“通用声明”中。

(2) 声明方式：使用关键字 Public。

8.5.2 模块级变量

模块级变量又名窗体级变量，是能够被某一个窗体中所有过程访问的变量，它声明在一个窗体模块或一个标准模块的任何过程外。

定义这种变量的操作：打开代码编辑窗口，在窗口的左上角的对象列表框中选择“通用”后，再在右上角的过程列表框中选择“声明”，即在“通用声明”程序段中，用 Dim 语句或 Private 语句声明变量，如图 8.11 所示。

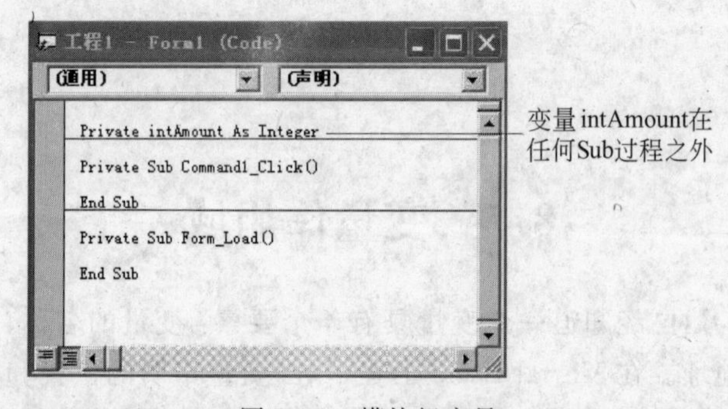

图 8.11 模块级变量

声明模块级变量格式如下：

```
Private intAmount As Integer
```

或

```
Dim<变量名>As<类型>[,<变量名>As<类型>]…
```

如图 8.11 所示，定义了模块级变量 intAmount 为整型，intAmount 在过程 Command1_Click()和 Form_Load()中都可以被访问。

注意：

(1) 模块级变量定义的位置：在窗体模块或一个标准模块的任何过程外。

(2) 定义的方式：使用关键字 Private 或 Dim。

8.5.3 局部变量

局部变量又称过程级变量，是在过程内部定义的一种临时使用的变量，其可被访问的空间范围是最小的，只能在本过程中才能被访问或改变该变量的值，其他过程不可以访问它。

局部变量又分为普通局部变量和静态局部变量。

1. 普通局部变量

普通局部变量是指在过程内用 Dim 语句声明的变量，普通局部变量随过程的执行而分配存储单元，并进行变量的初始化，在此过程体内进行数据的存取，一旦该过程体结束，变量的内容自动消失。本章在此之前的所有事件过程中使用的变量都是普通局部变量，如图 8.12 所示。

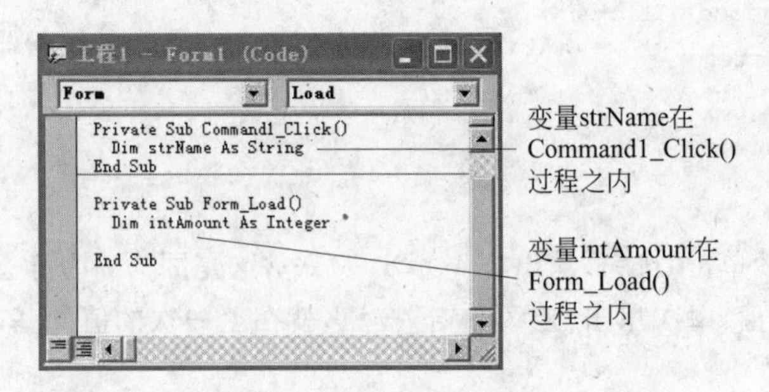

图 8.12 普通局部变量

声明普通局部变量格式如下：

```
Dim strName As String
```

在图 8.12 中，定义了局部变量 strName 和 intAmount。strName 位于过程 Command1_Click()之内，因此，它的有效控制范围为 Command1_Click()内部。而 intAmount 位于过程 Form_Load()之内，因此，它的有效控制范围只是在 Form_Load()的内部。

2. 静态局部变量

静态局部变量与普通局部变量声明的位置一样，都是在过程内，但其采用的标识符为 Static，静态局部变量与普通局部变量不同主要体现为，不会受到过程的作用域初始化的影响而初始化，当该过程体结束时，变量的内容不会自动消失，始终保持上一次调用时的值。

声明形式：

```
Static 变量名 [AS 类型]
```

【例 8-7】 局部变量举例。

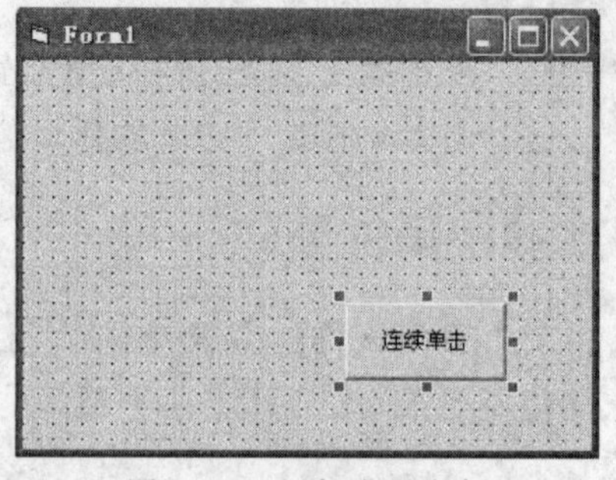

图 8.13 局部变量举例

界面设计如图 8.13 所示，在“连续单击”按钮中分别设计程序代码 1、程序代码 2 和程序代码 3，请读者分析各自程序代码运行的结果。

程序代码 1：

```
Private Sub Command1_Click()
  Dim a As Integer                 '普通局部变量
  a=a+2
  Print a
End Sub
```

连续单击“连续单击”按钮，结果永远是 2.，因为每个 Command1_Click()事件都新创建变量 a，并进行变量 a 的初始化，默认值为 0，所以结果为 2。

程序代码 2：

```
Private Sub Command1_Click()
  Static a As Integer                          '静态局部变量
  a=a+2
  Print a
End Sub
```

连接单击“连续单击”按钮，输出 2、4、6、8、10、…，这是因为 a 为静态变量，所以 a 的值每次保留上一次的值，每次单击“连续单击”按钮，就在上一次的值的基础上继续增加 2。

程序代码 3：

```
Dim a As Integer                               '模块级变量
Private Sub Command1_Click()
  a=a+2
  Print a
End Sub
```

连续单击“连续单击”按钮，观察在 Form1 窗体上输出的 a 的值是多少，给出解释。

8.5.4 一些建议

对于变量的声明，有全局变量、模块级/窗体级变量和局部变量 3 种，它们各自控制的空间范围大小不同。如果全局变量、模块级/窗体级变量和局部变量是同一个变量，那么，谁的控制范围有效呢？

【例 8-8】 同名变量的示例。

程序代码如下：

```
Public number As integer                            '全局变量
Sub Form_click()
```

```
    Dim number As Integer                     '普通局部变量
    number=10                                 '访问局部变量
    Form1. number=20                          '访问全局变量必须加窗体名
    Print Form1. number, number               '显示20  10
End Sub
```

Visual Basic 规定，若在不同范围声明相同的变量名，系统按局部变量、窗体/模块变量、全局变量优先次序访问，也就是说，如果是同一个变量，最小控制范围的变量优先级别高，将“屏蔽”优先级别低的变量，因此，若想访问全局变量，必须在全局变量名前加 Me 关键字或 Form1 等窗体名。全局变量、模块级/窗体级变量和局部变量的访问控制范围如表 8.3 所示。

表 8.3　变量的作用域

作用范围	全局变量		模块级变量	窗体级变量
	窗体	标准模块		
声明方式	Public，Global		Dim，Private	Dim，Static
声明位置	在“通用声明”中		在窗体的所有过程与函数之外	在窗体的过程与函数之内
访问控制范围	Visual Basic 工程的全局都可以被访问		本模块的任何过程访问	只能在本过程中使用
同一变量时的优先次序	最低		中等	最高

因此，对于变量的使用，最好的方法是：只使用局部变量，在不同的过程内部定义变量。这样，即使这些局部变量在不同的过程中命名相同，彼此之间也不会相互干扰。

8.6 递　　归

8.6.1 递归的概念

递归在程序设计语言中广泛应用，是指函数或过程在运行过程中直接或间接调用自身。例如，对阶乘的定义：

$$n! = n*(n-1)!$$

$$(n-1)! = (n-1)*(n-2)!$$

递归过程包含了递推和回归两个过程。构成递归的条件是：

(1) 递归结束条件和结束时的值。

(2) 能用递归形式表示，并且递归向结束条件发展。

8.6.2 举例

【例 8-9】 编写 fac(n)=n!的递归函数的程序。

$$\text{fac}(n) = \begin{cases} 1 & n = 1 \\ n * \text{fac}(n-1) & n > 1 \end{cases}$$

【解析】 程序代码如下：

```
Function fac(n As Integer) As Integer
    If n=1 Then
        fac=1
    Else
        fac=n * fac(n-1)                          'fac函数调用其自身
    End If
End Function
```

fac(n)＝n!递归求解如图 8.14 所示。

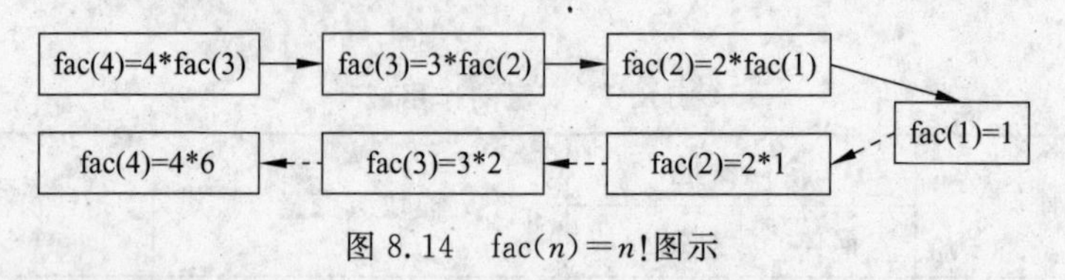

图 8.14 fac(n)＝n!图示

若上述 fac 函数中，仅有语句：fac＝n * fac(n－1)，而无 If n＝1 Then fac＝1 语句，程序运行将造成何结果？可以看到，If n＝1 Then fac＝1 语句作为递归结束条件及结束时的值，并用递归形式表示，并且递归向终止条件发展。

【例 8-10】 采用递归实现 Fibonacci 数列的输出。

【解析】 方法一：参考例 6-14。

方法二：

$$F(n)=\begin{cases}1 & \text{当 } n=1 \text{ 或 } 2 \text{ 时}\\ F(n-1)+F(n-2) & \text{当 } n\geqslant 3 \text{ 时}\end{cases}$$

当 n＝5 时，f(5) 的求解过程如图 8.15 所示。

程序代码如下：

```
Function f (ByVal n as Integer) as long
    If n<3 then f=1 Else f=f(n-1)+f(n-2)
End Funtion
Private Sub Command1_click()
    n=Inputbox("输入 n 的值:")
    print "f=";f(n)
End Sub
```

$f(5)=$
$f(4)+f(3)=$
$f(3)+f(2)$ + $f(2)+f(1)=$
$f(2)+f(1)$ +1+1 + 1=
1 + 1 + 1 + 1 + 1 =5

图 8.15 F(5)的求解过程

习 题

1. 选择题

(1) 设有下列程序代码，单击命令按钮时的输出结果是(　　)。

```
Sub SS(ByVal x,ByRef y,z)
    x=x+1
```

```
    y=y+1
    z=z+1
End Sub
Private Sub Command1_Click()
    A=1: B=2: C=3
    Call SS(A,B,C)
    Print A,B,C
End Sub
```

A) 1 2 3　　B) 1 3 4　　C) 2 2 4　　D) 1 3 3

(2) 设有下列程序代码,单击命令按钮时的输出结果是(　　)。

```
Private Sub Command1_Click()
  Dim x As Integer,y As Integer
  Dim n As Integer,z As Integer
  x =1:y=1
  For n=1 To 3
    z=FirstFunc(x,y)
    Print n,z
  Next n
End Sub
Private Function FirstFunc(x As Integer,y As Integer )
  Dim n As Integer
  Do While n<=4
    x=x+y
    N=n+1
  Loop
  FirstFunc=x
End Function
```

A)	B)	C)	D)
1 6	2 6	1 2	2 1
2 11	1 3	3 4	3 1
3 16	11 16	5 6	3 3

(3) 执行下面的程序,单击窗口后在窗体上显示的结果是(　　)。

```
Private Sub Form_Click()
  Dim Str1 As String,Str2 As String,Str3 As String
  Dim I As Integer
  Str1="e"
  For I=1 to 2
    Str2=Ucase(Str1)
    Str1=Str2 & Str1
    Str3=Str3 & Str1
    Str1=Chr(Asc(Str1)+I)
  Next I
```

```
    Print Str3
End Sub
```

A) EeFF　　B) eEfF　　C) EEFF　　D) eeFF

2. 编程题

(1) 编写求两数中较大数的 Function 函数,求两个数的较大数。

(2) 设计名为 Count_N(ByVal n As Integer)的函数,计算表达式 1+3+…+(2n-1)的值。

第9章 用户界面设计

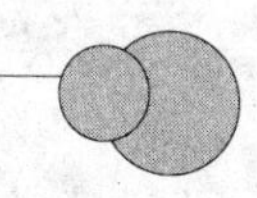

本章主要介绍一些控件，如列表框、组合框、定时器、图片框等，另外，就鼠标和键盘事件给予讲解，还对界面设计中常用的通用对话框、菜单进行详细说明。

9.1 概 述

Visual Basic 的界面设计具有以下原则：

(1) 界面要具有一致性。一致性原则在界面设计中使用相同的术语，具有相同的风格等。

(2) 常用操作要有捷径。例如，文件的常用操作如打开、存盘、另存等设置快捷键，不仅会提高用户的工作效率，还使得界面在功能实现上简洁和高效。

(3) 提供简单的错误处理。系统要有错误处理的功能。在出现错误时，系统应该能检测出错误，并且提供错误处理功能。

(4) 提供信息反馈。对操作人员的重要操作要有信息反馈。

(5) 操作可逆。操作应该可逆，可逆的动作可以是单个的操作，或者是一个相对独立的操作序列。

(6) 设计良好的联机帮助。

9.2 控 件

9.2.1 列表框和组合框

列表框和组合框控件对象以可视化形式显示其列表项(各字符串)以供用户进行选择。

1. 列表框

列表框控件是一个用来显示多个项目的列表，用户可以在其中选择一个或多个列表项，但不能录入列表项或修改某项的内容。

1) 常用属性

列表框的常用属性如下：

(1) Text 属性：其值为字符串型，表示被选定项目的文本内容。

(2) List 属性：其值为字符串数组，用来存放列表中所有项目的文本内容。

(3) ListIndex 属性：其值为整型，表示程序运行时被选定的项目序号，起始序号为0。未选时其值为−1。

(4) ListCount 属性：其值为整型，表示列表中项目的总数。项目序号为：0～ListCount−1。

(5) Selected 属性：其值为逻辑型数组，表示列表框中各项选中状态。选中为 True，否则为 False。

(6) MultiSelect 属性：其值为整型，表示在列表框中是否允许多选。取值为 0～2。

(7) Sorted 属性：其值为整型，决定在程序运行期间对列表框中的项目是否进行排序。

2) 常用方法

(1) AddItem 方法：其作用把一个项目加入列表框。形式如下：

```
列表框对象名.AddItem 字符串[,索引值]
```

其中：字符串是要加入列表框中的新项目；索引值决定加入项目在列表框中的位置，原位置的项目依次后移。如果省略，则新增项目添加在最后。对于第一个项目，其索引值为 0。

(2) RemoveItem 方法：从列表框中删除指定的项目。形式如下：

```
列表框对象名.RemoveItem 索引值
```

(3) Clear 方法：作用是清除列表框中所有的项目。形式如下：

```
列表框对象名.Clear
```

3) 常用事件

列表框常用的事件有 Click 和 DblClick。

【例 9-1】 设计一个信息管理程序。其功能为：当程序运行时，在窗体界面上能录入学生的姓名、性别与考试成绩；窗体上有一个“保存”信息的命令按钮，当每次录入完毕即可单击该命令按钮，把所录入的信息保存入列表框中，然后再录入下一个学生信息；窗体上还有一个“删除”信息的命令按钮，它平时是不可用的，当用鼠标在列表框中选择某个学生信息时，“删除”命令按钮变成可用，此时若单击“删除”命令按钮，该学生信息将从列表框中删除；窗体上还有一个“退出”命令按钮，当单击该命令按钮时将终止程序的执行。

根据题目要求可做如下分析：

(1) 录入学生姓名、成绩，可使用文本框；录入性别可使用两个单选按钮(男和女)；要把信息保存在列表框中，必须使用一个列表框对象；另外根据题目要求必须使用三个命令按钮和若干标签对象。

(2)“保存”命令按钮对应的事件过程的功能是：先把录入的姓名、性别与成绩信息从对应的控件对象中取出来；判别姓名是否为空，若为空不能保存；否则把它们组合构成一个字符串，再保存入列表框中；最后再把两个文本框清空即可。

(3)“删除”命令按钮只有在列表框中选择某个学生的信息时才可使用，那么必须对列表框的单击事件过程设计代码，以使“删除”命令按钮在列表框中选择某个学生的信息时变为可用；在“删除”命令按钮的单击事件过程中删除所选择的学生信息；最后再把“删除”命令按钮变为不可用。

(4)“退出”命令按钮的单击事件过程的功能是退出整个程序的执行。

根据以上分析设计程序运行窗体界面如图 9.1 所示，各控件对象属性设置如表 9.1 所示。

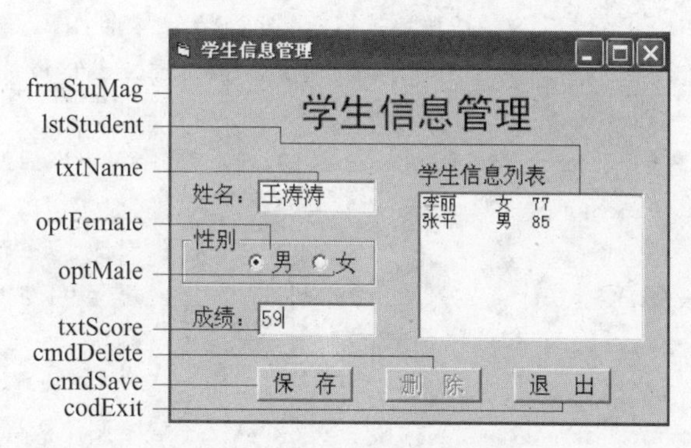

图 9.1 例 9-1 程序的运行界面

表 9.1 图 9.1 各控件属性值设置

控件类型	Name	AutoSize	Caption	Font
窗体	frmStuMag		学生信息管理	
标签	Label1	True	学生信息管理	黑体/常规/二号
标签	Label2	True	姓名	宋体/常规/小四
标签	Label3	True	成绩	宋体/常规/小四
标签	Label4	True	学生信息列表	宋体/常规/小四
文本框	txtName			宋体/常规/小四
文本框	txtScore			宋体/常规/小四
框架	Frame1		性别	宋体/常规/小四
单选按钮	optMale		男	宋体/常规/小四
单选按钮	optFemale		女	宋体/常规/小四
列表框	lstStudent			宋体/常规/10
命令按钮	cmdSave		保存	宋体/常规/小四
命令按钮	cmdDelete		删除	宋体/常规/小四
命令按钮	cmdExit		退出	宋体/常规/小四

根据题目要求设计代码如下：

```
Rem*************************************************************************
Private Sub Form_Load()
  cmdDelete.Enabled=False            '给命令按钮 cmdDelete 的属性 Enabled 赋值 False
End Sub
```

```
Private Sub cmdSave_Click()
  Dim mname As String, msex As String  '定义过程级变量 mname、msex 为字符串类型
  Dim mscore As String                 '定义过程级变量 mscore 为 String 类型
                                       '将文本框 txtName 的属性 Text 的值赋给 mname
  mname=Left(LTrim(txtName.Text)+Space(5), 5)
  If (Len(RTrim(mname))=0) Then          '若姓名为空
    MsgBox ("姓名不能为空!请重新输入.")   '则提示用户重新输入姓名
    txtName.SetFocus                     '将焦点置于文本框 txtName 中
    Exit Sub                             '退出该事件过程
  End If                   '按照单选按钮 optMale 的属性 Value 的值赋给 msex 相应的值
  msex=IIf(optMale.Value, "男", "女")    '将文本框 txtScore 的属性 Text 的值赋给 mscore
  mscore=Left(Str(Val(txtScore.Text))+Space(6), 6)
              '将变量 mname、msex 和 mscore 的值连接成字符串添加到列表框 lstStudent 中
  lstStudent.AddItem mname &" "&msex &" "&mscore
  txtName.Text=""                        '给 txtName 的属性 Text 赋值""
  optMale.Value=True                     '给 optMale 的属性 Value 赋值 True
  txtScore.Text=""                       '给 txtScore 的属性 Text 赋值""

  txtName.SetFocus                       '文本框 txtName 调用执行方法 SetFocus
End Sub

Private Sub lstStudent_Click()           '定义列表框 lstStudent 的 Click 事件过程
  cmdDelete.Enabled=True                 '让命令按钮 cmdDelete 变为可用
End Sub                                '与前面的 Sub 配对定义 lstStudent_Click 事件过程

Private Sub cmdDelete_Click()
  Dim mname As String                    '定义过程级变量 mname 为 String 类型

  If (lstStudent.ListIndex<0) Then       '如果 lstStudent 的属性 ListIndex 的值小于 0
    MsgBox ("还没有选择要删除的对象!")   '则调用执行函数 MsgBox(显示提示框)
  Else                 '取出 lstStudent 中选择项的左边 4 个字符即姓名赋给变量 mname
    mname=RTrim(Left(lstStudent.List(lstStudent.ListIndex), 4))
    lstStudent.RemoveItem lstStudent.ListIndex      '从 lstStudent 中删除所选择项
    MsgBox (""""& mname &""""已被删除!")              '提示所选择项已被删除
  End If

  cmdDelete.Enabled=False                           '让命令按钮 cmdDelete 变为不可用
End Sub

Private Sub cmdExit_Click()
  End                                               '终止程序的运行
End Sub
Rem*********************************************************************
```

对上面代码的几点说明：

(1) 要使一个命令按钮变为不可用，可将其 Enabled 属性值设置为 False，若要使其可用，则将其 Enabled 属性值设置为 True。

(2) 当用鼠标单击(选择)列表框中某一项时，此时列表框的 ListIndex 属性就表示该项在列表中的序号，"列表框名. List(列表框名. ListIndex)"就表示所选择的列表项；程序中可以用列表框的 AddItem 方法给其添加一项，也可以用 RemoveItem 方法从其中删除一项。

(3) 程序的执行过程：当在 Visual Basic 开发环境中将程序设计好后，就可以运行程序了。程序运行时首先将窗体加载到内存，此时会自动调用执行 Form_Load 事件过程，将命令按钮 cmdDelete 变为不可用；录入相应的学生信息并单击"保存"命令按钮，则会调用执行 cmdSave_Click 事件过程并把录入的学生信息添加入列表框中；在列表框中用鼠标选择某项则会触发列表框的 Click 事件并调用执行 lstStudent_Click 事件过程把"删除"命令按钮变为可用，再单击"删除"命令按钮，则会调用执行 cmdDelete_Click 事件过程把所选择项从列表框中删除。

(4) 单击"退出"命令按钮，则会调用执行 cmdExit_Click 过程终止整个程序的执行。

2. 组合框

组合框就是组合列表框与文本框而成的控件，它兼有文本框和列表框两者的功能，除了可向列表框那样进行列表选项选择外，还可以直接在文本框中输入列表选项中没有的内容。但是组合框不能被设定为多重选择模式，用户一次只能选取一项。

1) 常用属性

组合框的属性与列表框基本相同。这里仅列出不同的属性。

(1) Style 属性：其值为整型，用于设置组合框的样式。具体取值为：

Style 值为 0(默认)时：允许用户从下拉列表中选择项目，还可以从文本框中输入文本。

Style 值为 1 时：由一个文本编辑框和一个标准列表框组成。列表框不是下拉式的，表列项目始终显示在列表框中，所以在设计时应适当调整组合框的大小。

Style 值为 2 时：下拉式列表框。没有文本框，只能选择和显示，不能输入。

(2) Text 属性：用于显示所选择项目的文本或直接从文本编辑区输入文本。

2) 常用方法

组合框同样也有 AddItem、RemoveItem、Clear 方法，其用法与列表框相同。

3) 常用事件

组合框响应的事件与 Style 属性密切相关。具体说明如下：

当 Style=0 时：响应 Click、Change 和 Dropdown 事件。

当 Style=1 时：响应 Click、DblClick 和 Change(在编辑区输入文本)事件。

当 Style=2 时：响应 Click 和 Dropdown (单击组合柜中的下拉按钮)事件。

【例 9-2】 组合框示例如图 9.2 所示。

程序代码如下：

```
Private Sub Form_Click()
    Combo1.AddItem "陕西省"
    Combo1.AddItem "山东省"
    Combo1.AddItem "河南省"
    Combo1.AddItem "广东省"
End Sub
```

图 9.2 组合框示例

3. 举例

【例 9-3】 一个窗体包含名为 lstSubject 的列表框和名为 cmbGrade 的组合框，在该窗体的 Load 事件中编写代码，添加新的选项。

程序代码如下：

```
Private Sub Form_Load()
    Dim cnt As Integer
    lstSubject.AddItem ("数学")
    lstSubject.AddItem ("生物")
    lstSubject.AddItem ("化学")
    lstSubject.AddItem ("统计")
    lstSubject.AddItem ("物理")
    For cnt=1 To 5
        cmbGrade.AddItem (cnt&"年级")
    Next cnt
End Sub
```

9.2.2 定时器

定时器能以一定的时间间隔产生 Timer 事件从而执行相应的事件过程。在程序运行过程中，定时器控件对象并不显示在窗体上。

1. 常用属性

(1) Enabled 属性：其值为逻辑型，控制定时器控件对象是否产生 Timer 事件。

(2) Interval 属性：其值为整型，决定产生两个 Timer 事件之间的时间间隔。具体取值单位为 ms，默认值为 0。如果 Interval 取值为 0，定时器控件对象不产生 Timer 事件；如果要使定时器对象每隔 1s 产生一次 Timer 事件，则其值应设置为 1000。

2. 常用事件

定时器控件只有一个 Timer 事件。只有当 Enabled 属性取值为 True，Interval 属性取值为非 0 时，定时器控件对象才能产生 Timer 事件。

【例 9-4】 定时器示例如图 9.3 所示。

程序代码如下：

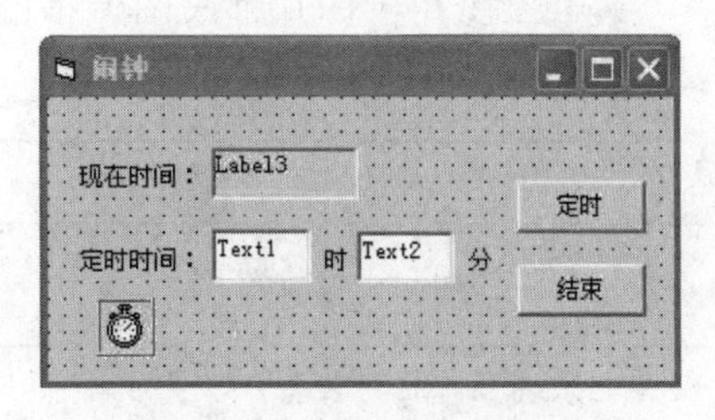

图 9.3 例 9-4 的界面

```
Dim hour, minute                    '声明模块级变量
Sub Command1_Click()
    hour=Format(Text1.Text, "00")
    minute=Format(Text2.Text, "00")
End Sub

Private Sub Form_Load()
    Timer1.Interval=10
End Sub
Sub Timer1_Timer()
    Label1.Caption=Time
    If Mid(Time, 1, 5)=hour & ":" & minute Then
        '如果时间来到了定时器所指定的时间,闹钟响 100 下
        For i=1 To 100
            Beep
        Next i
    End If
End Sub
Sub Command2_Click()
    End
End Sub
```

9.2.3 图片框和图像框

在 Visual Basic 程序中处理图形或图片，可以使用图片框和图像框控件对象。

图片框用来显示图片(包括 BMP、JPG、GIF、WMF、ICO 等图片文件格式)，还可以作为容器控件放置其他控件，以及通过 Print、Pset、Line 和 Circle 等方法在其中输出文本和画图。其常用属性如下：

(1) Picture 属性：决定控件对象中所显示的图形文件，其值可以通过下列方法获得：

① 在设计状态直接在磁盘上选择图形文件以设置 Picture 属性。

② 在程序运行状态使用语句：对象名. Picture＝LoadPicture(“图形文件名”)来装载图形文件，使用语句：对象名. Picture＝LoadPicture("")来卸载图形文件。

(2) AutoSize 属性：其值为逻辑型，决定图片框是否可自动调整大小以适应图片的显示。

图像框可以用来显示图片，但它不能像图片框那样作为容器控件来放置其他控件。其常用属性如下所示：

① Picture 属性：与图片框的 Picture 属性使用方法相同。

② Stretch 属性：其值为逻辑型，用于伸缩图像，即可调整图像框的大小。

表 9.2 给出了图片框与图像框的比较,如下所示。

表 9.2 图片框与图像框比较

图片框控件	图像框控件
不能根据控件的大小缩放图片	具有 Stretch 属性,该属性可用于根据控件的大小缩放图片
使用的系统资源相对较多	使用的系统资源相对较少
具有 Align 属性,使用该属性可以将控件与窗体的顶部、左侧、右侧或底部对齐	没有 Align 属性
可用作其他控件的容器	无法用作容器

9.2.4 滚动条

滚动条通常用于附在窗体上协助观察数据或确定位置,也可用来做数据的输入工具。滚动条有水平滚动条和垂直滚动条。

1. 常用属性

(1) Min 和 Max 属性: 其值为整型,范围为-32 768~32 767。Min 属性表示滑块处于最小位置时所代表的值,Max 属性表示滑块处于最大位置时所代表的值。

(2) Value 属性: 其值为整型,表示滑块所处当前位置所代表的值。

2. 常用事件

(1) Scroll 事件: 当用户拖动滑块时会触发该事件。

(2) Change 事件: 当改变 Value 属性值时或滚动条内滑块位置改变时会触发该事件。

9.2.5 驱动器、目录和文件列表框

在程序运行中,有时需要查看或者选择磁盘上的文件,这时就需要使用驱动器、目录以及文件列表框控件。

1. 驱动器列表框

驱动器列表框(DriveListBox)用于显示计算机系统中包含的所有驱动器名称(如 C、D、E 等)以供用户选择。

1) 常用属性

Drive 属性: 其值为字符串类型,用于返回或设置程序运行时的当前驱动器。该属性只能在代码中设置,不能在属性窗口设置。

2) 常用方法

(1) SetFocus 方法: 让驱动器列表框对象获得焦点。语法格式如下:

```
对象名.SetFocus
```

(2) Refresh 方法：强制重绘该驱动器列表框对象。语法格式如下：

```
对象名.Refresh
```

3) 常用事件

Change 事件：当重新选择驱动器或通过代码改变 Drive 属性的值时会触发该事件。

2. 目录列表框

目录(文件夹)列表框(DirListBox)用于显示计算机系统中当前驱动器的所有目录和当前目录下的子目录以供用户选择。

1) 常用属性

Path 属性：其值为字符串类型，用于返回或设置当前路径(包括驱动器名和目录名)。该属性只能在代码中设置，不能在属性窗口设置。

2) 常用方法

(1) SetFocus 方法：让目录列表框对象获得焦点。语法格式如下：

```
对象名.SetFocus
```

(2) Refresh 方法：强制重绘该目录列表框对象。语法格式如下：

```
对象名.Refresh
```

3) 常用事件

(1) Click 事件：鼠标左键单击被选择的目录时会触发该事件。

(2) Change 事件：当重新选择目录或通过代码改变 Path 属性的值时会触发该事件。

3. 文件列表框

文件列表框(FileListBox)用于显示当前目录(文件夹)中指定类型的所有文件名以供用户选择。

1) 常用属性

(1) Path 属性：其值为字符串类型，用于返回或设置当前路径(包括驱动器名和目录名)。该属性只能在代码中设置，不能在属性窗口设置。

(2) FileName 属性：其值为字符串类型，表示选定的文件名。

(3) Pattern 属性：其值为字符串类型，用于设置文件列表框中显示的文件类型。

2) 常用方法

(1) SetFocus 方法：让文件列表框对象获得焦点。语法格式如下：

```
对象名.SetFocus
```

(2) Refresh 方法：强制重绘该文件列表框对象。语法格式如下：

```
对象名.Refresh
```

3) 常用事件

(1) Click 事件：鼠标左键单击被选择的文件时会触发该事件。

(2) DblClick 事件：鼠标左键双击被选择的文件时会触发该事件。

【例 9-5】 设计一个图片浏览器程序。其功能要求能选择磁盘上某个文件夹下的图片文件，并把该文件夹的图片显示出来。

根据题目要求可做如下分析：

(1) 要在磁盘上选择相应的磁盘文件，必须使用驱动器列表框、目录列表框和文件列表框。进一步要指定所选择文件的类型，则可使用组合框。

(2) 要把图片显示出来，则要使用图片框或图像框。

根据以上分析设计出程序运行界面如图 9.4 所示。各控件对象属性设置如表 9.3 所示。

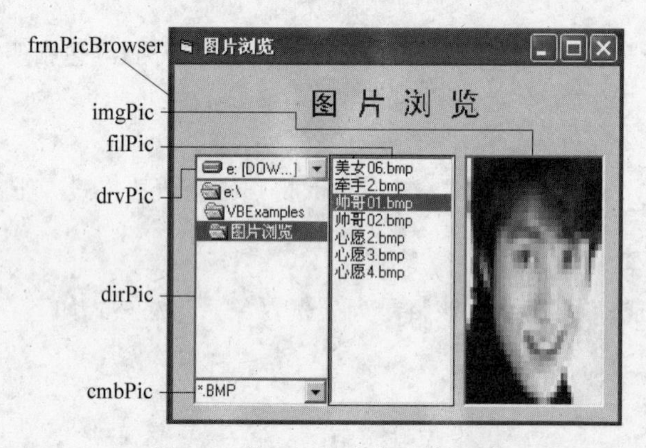

图 9.4　例 9-5 程序的运行界面

表 9.3　图 9.4 上各控件属性值设置

控件类型	Name	AutoSize	Caption	Font
窗体	frmPicBrowser		图片浏览	
标签	Label1	True	图片浏览	黑体/常规/小二
驱动器列表框	drvPic			
目录列表框	dirPic			
文件列表框	filPic			
组合框	cmbPic			
图像框	imgPic			

根据题目要求设计代码如下：

```
Rem ************************************************************

Private Sub Form_Load()
  cmbPic.AddItem "*.BMP"              '给组合框 cmbPic 添加列表项"*.BMP"
  cmbPic.AddItem "*.JPG"              '给组合框 cmbPic 添加列表项"*.JPG"
  cmbPic.AddItem "*.*"                '给组合框 cmbPic 添加列表项"*.*"

  cmbPic.Text="*.*"                   给组合框 cmbPic 的属性 Text 赋值"*.*"
  imgPic.Stretch=True                 '让图片伸缩以适应图像框 imgPic 的大小
```

```
End Sub

Private Sub drvPic_Change()              '定义 drvPic 的事件 Change 的事件过程
  dirPic.Path=drvPic.Drive               '让 dirPic 中显示的内容随 drvPic 而变化
End Sub                                  '与前面的 Sub 配对定义 drvPic_Change 事件过程

Private Sub dirPic_Change()
  filPic.Path=dirPic.Path                '让 filPic 中显示的内容随 dirPic 而变化
End Sub

Private Sub cmbPic_Click()
  filPic.Pattern=cmbPic.Text             '让 filPic 中显示的文件类型随 cmbPic 而变化
End Sub

Private Sub filPic_Click()               '定义 filPic 的事件 Click 的事件过程
  Dim mpath As String, mfile As String '定义过程级变量 mpath、mfile 为字符串类型

  On Error GoTo ErrorEnd                 '如果下面语句执行出错则转到标号 ErrorEnd 处执行

  mpath=filPic.Path                      '取出所选择文件的路径
  mfile=filPic.FileName                  '取出所选择文件的文件名

  If (Right(mpath, 1)="\") Then          '判别 mpath 最右边的一个字符是否是'\'
    mfile=mpath+mfile                  '若是,则把 mpath 和 mfile 连接成一个字符串赋给 mfile
  Else                                   '否则
    mfile=mpath+"\"+mfile
  End If                                 '与 If…Then…Else 构成双分支结构
'调用 LoadPicture 函数把 mfile 对应的图片文件装载到 imgPic 的属性 Picture 中
imgPic.Picture=LoadPicture(mfile)
  Exit Sub                               '退出该过程,即该过程执行结束
ErrorEnd:                                '定义语句标号 ErrorEnd
  imgPic.Picture=LoadPicture("")
  MsgBox ("图片文件类型错误!")           '调用 MsgBox 函数显示提示框
End Sub                                  '与前面的 Sub 配对定义 filPic_Click 事件过程

Rem ********************** The End ****************************
```

对上面代码的几点说明:

(1) 程序运行时,当在驱动器列表框中选择不同的驱动器(逻辑磁盘)时,其属性 Drive 的值就表示当前所选择的那个驱动器;当在目录列表框中选择不同的目录(文件夹)时,其属性 Path 的值就表示当前所选择的那个目录路径;当在文件列表框中选择不同的文件时,其属性 Path 的值就表示当前所选择的那个文件的路径,属性 FileName 的值就表示所选择的那个文件的文件名。

(2) 程序的执行过程：

① 程序运行时首先将窗体加载到内存，此时会自动调用 Form_Load 事件过程，给组合框 cmbPic 添加三个列表项，并让图像框中将来显示的图像能够自动伸缩以适应图像框的大小；

② 当在驱动器列表框中选择不同驱动器时，对于驱动器列表框就会触发 Change 事件，此时程序会调用 drvPic_Change 事件过程，从而改变目录列表框中显示的内容；

③ 当在目录列表框中选择不同的目录或在程序代码中改变了目录列表框的属性 Path 的值时，对目录列表框就会触发 Change 事件，此时程序会调用 dirPic_Change 事件过程，从而改变文件列表框中显示的内容；

④ 当在组合框中选择不同的列表项时，对组合框就会触发 Click 事件，此时程序会调用 cmbPic_Click 事件过程，从而改变文件列表框中显示的文件类型；

⑤当在文件列表框中选择不同的文件时，程序会调用 filPic_Click 事件过程，从而把对应的图片在图像框中显示出来。

(3) 关于文件列表框中文件路径的说明：当文件存放在根目录下时，属性 Path 的字符串值最后有个"\"，因此在构成文件绝对路径时只能用"文件路径＋文件名"；当文件存放在非根目录下时，属性 Path 的字符串值最后没有"\"，因此在构成文件绝对路径时只能用"文件路径＋\＋文件名"。

菜单编辑器窗口分为三个部分：数据区、编辑区和菜单项显示区。

9.3 鼠标与键盘

9.3.1 键盘事件

使用键盘事件过程，可以处理当按下或释放键盘上某个键时所执行的操作。

1. KeyPress 事件

按下键盘上的某个键，将发生 KeyPress 事件。该事件可用于窗体、复选框、组合框、命令按钮、列表框、图片框、文本框、滚动条等控件。严格地说，当按下某个键时，触发拥有输入焦点控件的 KeyPress 事件。在某一时刻，输入焦点只能位于某一个控件上，如果窗体上没有活动的或可见的控件，则输入焦点位于窗体上。

下面的代码是文本框的 KeyPress 事件过程。在文本框中每输入一个键值，就会触发一次 KeyPress 事件，同时也会触发一次文本框的 change 事件。

```
Private Sub Text1 _ KeyPress(KeyAscii As Integer)
    ...
End Sub
```

说明：

(1) 利用 KeyPress 事件可以对输入的值进行限制；

(2) 利用 KeyPress 事件可以捕捉击键动作。

【例 9-6】 文本框 1 只接收大写字符，文本框 2 只能接收"0"～"9"的数字字符。

程序代码如下：

```
Private Sub Text1_KeyPress(KeyAscii As Integer)
    If KeyAscii>=Asc("a") And KeyAscii<=Asc("z") Then
        KeyAscii=KeyAscii+Asc("A")-Asc("a")
    End If
End Sub
Private Sub Text2_KeyPress(KeyAscii As Integer)
    If KeyAscii<48 Or KeyAscii>57 Then '"0"~"9"的 ASCII 在 48~57 之间
        KeyAscii= 0
    End If
End Sub
```

分析：对于文本框 2 接收数字字符，也可采用 Visual Basic 提供的系统函数 isNumeric()实现。

2. KeyDown 和 KeyUp 事件

KeyDown 事件是当按下按键时触发，KeyUp 事件是当释放按键时触发。

KeyDown 事件和 KeyUp 事件的一般格式如下：

```
Private Sub 对象_KeyDown(Keycode As Integer, Shift As Integer)
    …
End Sub
Private Sub 对象_KeyUp(Keycode As Integer, Shift As Integer)
    …
End Sub
```

说明如下：

keycode：所按键的 ASCII 码值。KeyDown 和 KeyUp 事件除可识别 KeyPress 事件可以识别的键，还可识别键盘上的大多数键，如功能键、编辑键、定位键和数字小键盘上的键。键盘上的数字键与小键盘上的数字键的 ASCII 码值不同，尽管它们按的数字字符相同。

Shift：表示 Shift 键、Ctrl 键、Alt 键的按下或释放状态。分别用 0、1、2 三位表示 Shift 键、Ctrl 键、Alt 键。

【例 9-7】 编写一个程序，当按下 Alt+F5 键时终止程序的运行。

先把窗体的 KeyPreview 设置为 True，再编写如下的程序：

```
Sub Form_KeyDown(KeyCode As Integer, Shift As Integer)
        '按下 Alt 键时，Shift 键的值为 4
        If (KeyCode=vbKeyF5)And(Shift=4)Then
            End
        End If
End Sub
```

9.3.2 鼠标事件

当鼠标事件发生时，如果鼠标指针位于窗体就由窗体识别鼠标事件；如果鼠标指针位于控件上，就由控件识别。如果按下鼠标不放，对象继续识别，直到用户释放鼠标为止。鼠标除了有 Click 和 DblClick 事件之外，还有 MouseUp、MouseDown 和 MouseMove 等事件。

鼠标事件的一般格式如下：

```
Private Sub 对象_鼠标事件(Button As Integer, Shift As Integer, X As Single, Y As Single)
    …
End Sub
```

说明如下：

Button：表示哪个鼠标键被按下或释放。用 0、1、2 三位表示鼠标的左键、右键、中键，每位用 0、1 表示被按下或释放。

Shift：表示当鼠标键被按下或被释放时，Shift 键、Ctrl 键、Alt 键的按下或释放状态。用 0、1、2 三位表示鼠标的 Shift 键、Ctrl 键、Alt 键。

X、Y：表示鼠标指针的坐标位置。如果鼠标指针在窗体或图片框中，用该对象内部的坐标系，其他控件则用控件对象所在容器的坐标系。

1. MouseUp 和 MouseDown 事件

MouseUp 和 MouseDown 事件是当鼠标释放和按下时触发，通常用来在运行时调整控件的位置，或实现某些图形效果。

2. MouseMove 事件

MouseMove 事件是鼠标在屏幕上移动时触发的。当鼠标指针在对象的边界范围内时，该对象就能接收 MouseMove 事件。

【例 9-8】 鼠标事件示例。

程序代码如下：

```
Private Sub Form_MouseMove(Button As Integer, Shift As Integer, X As Single, Y As
Single)
    Line (0, 0)-(X, Y)                    '采用画线函数 line
End Sub
```

程序运行后，移动鼠标，观察运行效果，如图 9.5 所示。

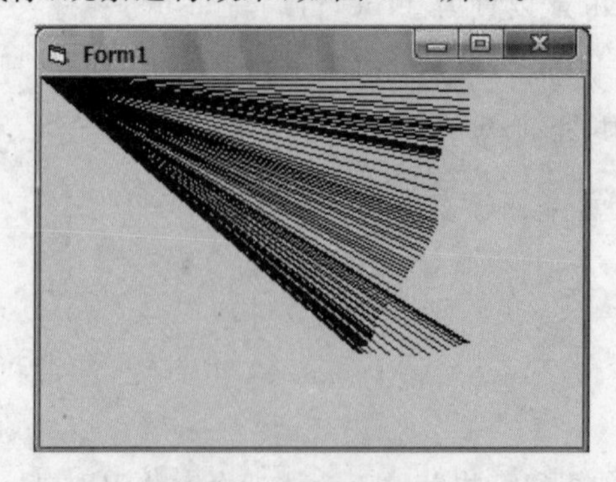

图 9.5 鼠标事件示例

9.4 通用对话框

9.4.1 概述

在 Windows 操作系统下使用应用软件时，必然会遇到一些界面相同的对话框，如打开文件对话框、另存文件对话框、设置颜色对话框、设计字体对话框等。Visual Basic 提供通用对话框控件(CommonDialog)实现如上功能。

通用对话框是 ActiveX 控件，使用时需要添加到工具箱。在"工程"菜单中选择"部件"选项，出现如图 9.6 所示窗口。

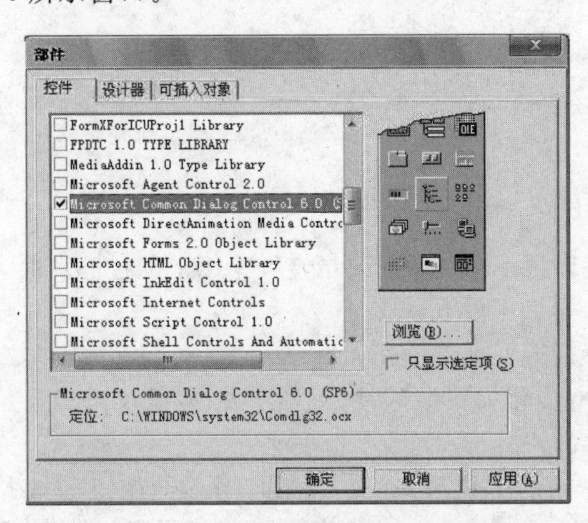

图 9.6 添加通用对话框控件到工具箱

通用对话框控件所显示的对话框由控件的方法确定，主要方法见表 9.4。

表 9.4 通用对话框主要方法

方法	所显示的对话框	Action	方法	所显示的对话框	Action
ShowOpen	显示打开文件对话框	1	ShowFont	显示字体对话框	4
ShowSave	显示另存为对话框	2	ShowPrinter	显示打印机对话框	5
ShowColor	显示颜色对话框	3	ShowHelp	显示帮助对话框	6

9.4.2 对话框方法介绍

1. 打开文件对话框

打开一个文件，可用打开文件通用对话框，设置相关属性，调用 ShowOpen 方法，如图 9.7 所示。

相关属性说明如下：

(1) FileName：返回用户所选的要打开的文件名(包含路径名)。

(2) FileTitle：返回用户所选的要打开的文件名(不包含路径名)。

(3) Filter：设置文件类型过滤器，使得打开文件对话框中只显示特点类型的文件。

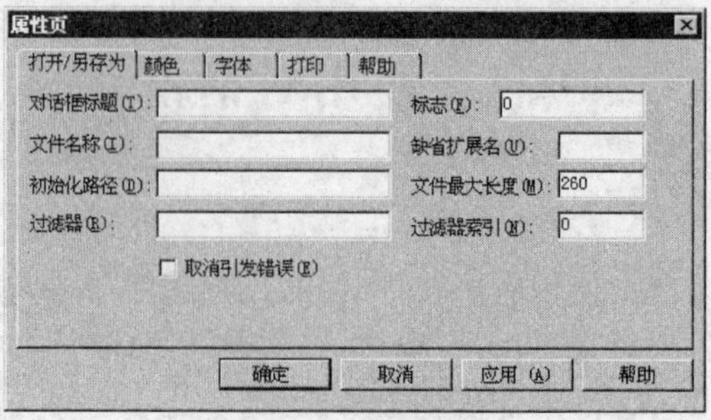

图 9.7　打开文件通用对话框

格式为：

描述 1|过滤器 1|描述 2|过滤器 2|…

例如：

C程序|*.c|C++程序|*.cpp

(4) FilterIndex：当为一个对话框要指定一个以上的过滤器时，设置文件类型列表框中的默认选项。

(5) InitDir：设置或返回文件的初始目录。

通过设置 ShowOpen 相关属性，调用相关方法后，仅仅只能显示对应的对话框，具体的操作还需要编程实现。

【例 9-9】 创建一个窗体，放置一个文本框和一个命令按钮，单击按钮(名称：cmdShow)，显示打开文件对话框(名称：comdlg)。当选定某文件，打开该文件将内容显示在文本框(名称：txtContent)，设置文本框的 MultiLine 属性为 True，编写按钮的事件代码如下：

```
Private Sub cmdShow_Click()
    comdlg.Filter="*.txt"
    comdlg.ShowOpen
End Sub
```

运行结果见图 9.8 所示。

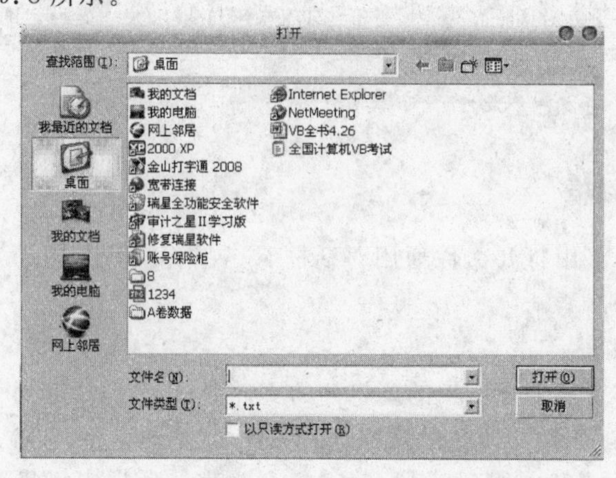

图 9.8　打开文件对话框

2. “颜色”对话框

“颜色”对话框 ShowColor 使应用程序为用户选择颜色提供了一个友好的界面，用户可以选择基本颜色，也可以精确选择自定义颜色，如图 9.9 所示。

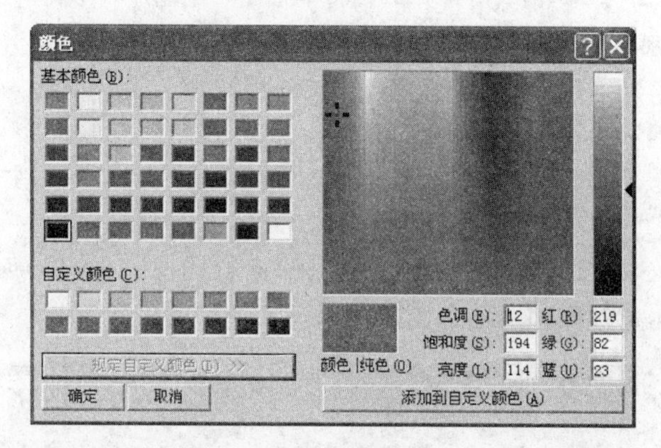

图 9.9　“颜色”对话框

【例 9-10】 在例 9-9 的窗体上添加一个按钮(名称：cmdColor)，单击时打开“颜色”对话框，当用户选定颜色后设置文本框的背景色为用户所选颜色，事件代码如下：

```
Private Sub cmdColor_Click()
    comdlg.ShowColor
    comdlg.ShowOpen
    txtContent.BackColor= comdlg.Color
End Sub
```

3. “字体”对话框

为了让用户方便地选择 Windows 系统已经安装的字体，可使用“字体”对话框 ShowFont，如图 9.10 所示。

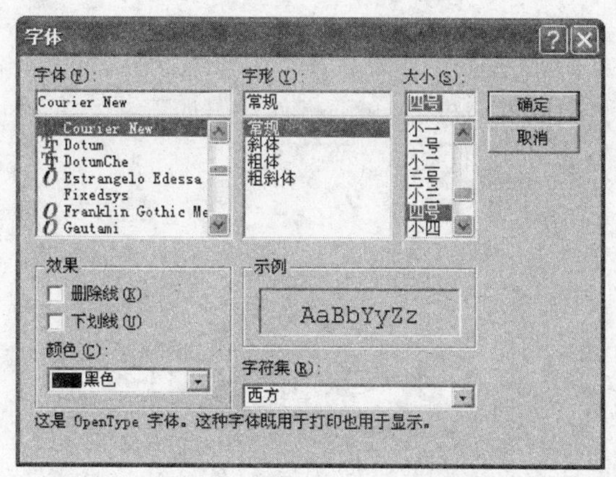

图 9.10　“字体”对话框

【例 9-11】 在例 9-10 的窗体上再添加一个按钮(名称：cmdFont)，单击时打开“字体”对话框，当用户选定字体后设置文本框的字体，事件代码如下：

```
Private Sub cmdFont_Click()
    comdlg.Flags=cdlCFBoth Or cdlCFEffects
    comdlg.ShowFont
    txtContent.Font=comdlg.FontName
End Sub
```

4. “打印”对话框

“打印”对话框 ShowPrinter 提供了将数据输出打印前的标准界面，如图 9.11 所示。ShowPrinter 可以指定被打印页的范围、打印质量、打印的份数等。

图 9.11 “打印”对话框

【例 9-12】 在例 9-11 的基础上再添加一个按钮(名称：cmdPrint)，当用户单击时把打开文件的内容输出打印到打印机上，相关事件代码如下：

```
Private Sub cmdPrint_Click()
    comdlg.ShowPrinter
End Sub
```

9.5 菜单设计

菜单是用户界面设计重要的组成部分，作为软件系统的功能划分，起到一个主控模块的作用，负责调用各功能模块，如图 9.12 所示。

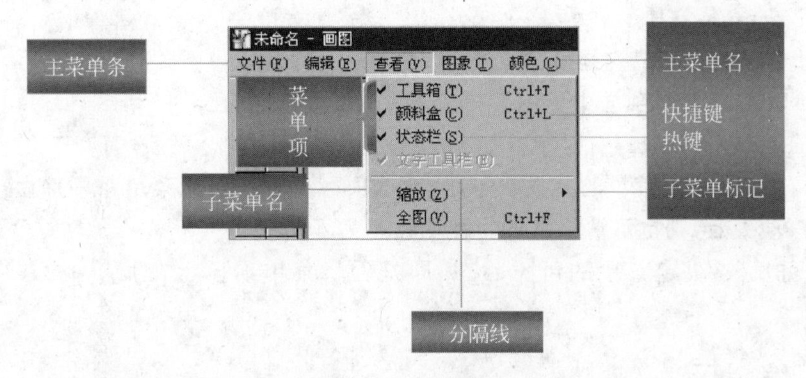

图 9.12 菜单

在 Visual Basic 中设计菜单比较直观,在“工具”菜单中选择“菜单编辑器”,如图 9.13 所示。每个菜单项由如下一些主要属性来描述。

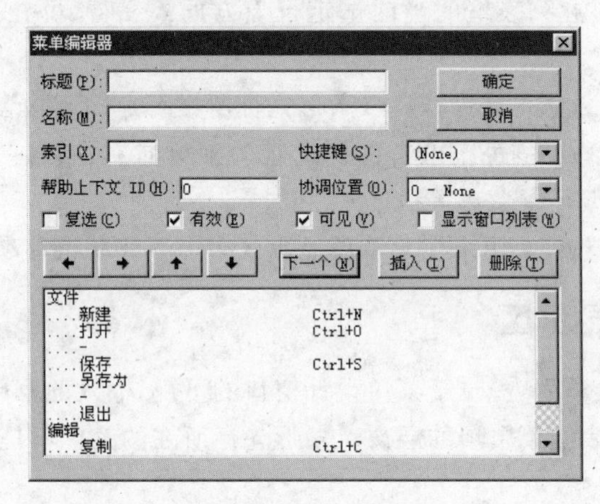

图 9.13 菜单编辑器

菜单编辑器窗口分为三个部分:数据区、编辑区和菜单项显示区。

9.5.1 数据区

数据区用来输入或修改菜单项、设置属性,其中:

(1)“标题”:在提供的文本框中可以输入菜单名或命令名,这些名字出现在菜单之中。输入的内容同时也显示在设计窗口下方的显示窗口中(相当于控件的 Caption 属性)。如果在该栏中输入一个减号“-”,则可在菜单中加入一条分隔线。

(2)“名称”:在文本框中可以为菜单名及各菜单项输入控制名。控制名是标识符(相当于控件的 Name 属性),仅用于访问代码中的菜单项,它不会在菜单中出现。菜单名和每个菜单项都是一个控件,都要为其取一个控制名。

(3)“快捷键”:允许为每个菜单项选择快捷键(热键)。

(4)“协调位置”:用来确定菜单或菜单项是否出现或在什么位置出现。该列表有 4 个选项:

① 0-None：菜单项不显示。

② 1-Left：菜单项靠左显示。

③ 2-Middle：菜单项居中显示。

④ 3-Right：菜单项靠右显示。

(5)"有效"：决定菜单的有效状态，由此选项可决定是否让菜单对事件做出响应，而如果希望该项失效，则也可清除事件。默认状态为True。

(6)"可见"：决定菜单的可见状态，即是否将菜单项显示在菜单上。默认状态为True。

9.5.2 编辑区

编辑区共有7个按钮，具体功能如下：

(1)"下一个"按钮：将选定移动到下一行，开始一个新的菜单项(与回车键作用相同)。

(2)"插入"按钮：在列表框的当前选定行上方插入一行，可在这一位置插入一个新的菜单项。

(3)"删除"按钮：删除当前选定行(条形光标所在行)，即删除当前菜单项。

(4)"左、右箭头"按钮：每次单击都把选定的菜单向左、右移一个等级(用内缩符号显示)，一共可以创建5个子菜单等级。

(5)"上、下箭头"按钮：用来在菜单项显示区中上下移动菜单项的位置。

9.5.3 菜单项显示区

菜单项显示区(菜单列表)位于菜单设计窗口的下部，输入的菜单项在这里显示出来，并通过内缩符号"…"表明菜单项的层次。条形光标所在的菜单项是"当前菜单项"。

说明：

(1) 菜单项是一个总的名称，包括4个方面的内容：菜单名(菜单标题)、菜单命令、分隔线和子菜单。

(2) 只有菜单名没有菜单项的菜单称为"顶层菜单"(Top-level Menu)，在输入这样的菜单项时，通常在后面加上一个惊叹号"!"。

(3) 如果在标题栏内只输入一个减号"-"，则产生一个分隔线。

(4) 除分隔线外，所有的菜单项都可以接受Click事件。

(5) 在输入菜单项时，如果在字母前加上"&"，则显示菜单时在该字母下加上一条下划线，可以通过Alt+带下划线的字母键打开菜单或执行相应的菜单命令。

习　题

1. 填空题

(1) Visual Basic的菜单一般包括________菜单和________菜单。

(2) 若将菜单某项设计为分隔条，则该菜单项的标题应设置为________。

(3) 菜单项可以响应的事件过程为________。

(4) 将通用对话框的类型设置为“字体”对话框可以使用________方法。

(5) 在打开“字体”对话框之前必须设置________属性，否则会发生字体不存在的错误。

(6) 通用的对话框控件可创建的常用对话框有________、________、________、________和________。

2. 选择题

(1) 通常用(　　)方法打开“自定义”对话框。

A) Load　　B) Unload　　C) Hide　　D) Show

(2) 将通用对话框类型设置为“另存为”对话框，应修改(　　)属性。

A) Filter　　B) Font　　C) Action　　D) FileName

(3) 菜单中的分割线使用的字符为(　　)。

A) &　　B) —　　C) ^　　D) Ctrl+S键

(4) 在用菜单编辑器设计菜单时，必须输入的项是(　　)。

A) 快捷键　　B) 标题　　C)索引　　D) 名称

3. 简答题

(1) Visual Basic 的对话框有多少种？如何使用？

(2) 简述菜单元素的功能和用法。

(3) 鼠标和键盘的各自属性和事件是什么？

(4) 图片框和图像框有什么异同点？

第10章 图形操作

Visual Basic 提供了丰富的图形操作功能，有两种方式：使用绘图控件，如 Line 控件、Shape 控件等；通过绘图方法，如 Line 方法、Circle 方法等。本章介绍基本的绘图方法、绘图的属性，并介绍简单的动画设计。

10.1 图形控件

Visual Basic 提供了形状(Shape)和直线(Line)控件在窗体上画图。这些控件不支持任何事件过程，只用于表面装饰。既可以在设计时通过设置其属性来确定显示某种图形，也可以在程序运行时修改图形控件属性以动态地显示图形。

10.1.1 Line 控件

打开 Visual Basic 的工具箱窗口，如图 10.1 所示。选择 Line 控件，将它画在 Form(窗体)上。

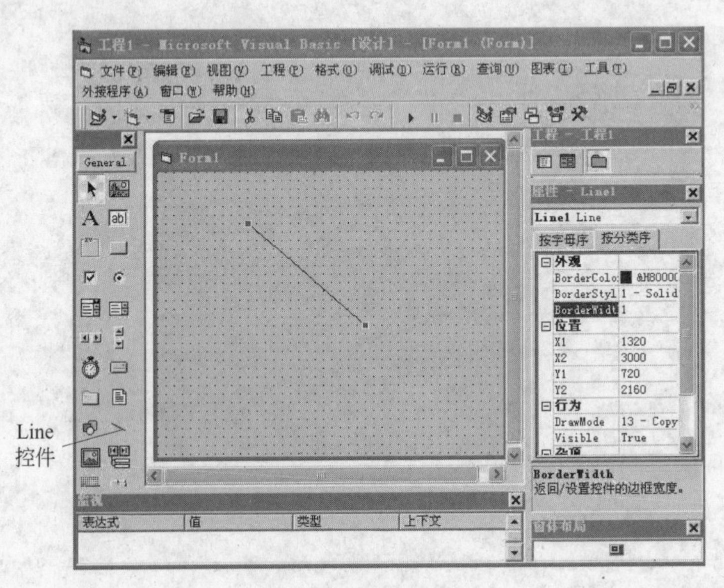

图 10.1 Line 控件

Line 控件的属性如表 10.1 所示。

表 10.1 Line 控件的主要属性和含义

属性名	属性含义	属性名	属性含义
X1,Y1	直线的起点坐标	BorderWidth	设置直线的宽度
X2,Y2	直线的终点坐标	BorderColor	设置直线的颜色
BorderStyle	设置直线的样式		

10.1.2 Shape 控件

如图 10.2 所示,单击 Shape 控件,将它画在 Form(窗体)上。Shape 控件预定义了 6 种形状,通过设置 Shape 属性来选择所需形状,如表 10.2 所示。

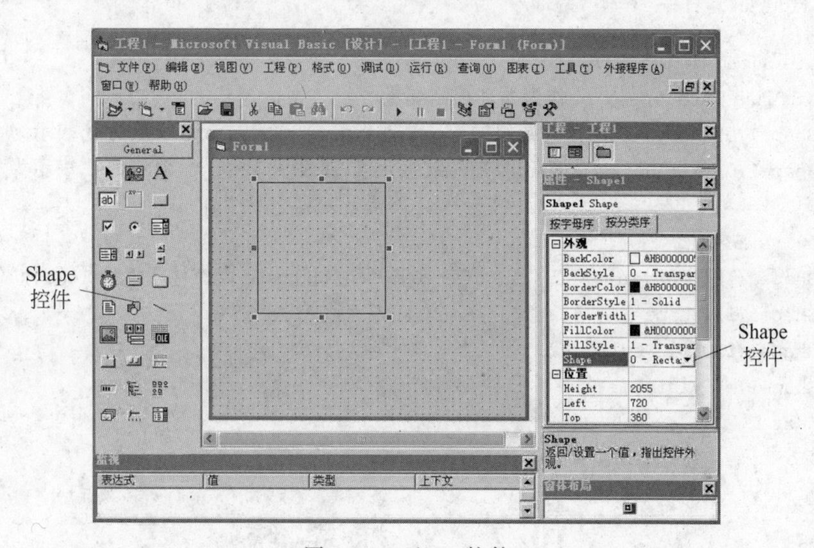

图 10.2 Shape 控件

表 10.3 给出了 Shape 控件的一些主要属性,例如可以改变这些形状的大小,可以设置其颜色、边框样式、边框宽度等。

表 10.2 Shape 属性设置值

属性值	常　数	说　明
0	vbShapeRectangle	矩形
1	vbShapeSquare	正方形
2	vbShapeOval	椭圆形
3	vbShapeCircle	圆形
4	vbShapeRoundedRectangle	圆角矩形
5	vbShapeRoundedSquare	圆角正方形

表 10.3 Shape 控件的主要属性和含义

属性名	属性含义
Shape	用于设置控件的形状
BackStyle	决定图形是否透明,透明时 BackStyle 无效
BorderColor	边框色
BorderStyle	边框线的样式
FillStyle	填充样式
DrawMode	画图模式

【例 10-1】 利用 Shape 控件,在 Form 上画出如图 10.3 所示的形状。

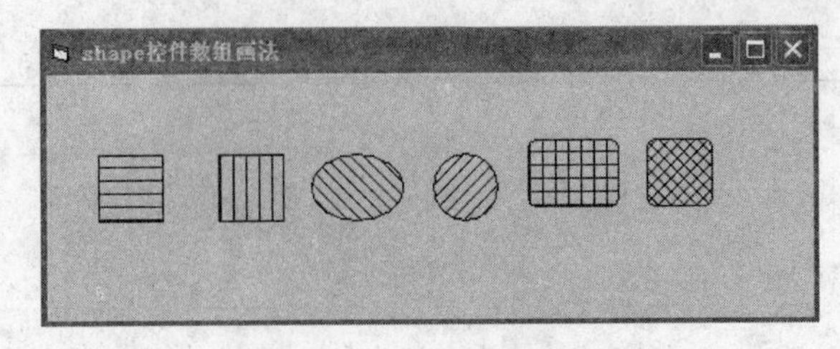

图 10.3 Shape 控件数组运行效果

【解析】 反复使用 Shape 控件画图,每次 Shape 控件只是改变某些属性,因此,用 Shape 控件数组来实现此功能。在 Form 上实现 6 个元素的控件数组。

程序代码如下:

```
Private Sub Form_Click()
    Dim i As Integer        'i 作为循环控制变量
    Shape1(0).Shape=0  '控件数组的第一个数组元素,属性 shape 取值为 0,表示为 rectangle
    Shape1(0).FillStyle=2'第一个控件数组元素,属性 FillStyle 取值为 2,表示为 rectangle

For i=1 To 5
    Shape1(i).Left=Shape1(i-1).Left+1000        '每个 shape 控件元素按 1000 像素分开放
    Shape1(i).Shape=I
    Shape1(i).FillStyle=i+2
    Shape1(i).Visible=True
    Next i
End Sub
```

10.2 坐标系统

画图控件 Line 和 Shape 可绘出简单的图。但是,若要画出一些复杂的图形或者曲线,例如,正弦曲线等,Line 和 Shape 就难以完成。因此,Visual Basic 提供了一些绘图的方法。

10.2.1 Visual Basic 默认的坐标系统

已经知道,画一个点 p 或者画一条线,需要考虑采用什么样的坐标系,直角坐标系和极坐标系上的点和线会产生不同的效果。那么,在 Visual Basic 的窗体等控件上画图时,也要考虑采用什么样的坐标系的问题。

一个坐标系统构成包括坐标原点、坐标度量单位、坐标轴的长度与方向。在 Visual Basic 中,默认的坐标原点在对象的左上角,横向向右为 X 的正向。纵向向下为 Y 轴的正向。图 10.4 说明

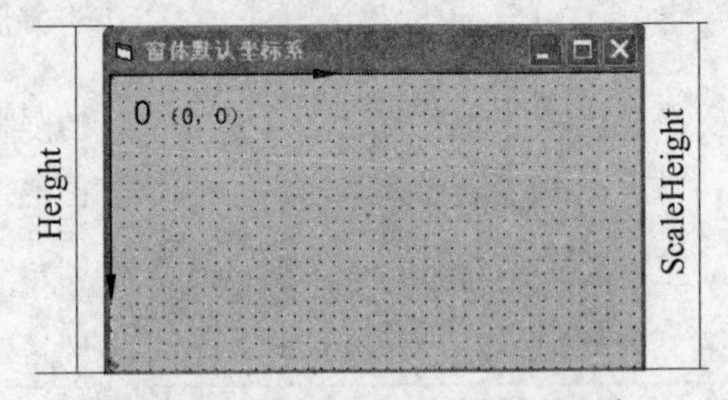

图 10.4 Visual Basic 默认的坐标

了窗体的默认坐标系。窗体的 Height 属性值包括了标题栏和水平边框线的宽度,同样 Width 属性值包括了垂直边框线宽度。窗体的实际可用高度和宽度分别用 ScaleHeight 和 ScaleWidth 属性确定。而窗体的 Left、Top 属性只是窗体在屏幕内的位置。

【例 10-2】 在 Visual Basic 默认的系统下,绘制圆。

【解析】 程序代码如下:

```
Private Sub Form_Click()
  Circle (0, 0), 1000            '画圆,圆心为(0,0),半径为 1000单位
End Sub
```

运行效果如图 10.5 所示。

思考:为什么用 circle()方法画圆,结果却为什么只是一段弧线呢?而不是整个圆呢?

图 10.5 Visual Basic 默认的坐标系下画圆

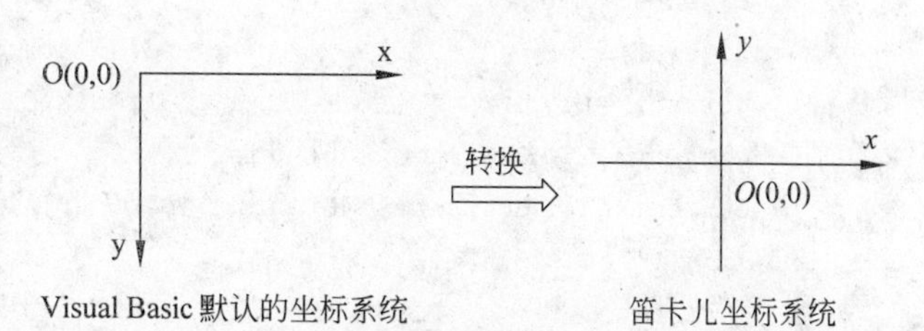

图 10.6 坐标系统的转换

10.2.2 自定义坐标系统

Visual Basic 的默认坐标系统不符合通常数学上的笛卡儿直角坐标系,使用起来很不方便。因此,需要将 Visual Basic 的默认坐标系统转换为笛卡儿直角坐标系统。因此,将 Visual Basic 默认坐标系的坐标原点移到窗体的中央,y 轴的正向向上,显示 4 个象限。如图 10.6 所示。

Visual Basic 提供了 Scale 方法来设置用户自定义坐标系统。Scale 方法是建立用户坐标系较为方便的方法,其语法如下:

```
[对象.]Scale [(xLeft,yTop)-(xRight,yBotton)]
```

其中:

(1) 对象可以是窗体、图形框或打印机。如果省略对象名,对象默认为窗体对象。

(2) (xLeft,yTop)表示对象的左上角的坐标系,(xRight,yBottom)为对象右下角的坐标系,如图 10.7 所示。

(3) 窗体或图形框的 ScaleMode 属性决定了坐标所采用的度量单位,默认值为 Twip。

【例 10-3】 采用 Scale 方法自定义坐标系。

【解析】 画坐标系时,使用 Scale (x1,y1)-(x2,y2)。坐标系的 x 轴,只需令 Line (x1,y1)-(x2,y2)的 y1,y2 为 0;画坐标系的 y 轴时,只需令 Line (x1,y1)-(x2,y2)的

图 10.7　Scale 方法的参数

x1,x2 为 0。

程序代码如下：

```
Private Sub Form_Paint()
    Cls
    Form1.Scale(-200, 250)-(300, -150)
    Line (-200, 0)-(300, 0)                    '画 X 轴
    Line (0, 250)-(0, -150)                    '画 Y 轴
    CurrentX=0: CurrentY=0: Print 0  'CurrentX,CurrentY 用于当前绘图位置,标记坐标原点
    CurrentX=280: CurrentY=40: Print "X"       '标记 X 轴
    CurrentX=10: CurrentY=240: Print "Y"       '标记 Y 轴
End Sub
```

运行效果如图 10.8 所示。

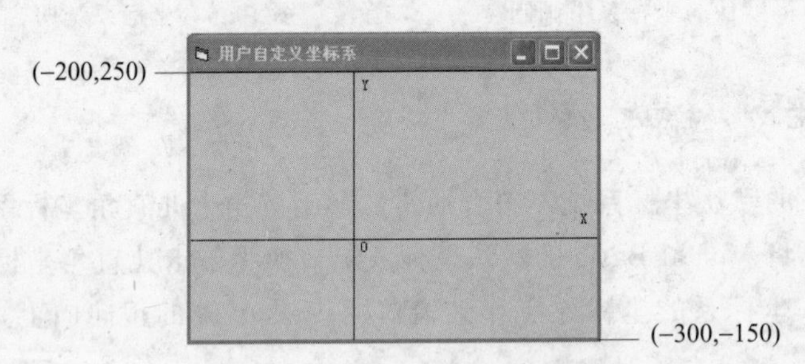

图 10.8　用户自定义坐标系

10.3　图形方法

10.3.1　Line 方法

Line 方法用于画直线或矩形，其语法格式如下：

```
[对象.]Line[[Step](x1,y1)]-[Step[(x2,y2)[,颜色][,B[F]]
```

其中：

(1) 对象指示 Line 在何处产生结果，它可以是窗体或图形框，默认为当前窗体。

(2) (x1,y1)为线段起始坐标或左上角坐标。

(3) (x2,y2)为线段终点坐标或右下角坐标。

(4) 关键字 Step 表示采用当前位置作用的相对值。

(5) 关键字 B 表示画矩形，关键字 F 表示用画矩形四条边用的颜色来填充矩形。F 必须与关键字 B 一起使用。如果只用 B 不用 F，则矩形的填充由 FillStyle 和 Fillcolor 属性决定。

Line 方法可以简化为以下 3 种语法格式。

语法格式 1：

```
line(x1,y1)-(x2,y2),线条颜色
```

其中，(x1,y1)为起点坐标值，(x2,y2)为终点坐标值。

语法格式 2：

```
line(x1,y1)-step (dx,dy),线条颜色
```

其中，(x1,y1)为起点坐标值，(dx,dy)为相对于起点的相对距离。

语法格式 3：

```
line-(x2,y2),线条颜色
```

其中，线条起点坐标值为(CurrentX, CurrentY)，(x2,y2)为终点坐标值。

注意：用 Line 方法在窗体上绘制图形时，如果绘制过程放置在 Form-Load 事件内，必须设置窗体的 AutoRedraw 属性为 True，当窗体的 Form-Load 事件完成后，窗体将产生重画过程，否则所绘制的图形无法在窗体上显示。

【例 10-4】 用 Line 方法在一个窗体上画随机射线。

【解析】 程序代码如下。

```
Private Sub Form_Click()
    Dim i As Integer, x As Single, y As Single
    Scale(-320, 240)-(320, -240)                    '定义自定义坐标系
    For i=1 To 100
        x=320 * Rnd                                 '产生 x坐标
        If Rnd<0.5 Then x=-x
        y=240 * Rnd                                 '产生 y坐标
        If Rnd<0.5 Then y=-y
        colorcode=15 * Rnd                          '产生色彩代码
        Line (0, 0)-(x, y), QBColor(colorcode)
        '以自定义坐标系的原点为直线的一段，以随机产生的(x,y)为另一段，
        '并利用 QBColor()函数给直线染上随机的色彩
    Next i
End Sub
```

程序运行结果如图 10.9 所示。

【例 10-5】 用 Line 方法在一个窗体上画坐标轴与坐标刻度。

【解析】 程序代码如下：

```
Private Sub Form_Click()
    Cls
```

```
    Form1.Scale(-110, 110)-(110, -110)                          '定义坐标系
    Line(-105, 0)-(105, 0): Line (0, 105)-(0, -105)             '画X轴与Y轴
    CurrentX=105: CurrentY=20: Print "X"
    CurrentX=10: CurrentY=105: Print "Y"
    For i=-100 To 100 Step 20                                   '在X轴上标记坐标刻度
        If i<>0 Then
            CurrentX=i: CurrentY=7: Line-(i, 0)
            CurrentX=i-5: CurrentY=-5: Print i/10
        Else
            CurrentX=-3: CurrentY=-5: Print 0
        End If
    Next i
    For i=-100 To 100 Step 20                                   '在Y轴上标记坐标刻度
        If i<>0 Then
            CurrentX=-15: CurrentY=i+5: Print i/10
            CurrentX=7: CurrentY=i: Line -(0, i)
        End If
    Next i
End Sub
```

程序运行结果如图 10.10 所示。

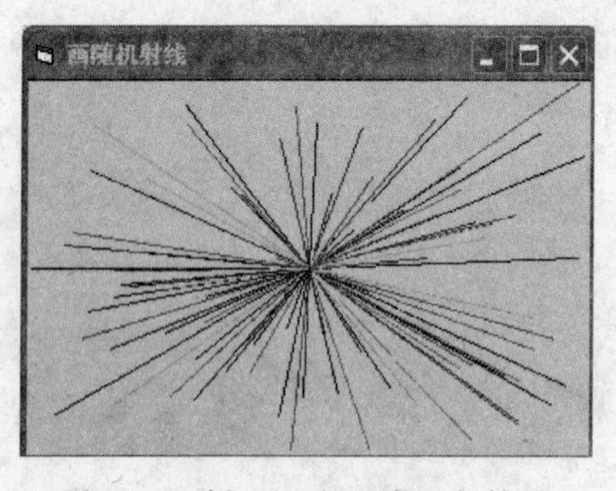

图 10.9　例 10-4 的程序运行结果

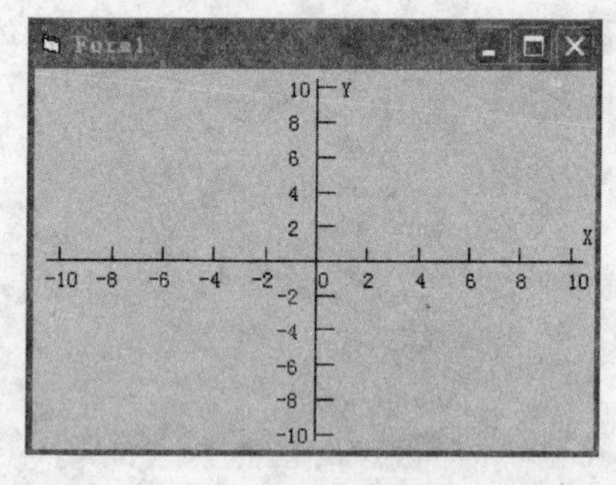

图 10.10　例 10-5 的程序运行结果

10.3.2　Circle 方法

Circle 方法用于画圆、椭圆、圆弧和扇形，其语法格式如下：

```
[对象.]Circle[Step](x,y),半径[,[颜色][,[起始点][,[终止点][,长短轴比率]]]]
```

其中：

(1) 对象指示 Circle 在何处产生效果，可以是窗体、图形框或打印机，默认为当前窗体。

(2) (x,y)为圆心坐标，关键字 Step 表示采用当前作图位置的相对值。

(3) 圆弧和扇形通过参数起始点、终止点控制，采用逆时针方法绘弧。起始点、终止点以弧度为单位，取值在 0～2π 之间。当在起始点、终止点前加一负号时，表示画出圆心

到圆弧的径向线。

(4) 椭圆通过长短轴比率控制,默认值为1时,画出的是圆。

Circle方法的效果如图10.11所示。

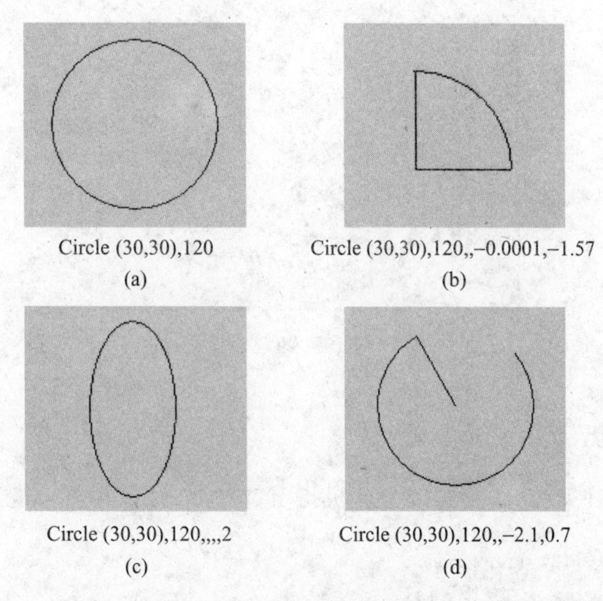

图10.11 Circle方法的效果图

注意:

(1) 使用Circle方法时,如果想省掉中间的参数,分隔的逗号不能省。例如画椭圆省掉了颜色、起始点、终止点3个参数,则必须加上4个连续的逗号,它表示缺省中间3个参数。

(2) 如果要画x上的径向线,起始点可以用一个很小的数代表0,或使用2π。

【例10-6】 用Circle方法在窗体上绘制由圆环构成的艺术图案。

【解析】 等分半径为r的圆周为n份,以等分点为圆心、半径为r1绘制n个圆。

程序代码如下:

```
Private Sub Form_Click()
    Dim r, x, y, x0, y0, pi As Single
    Cls
    r=Form1.ScaleHeight/4
    x0=Form1.ScaleWidth/2
    y0=Form1.ScaleHeight/2
    pi=3.1415926
    st=pi/10                                    '等分圆周为20份
    For i=0 To 2 * pi Step st                   '循环绘制圆
        x=r * Cos(i)+x0
        y=r * Sin(i)+y0
        Circle (x, y), r * 0.9
    Next i
```

```
End Sub
```

程序运行结果如图 10.12 所示。

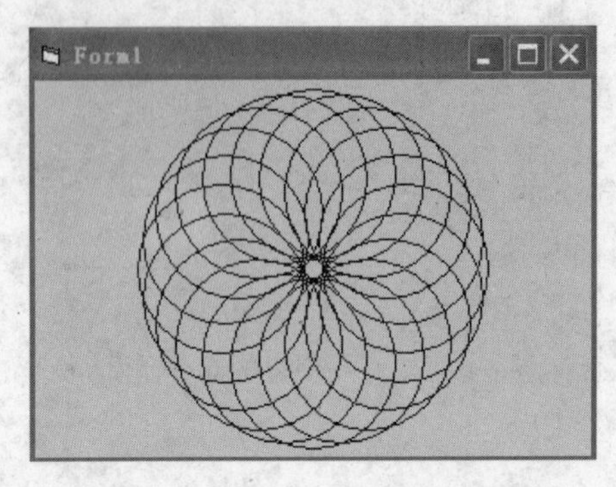

图 10.12　例 10-6 的程序运行结果

10.3.3　Pset 方法

Pset 方法用于在窗体、图形框或打印机指定位置上画点，其语法格式如下：

```
[对象.]Pset[Step](x,y)[,颜色]
```

其中，关键字 Step 采用相对坐标，表示采用当前作图位置的相对值。省略 Step 时，参数(x,y)为所画点的绝对坐标值。

利用 Pset 方法可画任意曲线，通过循环用 Pset(x,y)在窗体上画点，采用较小的步长，就可以使离散的点连成曲线。技巧：当采用背景颜色画点时起到清除点的作用。

【例 10-7】　用 Pset 方法绘制圆的渐开线。

【解析】　圆的渐开线用如下参数方程表示：

```
X=a(cost+tsint)
Y=a(sint-tcost)
```

程序代码如下：

```
Private Sub Form_Click()
    ScaleMode=6
    x=Me.ScaleWidth/2
    y=Me.ScaleHeight/2
    For t=0 To 30 Step 0.01
        xt=Cos(t)+t * Sin(t)
        yt=-(Sin(t)-t * Cos(t))
        PSet (xt+x, yt+y), vbBule
    Next t
End Sub
```

程序运行结果如图 10.13 所示。

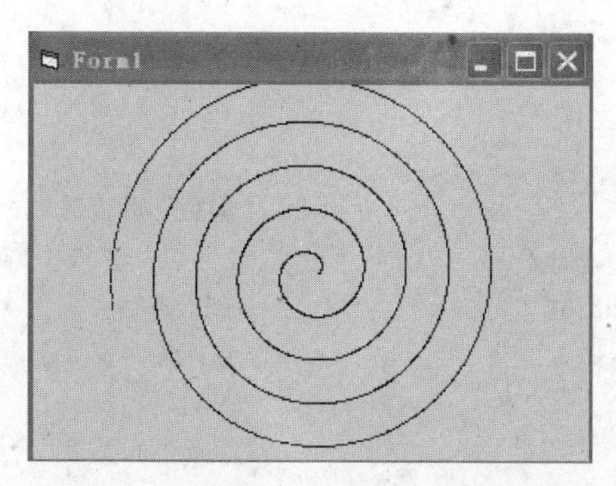

图 10.13 例 10-7 的程序运行结果

10.3.4 与图形操作相关的方法

1. Point 方法

Point 方法用于返回窗体或图形框上指定点的 RGB 颜色，其语法格式如下：

```
[对象.]Point(x,y)
```

如果由(x,y)坐标指定的点在对象外面，Point 方法返回－1(True)。

2. Cls 方法

Cls 方法可以清除 Form 等控件生成的图形和文本，以背景色来填充。其语法为：

```
[对象.]Cls
```

调用 Cls 之后，对象的 CurrentX 和 CurrentY 属性复位为 0。

10.4 绘图属性

10.4.1 当前坐标

窗体、图形框或打印机的 CurrentX、CurrentY 属性标示出这些对象在绘图时的当前坐标。CurrentX、CurrentY 两个属性在设计阶段不能使用。当坐标系确定后，坐标值(x,y)表示对象上的绝对坐标位置。如果加上关键字 Step，则坐标值(x,y)表示对象上的相对坐标值，即从当前坐标分别平移 x、y 个单位，其绝对坐标值为(CurrentX＋x，CurrentY＋y)。

10.4.2 线宽

窗体、图形框或打印机的 DrawWidth 属性给出这些对象上所画线的宽度或点的大小。DrawWidth 属性以像素为单位来度量，最小值为 1。

【例 10-8】 用 DrawWidth 属性改变直线宽度。

【解析】 程序代码如下：

```
Private Sub Form_Click()
    Dim j As Integer
    CurrentX=0                              '设置开始位置
    CurrentY=ScaleHeight/2
    ForeColor=QBColor(0)                    '设置颜色
    DrawWidth=1                             '定义线的宽度为 1
    For i=1 To 10
        DrawWidth=i * 3                     '定义线的宽度
        Line-Step(ScaleWidth/15,0)          '画线
    Next i
End Sub
```

程序运行结果如图 10.14 所示。

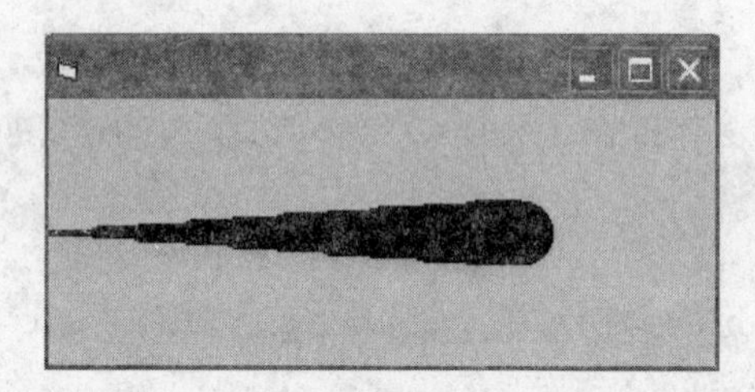

图 10.14 例 10-8 的程序运行结果

10.4.3 线型

【例 10-9】 通过改变 DrawStyle 属性在窗体上画出不同的线形。

【解析】 程序代码如下：

```
Private Sub Form_Click()
    Dim j As Integer
    Print "DrawStyle    0       1       2       3       4        5       6"
    Print "线形       粗实线  长虚线   虚线   点划线  双点划线  透明线  细实线"
    Print "图示"
    CurrentX=600                      '设置直线的初始位置
    CurrentY=ScaleHeight / 3
    DrawWidth=1                       '宽度为 1 时 DrawStyle 属性才能产生效果
    For j=0 To 6
        DrawStyle=j                   '定义线的形状
        CurrentX=CurrentX+150
        Line-Step(600, 0),画线长为 600 的线段
    Next j
End Sub
```

程序运行结果如图 10.15 所示。

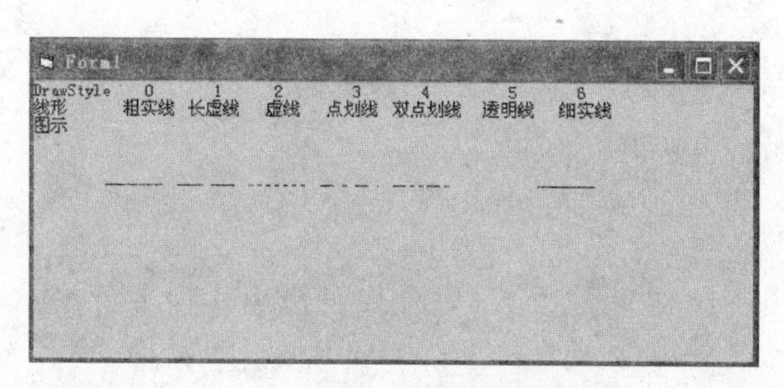

图 10.15　例 10-9 的程序运行结果

10.4.4　填充

封闭图形的填充方法由 FillStyle、Fillcolor 这两个属性决定。Fillcolor 指定填充图案的颜色。FillStyle 指定填充的图案，共有 8 种内部图案，属性设置填充图案如图 10.16 所示。

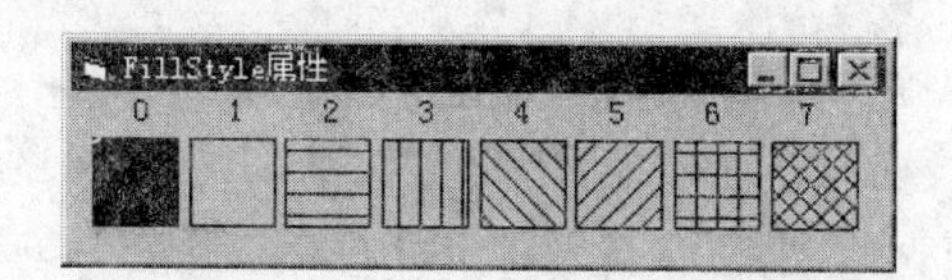

图 10.16　FillStyle 属性效果图

其中，0 为实填充，它与指定填充的图案的颜色有关，1 为透明方式。

10.4.5　色彩

Visual Basic 默认采用对象的前景色（ForeColor 属性）绘图，也可以通过以下颜色函数指定色彩。Visual Basic 提供两种颜色函数。

1. RGB()函数

RGB()函数采用红、绿、蓝三基色原理，通过红、绿、蓝三基色混合产生某种颜色，其语法为：

```
RGB(红,绿,蓝)
```

红、绿、蓝三基色的成分使用 0～255 之间的整数。例如，RGB(0,0,0)返回黑色，而 RGB(255,255,255)返回白色，如表 10.4 所示。

表 10.4　RGB()函数取值情况

颜色	红色值	绿色值	蓝色值	颜色	红色值	绿色值	蓝色值
黑色	0	0	0	红色	255	0	0
蓝色	0	0	255	洋红色	255	0	255
绿色	0	255	0	黄色	255	255	0
青色	0	255	255	白色	255	255	255

2. QBColor()函数

QBColor()函数的语法格式为：

```
QBColor(颜色码)
```

其中，颜色码使用 0～15 之间的整数，每个代码代表一种颜色，其对应关系如表 10.5 所示。

表 10.5　QBColor 函数中颜色码与颜色对应表

颜色码	颜色	颜色码	颜色	颜色码	颜色	颜色码	颜色
0	黑	4	红	8	灰	12	亮红
1	蓝	5	品红	9	亮蓝	13	亮品红
2	绿	6	黄	10	亮绿	14	亮黄
3	青	7	白	11	亮青	15	亮白

【例 10-10】 颜色的渐变过程。

【解析】 采用 RGB()函数，通过循环，每次对 RGB()函数的参数稍作变化。用线段填充矩形区域，通过改变直线的起始点坐标和 RGB()函数中三基色的成分产生渐变效果。程序代码如下：

```
Private Sub Form_Click()
    Dim j As Integer, x As Single, y As Single
    y= Form1.ScaleHeight
    x= Form1.ScaleWidth                                '设置直线 x 方向终点坐标
    Sp= 255/y                                          '设置需改变基色的增量
    For j= 0 To y
        Line (0, j)- (x, j), RGB(j * Sp, j * Sp, j * Sp)    '画线
    Next j
End Sub
```

读者可运行此程序，观察运行结果。

10.5　应　　用

在图形绘制前，一般需要定义坐标系，定义坐标系通常是采用 Scale 方法。具体步骤如下所示。

步骤 1：先定义窗体或图形框的坐标系。

步骤 2：设置线型、线宽、色彩等属性，对象绘图属性的功能如表 10.6 所示。

步骤 3：确定画笔的起始点位置，给 CurrentX 和 CurrentY 赋值。

步骤 4：调用绘图方法绘制图形，利用 Line 方法和 Circle 方法及 DrawWidth、DrawStyle 和 DrawMode 属性。

表 10.6 绘图属性的功能

绘 图 属 性	用 途
AutoRedraw,ClipControls	显示处理
CurrentX,CurrentY	当前绘图位置
DrawMode,DrawStyle,DrawWidth	绘图模式、风格、线宽
FillStyle,Fillcolor	填充的图案,色彩
Forecolor,Backcolor	前景、背景颜色

10.5.1 几何图形绘制

【例 10-11】 在窗体上绘制-2π到2π之间的正弦曲线,如图 9.17 所示。

【解析】 首先定义窗体的坐标系。绘制的正弦曲线在(-2π,2π)之间,考虑到四周的空隙,故 X 轴的范围可定义在(−8,8),Y 轴的范围可定义在(−2,2)之间。故,用 Scale(−8,2)−(8,−2)定义坐标系,绘制直线可以用 Line 方法。X 轴上坐标刻度线两端点的坐标满足(i,0)−(I,y0),其中 y0 为定值。可以循环语句,变化 i 的值来标记 X 轴上的坐标刻度,类似的可处理 Y 轴上的坐标刻度。

坐标轴上坐标刻度线和对应的数字标识采用通过 CurrentX,CurrentY 属性设定当前位置,用 Print 输出对应的数字。正弦曲线可由若干点组成,用 Pset 的方法按 Sin()的值画出来,为是曲线光滑,相邻两点的距离应适当减小。

程序代码如下:

```
Private Sub Form_Click()
    Const pi=3.1415926
    Form1.Scale(-8, 2)-(8, -2)                    '定义窗体坐标系
    DrawWidth=2                                   '设置绘图的线宽
    Line (-7.5, 0)-(7.5, 0)                       '画 X 轴
    Line (0, 1.9)-(0, -1.9)                       '画 Y 轴
    CurrentX=7.5: CurrentY=0.2: Print x           '在指定位置输出字符 X 与 Y
    CurrentX=0.5: CurrentY=2: Print y
    For i=-7 To 7                                 '在 X 轴上标记刻度,线长 0.1
        Line (i, 0)-(i, 0.1)
        CurrentX=i-0.2: CurrentY=-0.1: Print i
    Next i
    Me.Scale (-2*pi, 2)-(2*pi, -2)                '自定义窗体绘图区域的坐标系统
    For x=-2*pi To 2*pi Step 0.01                 '在窗体上绘图区域绘制由点组成的正弦曲线
        y=Sin(x)                                  '计算 Sin(x)
        PSet (x, y)                               '画一点
    Next x
End Sub
```

程序运行结果如图 10.17 所示。

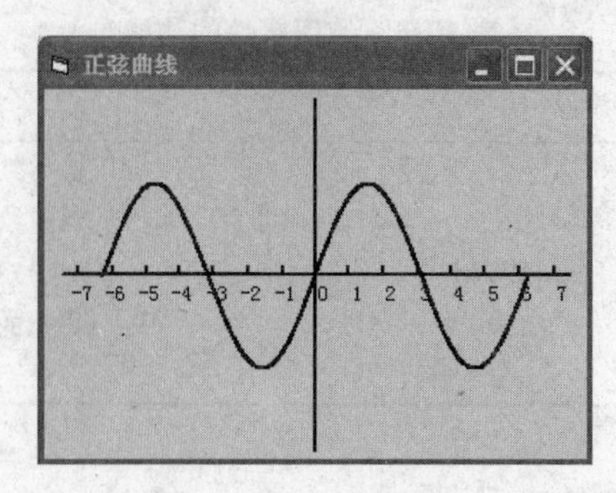

图 10.17 正弦曲线

10.5.2 简单动画设计

简单动画设计采用帧动画原理，即通过一系列静态图辅之以连续快速变化产生动画效果，或通过有计划地移动一个对象（包括改变对象的形状和尺寸）来实现。

在 Visual Basic 中，动画可在时钟控件的 Timer1-Timer 事件内实现。动画的速度使用 Timer 控件的 Interval 属性来控制。

【例 10-12】 设计模拟程序行星运行，如图 10.18 所示。

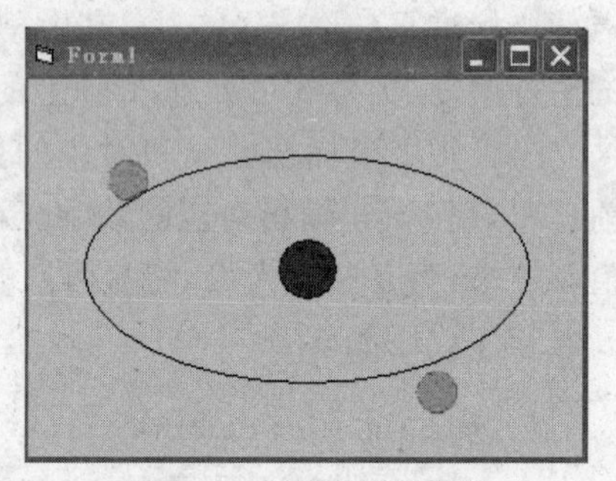

图 10.18 行星运行效果

【解析】 太阳和行星运行轨道用 Circle 语句完成。行星在轨道上运行的椭圆方程为：

$$x = r_x * \cos(alfa), \quad y = r_y * \sin(alfa)$$

其中，r_x为椭圆 x 轴上半径，r_y为 y 轴下半径，alfa 为圆心角。

当窗体的 DrawMode 属性值设置为 7(Xor)或 6(Invert)后，可在相同位置上重复绘制图形，起到擦除的作用，从而可在同一位置上将行星画两次，再改变位置，产生动态效果。

```
Private Sub Form_Click()
    Cls
    Scale(-2000, 1000)-(2000, -1000)          '定义坐标系
    Me.FillStyle=0                            '设置填充模式
    Me.FillColor=vbRed                        '设置填充颜色
    Circle (0, 0), 200, vbRed                 '画太阳
    Me.FillStyle=1                            '改变为透明方式
    Circle (0, 0), 1600, vbBlue, , , 0.5      '画行星运行轨道,长短轴比为 2：1
    Form1.DrawMode=7                          '设置为 Xor 模式
    Timer1.Enabled=True                       '启动时钟
    Me.FillStyle=0                            '为画行星设置填充模式
End Sub
```

为了能在两个时间段内在同一位置上重复画行星，可以定义静态变量作为控制标志。

在 Timer1_Time 事件内交替改变控制标志值,Timer 控件的 Interval 属性设置为 100。当控制标志值为 True 时,改变星星在轨道上的圆心角。

```
Private Sub Timer1_Timer()
    Static alfa, flag                            '定义静态变量
    flag=Not flag                                '改变控制标志值
    If flag Then alfa=alfa+0.314                 '根据控制标志值改变圆心角
    If alfa>6.28 Then alfa=0                     '运行一周后重设圆心角为 0
    x=1600 * Cos(alfa)                           '计算行星在轨道上的坐标
    y=800 * Sin(alfa)                            'y 轴上半径为 800
    Circle(x, y), 150                            '画行星
End Sub
```

注意:用 Circle 绘制椭圆时,长短轴比指定的总是水平长度和垂直长度的实际物理距离比,因此,设置窗体大小时,应保证 ScaleWidth 与 ScaleHeight 之比等于长短轴之比。本例中按 2∶1 设置窗体有效的长和宽。

习　　题

1. 选择题

(1) 在窗体上画一个名称为 Command1 的命令按钮,然后编写如下事件过程:

```
Private Sub Command1_Click()
    Move 500,500
End Sub
```

程序运行后,单击命令按钮,执行的操作是(　　)。

A) 命令按钮移动到窗体左边界、上边界各 500 的位置

B) 窗体移动到距屏幕左边界、上边界各 500 的位置

C) 命令按钮向左、上方向各移动 500

D) 窗体向左、上方向各移动 500

(2) 语句 Line(100,100)-(500,500)vbRed,BF 的功能是(　　)。

A) 在窗体上绘制一个红色的空心矩形

B) 在窗体上绘制一个红色的空心实线

C) 在窗体上绘制一个红色的实心矩形

D) 在窗体上绘制一个红色的点画线

(3) 通过设置 Line 控件的(　　)属性可以绘制虚线、点画线等多样式的直线。

A) Shape　　B) Style　　C) FillStyle　　D) BorderStyle

(4) DrawStyle 属性用于设置图形方法输出的线型,它受(　　)属性的限制。

A) FillStyle　　B) FillColor　　C) BorderStyle　　D) DrawWidth

2. 简答题

(1) Visual Basic 的坐标系和笛卡儿积坐标系有何区别？如何建立用户坐标系？

(2) 窗体的 ScaleHeight、ScaleWidth 属性和 Height、Width 属性有什么区别？

(3) RGB 函数中的参数按什么颜色排列？其有效的数值范围为多少？怎样用 RGB 函数实现色彩的渐变？

(4) 怎样设置 Line 控件对象的线宽？

(5) 当用 Line 方法画线之后，CurrentX 与 CurrentY 在何处？

(6) 当用 Circle 方法画圆弧和扇形时，若起始角的绝对值大于终止角的绝对值，则圆弧角度在何范围？

(7) 如何设计动画？

第11章 文件操作

在程序设计中，文件是十分有用和不可缺少的。由应用程序产生或处理过的数据往往保存在存储介质上(如磁盘、磁带等)，这些数据是以文件的方式保存在存储介质上的，需要读取数据时可以从外存储器调出，需要保存时可以由内存写到外存。在程序中可直接对文件进行处理，可以保存、访问它所处理的数据，也可以使其他程序共享这些数据。

11.1 文 件

11.1.1 文件的概念

为了有效地对数据进行存取和读取，文件中的数据必须以某种特定的格式存储，这种特定的格式就是文件的结构。下面介绍几个与文件结构相关的概念。

1. 字符

字符是数据文件中的最小信息单位，如单个的字节、数字、标点符号等。

2. 字段

一般由几个字符组成的一项独立的数据称为字段。比如学生的学号、姓名、年龄、性别、籍贯、班级等信息都称为字段。

3. 记录

由若干个字段组成的一个有意思的逻辑单位称为记录。记录作为计算机处理数据的基本单位，由若干个相互关联的数据项组成。如学生的学号、姓名、年龄、性别等若干个字段就组成了一个学生的记录。

4. 文件

由若干个相关记录的集合组成的逻辑单位称为文件。

11.1.2 文件的分类

根据文件的存取方式，文件类型有顺序文件、随机文件、二进制文件 3 种。因此，计算机访问文件的方式，也有顺序、随机、二进制 3 种访问模式。具体如下所示。

1. 顺序文件

顺序文件，顾名思义，用顺序存取方式形成的文件称为顺序文件，顺序存取方式规则最简单。

顺序文件主要用于文本文件，如 Windows 的记事本、书写器等。其存取方式适合以整个文件为单位存取的场合，依序把文件中的每个字符转换为相应的 ASCII 码存储；读取数据时必须从文件的头部开始，按文件写入的顺序，一次全部读出。不能只读取它中间的一部分数据，不可以跳跃式访问。每一行文本相当于一条记录，每条记录可长可短，记录与记录之间用“换行符”来分隔。不能同时进行读写操作。

2. 随机文件

以随机存取方式存取的文件称为随机文件。随机文件以固定长度的记录为单位进行存储，要求文件中的每条记录的长度都是相同的，记录与记录之间不需要特殊的分隔符号。只要给出记录号，可以直接访问某一特定记录，其优点是存取速度快，更新容易，如图 11.1 所示。

#1 记录1	#2 记录2	…	#N 记录N

图 11.1 随机文件

3. 二进制文件

二进制文件作为最原始的文件类型，直接把二进制码存放在文件中，没有什么格式，以字节为单位访问数据，允许程序按所需的任何方式组织和访问数据，也允许对文件中各字节数据进行存取和访问。

11.2 顺序文件

11.2.1 打开与关闭

1. 打开文件

打开顺序文件，使用 Open 语句，其格式如下：

```
Open pathname For [Input|Output|Append] As [#]filenumber [Len=buffersize]
```

说明：

(1) pathname 表示要打开的文件名，文件名可以包含有驱动器和目录。

(2) Input、Output 和 Append 用于设置顺序文件的打开方式。

- Input 表示从打开的文件中读取数据。此时，文件必须存在，否则会产生错误。
- Output 表示向打开的文件中写入数据。以这种方式打开文件时，文件中原有的数据将被覆盖,新的数据将从文件开始写入。如果文件不存在,则创建一个新文件。

- Append 表示向打开的文件中添加数据。此时,文件中原有的数据将被保留,新的数据将从文件尾开始添加。如果文件不存在,则创建一个新文件。

(3) As[＃]filenumber 子句用于为打开的文件指定文件号。对文件进行读写操作时,要用文件号表示该文件。文件号是介于 1～511 之间的整数,打开一个文件时需要指定一个文件号,这个文件号就代表该文件,直到文件关闭后这个号才可以被其他文件所使用。

(4) 记录长度为一个小于或等于 32 767 的整数,它指定数据缓冲区的大小。当在文件与程序之间复制数据时,Len＝buffersize 子句指定缓冲区的字符数。

例如:

```
Open "D:\student" For Output As #1          '打开 D:\student 文件供写入数据,文件号为#1
Open "D:\student" For Input As [#]filenumber              '从文本文件中读取数据
Open "D:\student" For Append As [#]filenumber             '向文本文件中添加数据
```

2. 关闭文件

结束各种读写操作后,必须将文件关闭,否则会造成数据丢失。关闭文件的命令是 Close ,其格式如下所示。

```
Close [[#]文件号][, [#]文件号]…
```

例如:

```
Close #1, #2, #3
```

11.2.2 写文件

顺序文件将数据内容写入磁盘文件,用 Write ＃和 Print ＃语句实现,语法格式如下:

(1) Print ＃文件号,[输出列表]

【例 11-1】 假定文本框的名称为 txtTest,文件名为 TEST.DAT。

【解析】

方法 1:把整个文本框的内容一次性地写入文件。

```
Open "TEST.DAT" For Output As #1
Print #1, txtTest.Text
Close #1
```

方法 2:把整个文本框的内容一个字符一个字符地写入文件。

```
Open "TEST.DAT" For Output As #1
For i=1 To len(txtTest.Text)
    Print #1,Mid(txtTest.Text,i,1);
```

```
Next i
Close #1
```

(2) Write ＃文件号,[输出列表]

其中的输出列表一般指用逗号分隔的数值或字符串表达式。Write ＃与 Print ＃的功能基本相同,区别是 Write ＃是以紧凑格式存放,便于以后用 Input ＃语句来读取数据,因为 Write ＃语句自动将写入到文件中的信息用逗号分开,并为字符串数据加上双引号。

```
Write #文件号,[输出列表]
```

例如:

```
Open "student.txt" For Output As #1
Write #1, "张三", "初一年级", 14
Write #1, "李四", "职业高中", 18
Close #1
```

11.2.3 读文件

顺序文件的读取有三种方式:

1. Line Input ＃语句

该语句从打开的顺序文件中读取一行数据。这里的一行指的是从当前指针位置开始到回车符或回车换行符之间的所有数据。Line Input ＃语句的语法格式如下:

```
Line Input #文件号,变量号
```

说明:"文件号"是打开文件时所用的文件号;"变量号"是用来存放读出数据的一个或多个变量,如果有多个变量,中间用空格分隔开。Input＃语句为参数列表中的每一个变量读取文件的一个域,并将读出的域存入变量中。该语句只能顺序地从第一个域开始,直到读取想要的域。其读出的数据中不包含回车符和换行符,与 Print ＃配套用。

【例 11-2】 将文件中的内容显示到窗体上的文本框中。

【解析】 程序代码如下:

```
Dim strLine As String
Open "c:\vb\test.txt" For Input As #1
Do Until EOF(1)
  Line Input #1, strLine
  text1.Text=text1.Text+strLine+Chr(13)+Chr(10)
  '从文件中读出的数据用回车符和换行符进行格式输出到文本框内
Loop
Close #1
```

2. Input 函数

Input 函数从顺序文件中一次读取指定长度的字符串。具体地说，就是从文件的当前位置开始，读取指定个数的字符。Input 函数可以读取包括换行符、回车符、空格符等在内的各种字符。语法格式如下所示。

```
变量=Input(串长度,文件号)
```

例如，从一个打开文件中读取 12 个字符并复制到变量 file 中，代码如下：

```
file=Input(12,filenum)
```

3. Input #语句

Input #语句从文件中同时向多个变量内读入数据，读入的数据可以是不同的数据类型。语法格式如下所示：

```
Input #文件号,变量列表
```

注意：与 Write #配套才可以准确地读出。

【例 11-3】 在文件 student.txt 中写入数据。

【解析】 程序代码如下：

```
Open "student.txt" For Output As #1
Write #1, "张三", "高中", 16
Write #1, "李四", "大学", 18
Close #1

Dim name As String, grade As String, age As Integer
Dim name1 As String, grade1 As String, age1 As Integer
Open "student.txt" For Input As #1
Input #1, name, grade, age
Input #1, name1, grade1, age1
Close #1
```

执行之后，变量的值分别为：

```
name="张三" , grade="高中" ,age=14
name1="李四",grade1="大学",age1=18
```

11.2.4 举例

【例 11-4】 读文本文件到文本框。

【解析】 假定文本框名称为 txtTest，文件名为 MYFILE.TXT，程序代码如下：

方法 1：一行一行地读。

```
txtTest.Text=""
```

```
Open "MYFILE.TXT" For Input As #1
Do While Not EOF(1)
    Line Input #1, InputData
    txtTest.Text=txtTest.Text+InputData+vbCrLf
Loop
Close#1
```

方法 2：一个一个字符地读。

```
Dim InputData as String*1
txtTest.Text=""
Open "MYFILE.TXT" For Input As #1
Do While Not EOF(1)
    InputData=Input(1,#1)
    txtTest.Text=txtTest.Text+InputData
Loop
Close #1
```

11.3 随机文件

11.3.1 打开与关闭

【例 11-5】 定义记录，并把这些记录产生的文件存放在随机文件中。

程序代码如下：

```
Type Student                            '定义学生类型
  No As Integer
  Name As String*20
  age As Integer
End Type

Dim Stud As Student                     '定义一个学生类型的变量
```

随机文件中所有的数据都将保存到若干个结构为 Student 类型的记录中，而从随机文件中读出的数据则可以存放到变量 Stud 中。

1. 打开方式

```
Open filename For Random as [#]filenumber Len=Reclength
```

说明：

(1) 参数 filename 和 filenumber 分别表示文件名或文件号。

(2) 关键字 Random 表示打开的是随机文件。

(3) Len 子句用于设置记录长度，长度由参数 Reclength 指定，Reclength 的值必须大于 0，而且必须与定义的记录结构的长度一致。计算记录长度的方法是将记录结构中每个元素的长度相加。例如前面声明的 Student 的长度应该是 2＋20＋2＝24。

打开一个记录类型为 Student 的随机文件的方法是：

```
Open "c:\Student.txt " For Random As #1 Len=24
```

2. 关闭方式

```
Close #文件号
```

注意：文件以随机方式打开后，可以同时进行写入和读出操作，但需要指明记录的长度，系统默认长度为 128 个字节。

11.3.2　写文件

向随机文件中写入数据，使用 Put#语句，其语法格式如下：

```
Put [#] FileNum ,[RecNum],UserType
```

说明：

(1) FileNum 是要打开的文件号；RecNum 是要写入的记录号，若省略，则在上一次用 Get 和 Put 语句所读写过的记录的后一条记录中写入，如果没有执行过 Get 和 Put 语句，就从第一条记录开始。

(2) UserType 是包含要写入数据的用户自定义的数据类型变量。

例如，在 student. txt 文件中的第 5 个记录写入数据，代码如下：

```
stud.No=0301
stud.Name="王五"
stud.Age=20
Put #1,5,stud                           '第 5 个记录写入数据
```

11.3.3　读文件

读取随机文件时可以使用 Get #语句，数据从文件的一个指定记录中读出后，存入一个用户自定义的变量中。

语法格式：

```
Get #FileNum, [RecNum],UserType
```

说明：

(1) FileNum 是要打开的文件号；RecNum 是要读取的记录号，若省略，则读取下一个记录。

(2) UserType 是一个用来存放读出数据的用户自定义的数据类型变量。

例如：

```
Get #1,5,Student                '该语句读取文件号为 1 的文件中的第 5 条记录
```

11.3.4 举例

【例 11-6】 窗体上有一个名称为 Text1 的文本框，无初始内容，多行属性 multiline 要求设为 TRUE，然后再画两个命令按钮，其名称分别为 C1 和 C2，并设置它们的 CAPTION 属性为“添加记录”和“显示记录”，如图 11.2 所示。

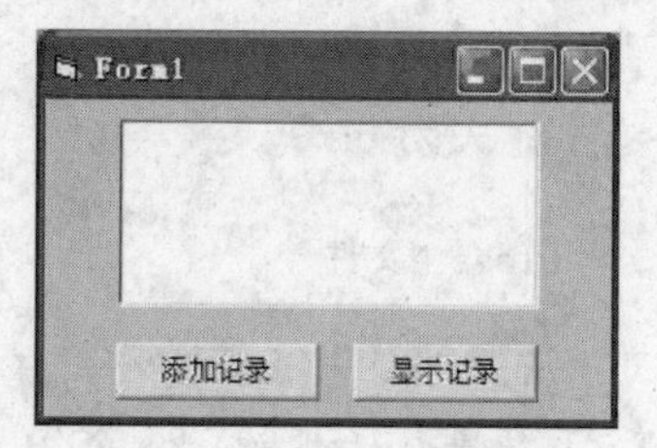

图 11.2 例 11-6 的界面

要求实现如下功能：单击“添加记录”按钮，则从 INPUTBOX 输入信息框中输入 3 个学生的记录并保存到随机文件 out.txt；单击“显示记录”按钮，则从 out.txt 文件中读入刚才输入的记录并在文本框中按记录号顺序进行显示（每行一条记录）。

【解析】 随机文件 in.txt 中的每个记录包括 4 个字段，分别为姓名、性别、年龄和名次，程序代码如下：

```
'首先要自定义用户类型,写在窗体的通用部分
Private Type stud
    name As String * 8
    sex As String * 4
    age As Ihteger
    sort As Integer
End Type

Private Sub C1_Click()
    Dim t As stud
    '向随机文件中写记录
    Open "out.txt" For Random As #1 Len=Len(t)          '打开随机文件,注意要有 Len=Len(t)
    For I=1 to 3 '用 FOR 循环写入三条记录
    t.name=inputbox("请输入学生姓名")
    t.sex=inputbox("请输入学生性别")
    t.age=inputbox("请输入学生年龄")
    t.sort=inputbox("请输入学生名次")
    put #1,I,t                                          '随机文件记录写入的命令
    next i
    Close #1
End Sub
Private Sub C2_Click()
    Dim t As stud
    '从随机文件中读记录,并从文本框 text1 中输出
    Open "out.txt" For Random As #1 Len=Len(t)          '打开随机文件,注意要有 Len=Len(t)
    Do While Not EOF(1)                                 '此处也可用 FOR 循环结构
        i=i+1
        Get #1, i, t                                    '随机文件记录读取的命令
        Text1.Text=Text1.Text &t.name &t.sex &t.age &t.sort &Chr(13) &Chr(10)
    Loop
```

```
    Close #1
End Sub
```

11.4 二进制文件

11.4.1 打开与关闭

1. 打开文件

打开二进制文件的语法格式如下：

```
Open filename For Binary As [#]filenumber
```

说明：

(1) 参数 filename 和 filenumber 分别表示文件名或文件号。

(2) 关键字 Binary 表示打开的是二进制文件。

(3) 对于二进制文件，不能指定字节长度。每个打开的二进制文件都有一个自己的指针，文件指针是一个数字值，指向下一次读写操作的文件中的位置。二进制文件中的每个"位置"对应一个数据字节，因此，有 n 个字节的文件，就有 1 到 n 个位置。

2. 关闭文件

关闭二进制文件的语法格式如下：

```
Close [[#]文件号][, [#]文件号]…
```

11.4.2 写文件

二进制文件采用 put 命令写入数据，格式如下所示：

```
Put [#]fileNumber,[Pos], Var
```

功能：用二进制方式，从文件中的指定的位置开始写入所给变量长度的数据。

说明：

(1) FileNumber 是以二进制方式打开的文件号。

(2) Pos 用来指定写操作发生时的字节位置，若省略，则使用当前文件指针位置。

(3) Var 是用来存放写入的数据的变量。该语句会自动根据 Var 变量包含的字节长度写入文件，如果 Var 是一个可变长度的字符串变量，则传送的字节数等于 Var 中目前的字节数。

11.4.3 读文件

读写二进制文件的方法和读写随机文件的方法基本相同，语句如下：

格式：

```
Get [#]fileNumber,[Pos], Var
```

功能：用二进制方式，从文件中的指定的位置开始读取所给变量长度的数据。

说明：

(1) FileNumber 是以二进制方式打开的文件号。

(2) Pos 用来指定读写操作发生时的字节位置，若省略，则使用当前文件指针位置。

(3) Var 是用来存放读出的数据的变量。Get 语句会自动根据 Var 变量包含的字节长度读取适当的文件，如果 Var 是一个可变长度的字符串变量，则传送的字节数等于 Var 中目前的字节数。对于文件长度的判断可以使用 Lof()函数，Eof()函数检查文件的结尾位置。

【例 11-7】 复制 student. txt 文件内容到 student1. txt 文件中。

【解析】 程序代码如下：

```
Dim ar As String * 1, i As Integer
Open "c:\student.txt" For Binary As #1
Open "c:\student2.txt" For Binary As #2
For i=1 To LOF(1)
  Get #1, , ar
  Put #2, , ar
Next i
Close #1, #2
```

习　题

1. 填空题

(1) 按照访问模式分类，Visual Basic 提供的对数据文件的三种访问方式为随机访问方式、________和二进制访问方式。

(2) 以下程序的功能是把当前目录下的顺序文件 smtext 的内容读入内存，并在文本框 text1 中显示出来。

```
Private Sub Command1_Click( )
    Dim inData as string
    Text1.text=""
    Open ".\smtext.txt"________ as # 1
    Do while ________
        Input #1, inData
        Text1.text=text1.text & inData
    Loop
    Close #1
End Sub
```

(3) 能判断是否到达文件尾的函数是________。

(4) 在 Visual Basic 中，顺序文件的读操作通过________、________语句或________

函数实现。随机文件的读写操作分别通过________和________语句实现。

(5) 在 Visual Basic 中，随机文件使用 Put 语句写数据，使用________语句读数据。

(6) 为了向 text.dat 文件中添加数据，首先应该打开该文件，打开文件 text.dat 应该使用的语句是________。

(7) 假设利用 Open 语句打开了文件号为 2 的文件 test.txt，那么关闭该文件应该使用的语句是________。

(8) 在窗体上画一个命令按钮，然后编写如下代码：

```
Private type record
    ID as integer
    Name as string * 20
End type
Private Sub Command1_Click()
    Dim maxsize,nextchar,mychr
    Open "d:\vb\tt.txt" for input as #1
    Maxsize=LOF(1)
    For nextchar=maxsize to 1 step-1
        Seek #1, nextchar
        Mychar=input(1,#1)
    Next nextchar
    Print EOF(1)
    Close #1
End Sub
```

假设文件 d:\vb\tt.txt 的内容为"1"，那么程序运行后，单击命令按钮，其输出结果为________。

2. 简答题

(1) 什么是文件？文件分几类？各是什么？

(2) 顺序文件、随机文件、二进制文件之间有什么异同点？

(3) 顺序文件的读写函数有哪些？分别解释其功能和参数。

(4) 随机文件的读写函数有哪些？分别解释其功能和参数。

(5) 二进制文件的读写函数有哪些？分别解释其功能和参数。

第12章 数据库应用

Visual Basic 提供了强大的数据库支持，利用 Visual Basic 操作数据库非常简单。本章介绍数据库的基本概念和基本知识、Visual Basic 连接数据库的基本方法起到抛砖引玉的作用。

12.1 数据库设计基础

12.1.1 数据库的概念

简单地说，按照数据结构来组织、存储和管理数据的仓库就是数据库。例如，人事部门将职工的基本情况(职工号、姓名、年龄、性别、籍贯、工资、简历等)存放在一张表中。这张表就可以看做一个数据库，可以根据需要随时查询某职工的基本情况，也可以查询工资在某个范围内的职工人数等信息。

12.1.2 关系模型

一个典型的关系型数据库通常由一个或多个被称作表格的对象组成。数据库中的所有数据或信息都被保存在这些数据库表格中。数据库中的每一个表格都具有自己唯一的表格名称，都是由行和列组成，其中每一列包括了该列名称、数据类型，以及列的其他属性等信息，而行则具体包含某一列的记录或数据。例如，某学校的学生关系就是一个二元关系，如图 12.1 所示。

name	sex	qq	tele	school
周黎明	男	9828322	88765238	西安交通大学
何明明	女	8876542	99887645	山西师范大学

图 12.1 表的结构

作为一个关系的二维表，必须满足以下条件：

(1) 表中每一列必须是基本数据项(即不可再分解)。

(2) 表中每一列必须具有相同的数据类型(例如字符型或数值型)。

(3) 表中每一列的名字必须是唯一的。

(4) 表中不应有内容完全相同的行。

(5) 行的顺序与列的顺序不影响表格中所表示的信息的含义。

12.1.3　Access 数据库

下面介绍简单的关系型 Access 数据库。Access 是 Office 一套软件中用来专门管理数据库的应用软件,作为一个功能强大而且易于使用的桌面关系型数据库管理系统和应用程序生成器。Access 使用标准的结构化查询语言作为它的数据库语言,提供强大的数据处理能力。

Access 数据库中包含表、查询、窗体、报表、宏、模块以及数据访问页。不同于传统的桌面数据库(dBase、FoxPro、Paradox), Access 数据库使用单一的 *.mdb 文件管理所有的信息。

在 Access 中可以按下列步骤来创建数据库:

(1) 创建数据库 student.mdb,如图 12.2 所示。

(2) 创建"学生成绩表",通过设计器或者向导都可以创建,如图 12.3 所示。

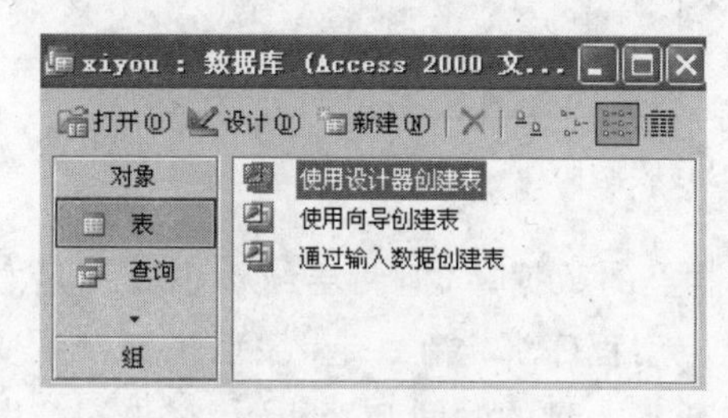

图 12.2　创建数据库

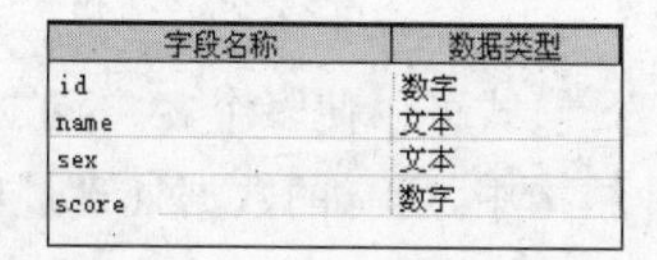

字段名称	数据类型
id	数字
name	文本
sex	文本
score	数字

图 12.3　"学生成绩表"的表结构

通过 Access 对"学生成绩表"输入相关的记录,如图 12.4 所示。

id	name	sex	score
001	张合	男	78
002	黎晓轩	女	89

图 12.4　对表进行操作

12.2　Visual Basic 与数据库的连接

从应用角度来看,最初软件应用在单机上,随着网络技术的应用,逐步发展到以客户机/服务器(C/S)模式为主的分布式应用。

在计算机诞生和应用的初期,计算时所需要的数据和程序都是集中在一台计算机上进行,称之为集中式计算,这种集中式计算往往发展成一种由大型机和多个与之相连的终端组成的网络结构。当支持大量用户时,大型机自顶向下的维护和管理方式显示出集中式处理的优越性。它具有安全性好、可靠性高、计算能力和数据存储能力强以及系统维护和管理的费用较低等优点。但是它也存在着一些明显的缺点,如大型机的初始投资较大、可移植性差、资源利用率低以及网络负载大等。

随着微型计算机和网络的发展，数据和应用逐渐转向了分布式，即数据和应用程序跨越多个节点，形成了新的计算模式，这就是 C/S(Client/Server，客户机/服务器)计算模式。这是一种典型的两层计算模式。C/S 计算模式将应用一分为二：前端是客户机，几乎所有的应用逻辑都在客户端进行和表达，客户机完成与用户的交互任务。后端是服务器，它负责后台数据的查询和管理、大规模的计算等服务。通常客户端的任务比较繁重，称作“肥”客户端，而服务器端的任务较轻，称作“瘦”服务器。

在 C/S 体系结构中，通常很容易将客户机和服务器理解为两端的计算机。但事实上，“客户机”和“服务器”在概念上更多的是指软件，是指两台机器上相应的应用程序，或者说是“客户机进程”和“服务器进程”。C/S 模式的结构如图 12.5 所示。

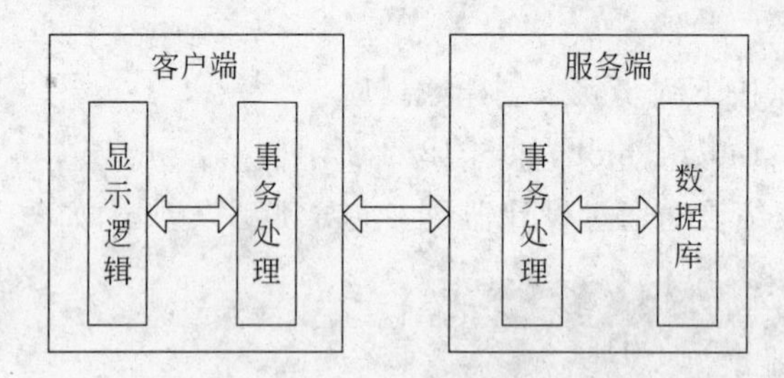

图 12.5　C/S 模式结构

C/S 模式可以使多个客户同时访问服务器上的数据库，但两层结构也有不足之处：在这种结构中，所有的数据处理规则都与单个应用程序绑定在一起，一旦规则发生变化，必须重新修改和发布客户端的应用程序，这将耗费大量的时间和费用，使客户端的发布、维护等过程都十分困难。因此，这种方式较难以适应大规模分布式应用的要求。

C/S 模式的客户端和服务器端分别采用不同的技术实现。客户端可以采用 Visaul Basic、PowerBuilder、C、Delphi 等计算机编程语言，服务器端可以采用各种数据库，如 Access、SQL Server 2000、MySQL、Sybase 等数据库。

Visual Basic 和 Access 的连接模式如图 12.6 所示，其中，数据库采用 Access 数据库存储数据，采用 Viisual Basic 中的绑定控件用于显示从数据库中检索数据，采用 Visual Basic 的数据控件用于绑定控件与数据库的通信。

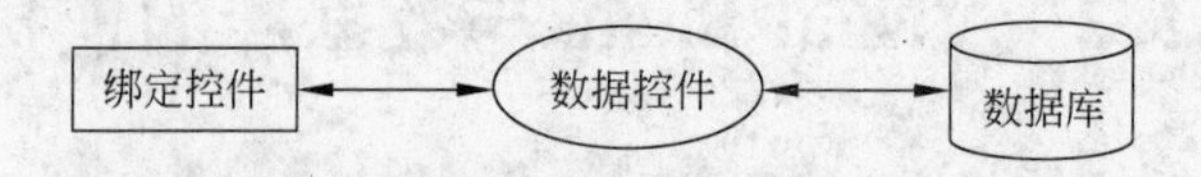

图 12.6　绑定控件、数据控件和数据库之间的关系

绑定控件作为客户端，数据库作为服务器，两者联系是通过数据控件。下面通过一个简单的例子来说明 Visual Basic 6.0 如何与数据库连接。

12.2.1　创建数据库

按照数据库的操作，在 E 盘根目录下创建 student.mdb，如图 12.3 所示。

12.2.2 数据控件

数据库建立好之后，下面设置数据控件。Visual Basic 的数据控件有 Data 控件和 ADO 控件两种。

1. Data 控件

Data 控件是 Visual Basic 6.0 中的一个内置数据控件，可以通过设置 Data 控件的 connect、DatabaseName、RecordSource 属性实现对数据库的连接和访问。

通过 Data 控件连接数据库的方法有两种：

一种方法是在设计状态时，在"属性窗口"中将 Data 控件的 connect 属性的缺省值设置为 Access，如图 12.7 所示。

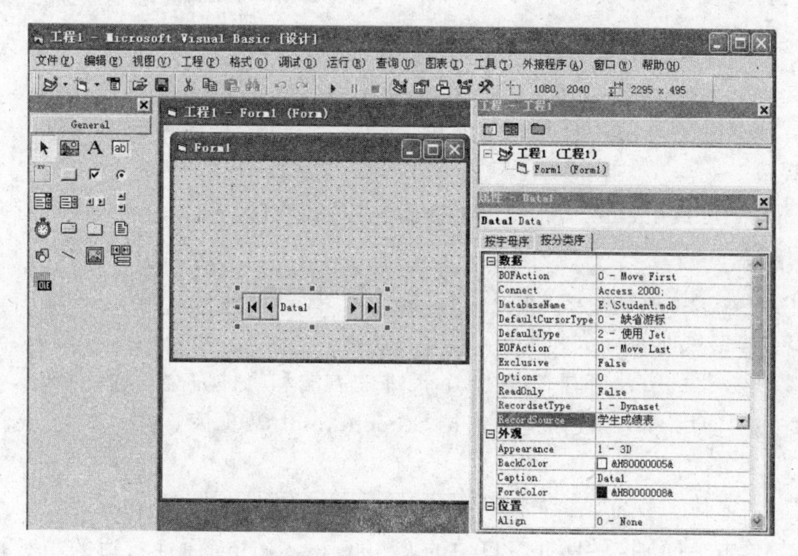

图 12.7 Data 控件

另一种方法是在运行时，通过代码对 connect 属性赋值来实现。如：

```
Data1.connect="Access2000"
Data1.DatabaseName="E: \student.mdb"
Data1.RecordSource="学生成绩表"
```

2. ADO 控件

ADO 控件的使用，必须先通过"工程|部件"菜单命令选择 Microsoft ADO Data Control 6.0(OLEDB)选项，将 ADO 数据控件添加到工具箱，如图 12.8 所示。

1）ADO 数据控件的基本属性

（1）ConnectionString 属性：ADO 控件没有 DatabaseName 属性，它使用 ConnectionString 属性与数据库建立连接。该属性包含了用于与数据源建立连接的相关信息。

（2）RecordSource 属性：确定具体可访问的数据，这些数据构成记录集对象

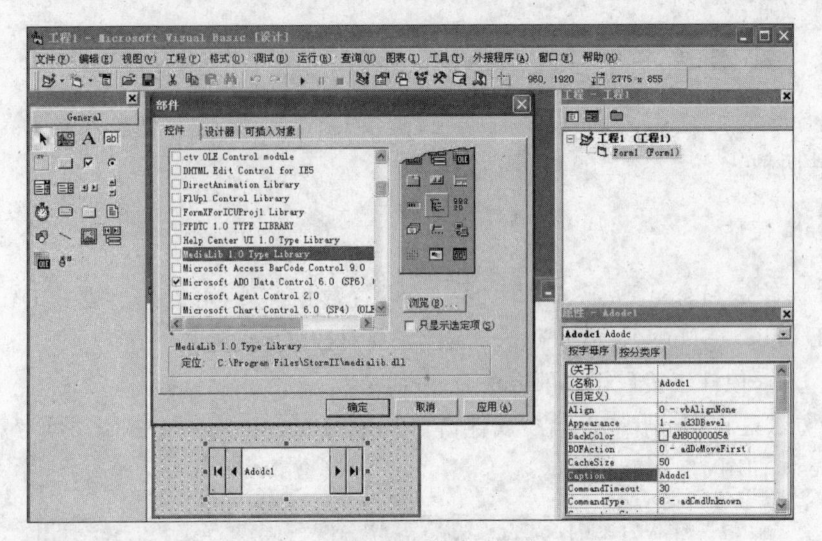

图 12.8 ADO 控件

Recordset。该属性值可以是数据库中的单个表名，也可以是使用 SQL 查询语言的一个查询字符串。

(3) ConnectionTimeout 属性：用于数据连接的超时设置，若在指定时间内连接不成功显示超时信息。

(4) MaxRecords 属性：定义从一个查询中最多能返回的记录数。

2) ADO 数据控件的方法和事件

ADO 数据控件的方法和事件与 Data 控件的方法和事件完全一样。

【例 12-1】 使用 ADO 数据控件连接 Student.mdb 数据库。

【解析】 步骤如下：

步骤 1：在窗体上放置 ADO 数据控件，控件名采用默认名称 Adodc1。

步骤 2：单击 ADO 控件属性窗口中的 ConnectionString 属性右边的"…"按钮，弹出"属性页"对话框，如图 12.9 所示。在该对话框中允许通过三种不同的方式连接数据源。

- "使用连接字符串"只需要单击"生成"按钮，通过选项设置自动产生连接字符串。
- "使用 Data Link 文件"表示通过一个连接文件来完成。
- "使用 ODBC 数据资源名称"可以通过下拉列表框，选择某个创建好的数据源名称(DSN)，作为数据来源对远程数据库进行控制。

步骤 3：采用"使用连接字符串"方式连接数据源。单击"生成"按钮，打开"数据链接属性"对话框。在"提供者"选项卡内选择一个合适的 OLE DB 数据源，如图 12.10 所示。然后单击"下一步"按钮或打开"连接"选项卡，在对话框内指定数据库文件，如图 12.11 所示。为保证连接有效，可单击"连接"选项卡右下方的"测试连接"按钮，如果测试成功，则关闭 ConnectionString 属性页。

步骤 4：单击 ADO 控件属性窗口中的 RecordSource 属性右边的"…"按钮，弹出记录源"属性页"对话框。在"命令类型"下拉列表框中选择 2-adCmdTable，在"表或存储过程名称"下拉列表框中选择"学生成绩表"，如图 12.12 所示。

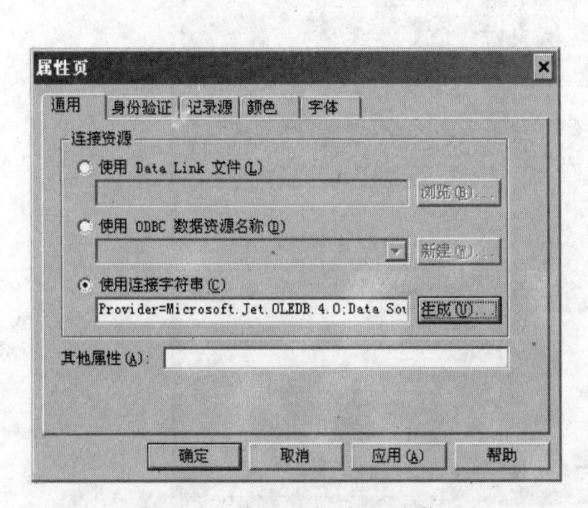

图 12.9 修改数据库连接信息

图 12.10 选择 OLE DB 数据源

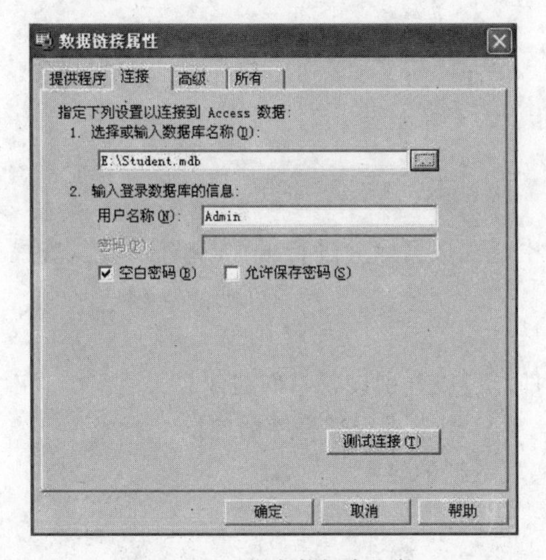

图 12.11 指定数据库文件

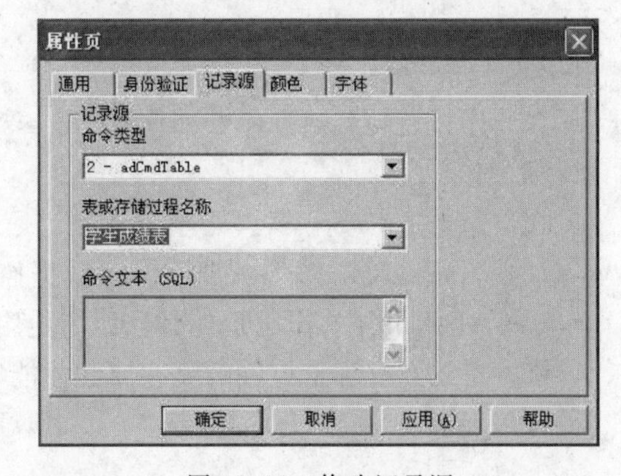

图 12.12 修改记录源

12.2.3 绑定控件

数据控件本身不能直接显示记录集中的数据,必须通过绑定控件来实现。与 Data 数据控件或 ADO 数据控件绑定的控件有文本框、标签、图像框、图形框、列表框、组合框、复选框、网格等控件。

将这些控件绑定在 Data 数据控件或 ADO 数据控件上,必须设置如下两个属性:

(1) DataSource 属性:通过指定一个有效的数据控件连接到一个数据库上。

(2) DataField 属性:设置数据库有效的字段与绑定控件建立联系。

如图 12.13 所示,文本框的 DataSource 属性连接到数据控件 Data1 数据控件上,DataField 属性设计“学生成绩表”的相关的字段,如姓名。

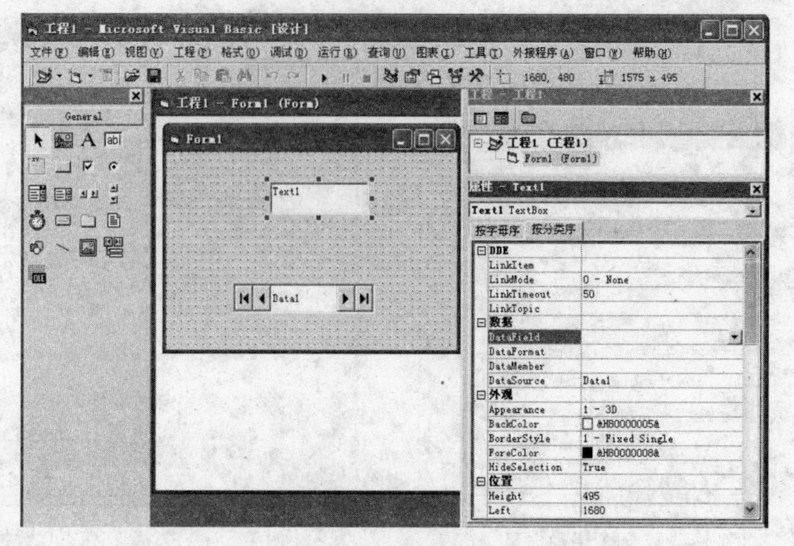

图 12.13 修改文本框的 DataSource 和 DataField 属性

习 题

简答题

(1) 什么是关系数据库？如何在 Access 中建立数据库并进行增加、删除、修改、查找记录的操作？

(2) 什么是 C/S 模式？

(3) Visual Basic 6.0 提供了几种数据控件？可以分别设置它们的什么属性？

(4) ADO 组件的作用是什么？如何使用 ADO 组件进行数据库的连接？

(5) 需要修改绑定控件的哪些属性才能实现数据的显示？

第13章 计算机认证考试

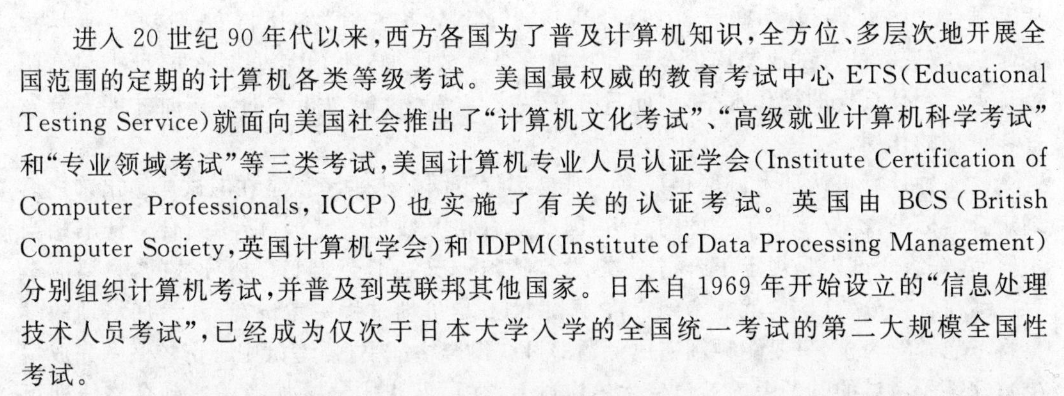

进入20世纪90年代以来，西方各国为了普及计算机知识，全方位、多层次地开展全国范围的定期的计算机各类等级考试。美国最权威的教育考试中心ETS(Educational Testing Service)就面向美国社会推出了“计算机文化考试”、“高级就业计算机科学考试”和“专业领域考试”等三类考试，美国计算机专业人员认证学会(Institute Certification of Computer Professionals, ICCP)也实施了有关的认证考试。英国由BCS(British Computer Society，英国计算机学会)和IDPM(Institute of Data Processing Management)分别组织计算机考试，并普及到英联邦其他国家。日本自1969年开始设立的“信息处理技术人员考试”，已经成为仅次于日本大学入学的全国统一考试的第二大规模全国性考试。

近年来，我国大力设立或引进了各类计算机考试，例如：中国计算机软件专业技术资格和水平考试、全国计算机信息高新技术考试、全国计算机等级考试、国家级INTERNET证书培训考试、剑桥信息技术(CIT)证书考试、全国计算机应用技术证书考试等。

13.1 各类计算机认证考试

根据参加考试的人数、考试合格证书的效力以及社会对考试的认同程度，计算机认证考试中最有影响力的有以下4种：

(1) 中国计算机软件专业技术资格和水平考试(简称水平考试)；

(2) 全国计算机等级考试(简称等级考试)；

(3) 全国计算机应用技术证书考试(简称NIT)；

(4) 全国计算机信息高新技术考试(简称OSTA)。

下面是有关这4种考试的比较。

水平考试是原国家人事部和信息产业部组织的考试，由全国统一规定、统一考纲、统一试题、统一时间、统一评分标准和统一合格录取标准，而且只有笔试，考试合格发合格证书；等级考试和水平考试一样是全国“统考”，所不同的是它由教育部组织，考试在上、下半年各考一次，考试方式分笔试及上机考试两项；NIT和OSTA侧重于对应试者能力的检测，前者由教育部组织，后者则由人力资源和社会保障部组织。

在这4种计算机认证考试中，只有等级考试将证书分为两类，一类是普通的合格证书，另一类是优秀证书("优秀"指笔试在90分以上，机试满分)。这4种认证考试的证书都是全国有效。

水平考试的合格证书是职称评定的有力依据，拥有水平考试的合格证书容易找到一份满意的工作，因此水平考试的合格证书不容易获得；等级考试的合格证书仅说明持证者通过何种考试，仅供用人单位参考用，对计算机操作要求不是特别高的岗位，等级考试合格证书能让单位相信持证者的能力，而且很多部门都要求公务员必须持有等级考试(二级)的合格证书。另外，等级考试证书还有一项其他计算机认证考试所不具备的作用，凡持有等级考试证书者，参加自学考试时可申请免考高数、会计等22个专业的"计算机应用基础(A)上机"课程(标准号3016)，且从1999年起，各主考学校不再安排这些专业课程的考试，该课程的考试成绩均由全国计算机等级考试取得。NIT考试的合格证书只证明持证者达到什么样的操作水平，因此只有在寻找与持证者能力相关的工作时才能充分发挥该证书的作用。

这4种计算机认证考试取得证书的难易程度不同。水平考试是在考试成绩出来之后划定合格标准，类似于每年一度的高考，因此对合格人数把关甚严，能拿到合格证书相当不容易，等级考试则是规定了合格分数，没有特殊情况是不会改变合格分数的，只要应试者成绩在合格分数以上，就能拿到合格证书；NIT是培训过程中考试，直到参加培训的学员将考题做对为止，只要能顺利完成考题即可获得合格证书(需考试中心审核试题完成情况)；OSTA考试的试题考前就已经发给应试者(在试题集中)，参加考试达到合格线即可获得证书。除NIT是开卷考试外，其他三种均是闭卷考试。

13.2 全国计算机等级考试

13.2.1 考试性质

全国计算机等级考试是经教育部批准，由教育部考试中心主办，用于考查应试人员计算机应用知识与能力的等级水平考试。

13.2.2 组织机构

教育部考试中心聘请全国著名计算机专家组成的"全国计算机等级考试委员会"，负责设计考试方案，审定考试大纲，制定命题原则，指导和监督考试的实施。教育部考试中心负责实施考试，制定有关规章制度，编写考试大纲及相应的辅导材料，命制试卷、答案及评分标准，研制考试必需的计算机软件，开展考试研究和宣传等。教育部考试中心在各省(自治区、直辖市)设立省级承办机构负责本地考试的宣传、推广和实施，根据规定设置考点、组织评卷、颁发合格证书等。省级承办机构下设考点负责考生的报名、纸笔考试、上机考试及相关的管理工作，发放成绩通知单和转发合格证书。

13.2.3 证书作用

全国计算机等级考试一级证书表明持有人具有计算机的基础知识和初步应用能力，

掌握字表处理(Word)、电子表格(Excel)和演示文稿(PowerPoint)等办公自动化(Office)软件的使用及因特网(Internet)应用的基本技能,具备从事机关、企事业单位文秘和办公信息计算机化工作的能力。

二级证书表明持有人具有计算机基础知识和基本应用能力,能够使用计算机高级语言编写程序和调试程序,可以从事计算机程序的编制工作、初级计算机教学培训工作以及计算机企业的业务和营销工作。

三级"PC技术"证书,表明持有人具有计算机应用的基础知识,掌握Pentium微处理器及PC计算机的工作原理,熟悉PC常用外部设备的功能与结构,了解Windows操作系统的基本原理,能使用汇编语言进行程序设计,具备从事机关、企事业单位PC使用、管理、维护和应用开发的能力;三级"信息管理技术"证书,表明持有人具有计算机应用的基础知识,掌握软件工程、数据库的基本原理和方法,熟悉计算机信息系统项目的开发方法和技术,具备从事管理信息系统项目和办公自动化系统项目开发和维护的基本能力;三级"数据库技术"证书,表明持有人具有计算机应用的基础知识,掌握数据结构、操作系统的基本原理和技术,熟悉数据库技术和数据库应用系统项目开发的方法,具备从事数据库应用系统项目开发和维护的基本能力;三级"网络技术"证书,表明持有人具有计算机网络通信的基础知识,熟悉局域网、广域网的原理以及安全维护方法,掌握因特网应用的基本技能,具备从事机关、企事业单位组网、管理以及开展信息网络化的能力。

四级证书表明持有人掌握计算机的基础理论知识和专业知识,熟悉软件工程、数据库和计算机网络的基本原理和技术,具备从事计算机信息系统和应用系统开发和维护的能力。

13.2.4　相关学习网站

(1) 全国计算机等级考试:http://www.ncre.cn/ncre_new。

(2) 全国计算机等级考试官方论坛:http://bbs.ncre.cn。

(3) 全国计算机等级考试网—无忧考试吧:http://www.wyks8.com/ncre。

(4) 全国计算机等级考试(NCRE)网:http://www.51test.net/ncre。

(5) 江苏省计算机等级考试历年真题:http://sjweb.hhit.edu.cn/vbweb/test。

(6) 考试吧—计算机等级考试第一门户:2008年9月计算机等级考试试题答案,http://www.exam8.com/computer/djks。

(7) 考试试题网—搜集自考、成考、英语计算机及职业考试试题、笔记与信息的网站:http://www.ksstw.com/Main/index.asp。

(8) IT认证考试网:http://www.itrz.cn。

(9) 中国IT考试论坛:http://bbs.cnitexam.com。

13.3 全国计算机二级考试

13.3.1 考试科目

全国计算机等级考试二级 7 个科目。二级科目分成两类，一类是语言程序设计(C、C++、Java、Visual Basic、Delphi)，另一类是数据库程序设计(Visual FoxPro、Access)。

考核内容：二级定位为程序员，考核内容包括公共基础知识和程序设计。所有科目对基础知识作统一要求，使用统一的公共基础知识考试大纲和教程。二级公共基础知识在各科笔试中的分值比重为 30%。程序设计部分的比重为 70%，主要考查考生对程序设计语言使用和编程调试等基本能力。

考试形式：二级所有科目的考试仍包括笔试和上机考试两部分。所有二级科目的笔试时间为 90 分钟，上机时间为 90 分钟。

二级各科目上机考试应用软件为：中文专业版 Access 2000、中文专业版 Visual Basic 6.0、中文专业版 Visual FoxPro 6.0、中文专业版 Visual C++ 6.0，Java 专用集成开发环境"NetBeans 中国教育考试版 2007"、中文专业版 Delphi 7.0。

13.3.2 考试要求

全国计算机等级"二级"考试由"二级公共基础知识"和"程序设计"两大部分组成，考试内容严格按照"宽口径、厚基础"的原则设计，主要测试考生对该学科的基础理论、基本知识和基本技能的掌握程度，以及运用所学理论和知识解决实际问题的能力。

1. 基本的理论基础

理论基础是指理论的基本概念、理论的基本原理和理论的基本知识点。"二级"考试中，概念性的知识点比较多，特别是公共基础知识部分。这一类型的题目一般考查学生是否理解教材中的概念。

2. 熟练的操作技能

"二级"考试注重对程序设计实际操作能力的考查，要求考生运用所学理论知识解决实际问题。"二级"考试考核的主要内容就是程序设计的基本操作和综合应用。

3. 较强的综合运用能力

所谓综合运用能力，是指把所学理论知识和操作技能综合起来，并能在实际应用中加强对这些知识的熟练掌握。

13.3.3 题型分析

理论试卷的题型由选择题和填空题组成。选择题和填空题一般是对基本知识和基本操作进行考查的题型，它主要是测试考生对相关概念的掌握、理解是否准确、认识是否全面、思路是否清晰，而很少涉及对理论知识的应用。上机考试主要考查考生对编程语言的掌握情况。具体地说，考试时应注意以下几个方面：

1. 选择题分析

选择题为单选题，是客观性试题，每道题的分值为2分，试题覆盖面广，一般情况下考生不可能做到对每个题目都有把握答对。这时，考生需要学会放弃，先易后难，对不确定的题目不要花费太多的时间，二级笔试题目众多，分值分散，考生一定要有全局观，合理地安排考试时间。

绝大多数选择题的设问是正确观点，称为正面试题；如果设问是错误观点，称为反面试题。考生在作答选择题时可以使用一些答题方法，以提高答题准确率。

(1) 正选法(顺选法)：如果对答案中的4个选项，一看就能肯定其中的1个是正确的，就可以直接得出答案。注意，必须要有百分之百的把握才行。

(2) 逆选法(排谬法)：逆选法是将错误答案排除的方法。对答案中的4个选项，知道其中的1个(或2个、3个)是错误的，可以使用逆选法，即排除错误选项。

(3) 比较法(蒙猜法)：这种办法是没有办法的办法。

2. 填空题分析

填空题一般难度都比较大，一般需要考生准确地填入字符，往往需要非常精确，错一个字也不得分。作答填空题时要注意以下几点：

(1) 答案要写得简洁明了，尽量使用专业术语。

(2) 认真填写答案，字迹要工整、清楚，格式要正确，在把答案往答题卡上填写后尽量不要涂改。

(3) 答题卡上填写答案时，一定要注意题目的序号，不要弄错位置。

(4) 对于那些有两种答案的填空题，只需填一种答案就可以了，多填并不多给分。

3. 上机试题分析

上机考试重点考查考生的基本操作能力和程序编写能力，要求考生具有综合运用基础知识进行实际操作的能力。上机试题综合性强、难度较大。上机考试的评分是以机评为主，人工复查为辅。

上机考试应注意以下几点：

(1) 对于上机考试的复习，切不可“死记硬背”。考生一定要在熟记基本知识点的基础上，加强编程训练，加强上机训练，从历年试题中寻找解题技巧，理清解题思路，将各种程序结构反复练习。

(2) 在考前，一定要重视等级考试模拟软件的使用。在考试之前，应使用等级考试模拟软件进行实际的上机操作练习，尤其要做一些具有针对性的上机模拟题，以便熟悉考试题型，体验真实的上机环境。

(3) 学会并习惯使用帮助系统。每个编程软件都有较全面的帮助系统，熟练掌握帮助系统，可以使考生减少记忆量，解决解题中的疑难问题。

4. 理论考试综合应试分析

(1) 注意审题。命题人出题是有针对性的，考生在答题时也要有针对性。在解答之前，除了要弄清楚问题，还有必要弄清楚命题人的意图，从而能够针对问题从容做答。

(2) 先分析，后下笔。明白了问题是什么以后，先把问题在脑海里过一遍，考虑好如何做答后，再依思路从容做答。

(3) 对于十分了解或熟悉的问题，切忌粗心大意，而应认真分析，识破命题人设下的障眼法，针对问题，清清楚楚地写出答案。

(4) 对于不确定的题目，要静下心来，先弄清命题人的意图，再根据自己已掌握的知识的"蛛丝马迹"综合考虑，争取多拿分。

(5) 对于偶尔碰到的、以前没有见到过的问题或是虽然在复习中见过但已完全记不清的问题，也不要惊慌，关键是要树立信心，将自己的判断同书本知识联系起来做答。

(6) 对于完全陌生的问题，实在不知如何根据书本知识进行解答时，就可完全放弃书本知识，用自己的思考和逻辑推断作答。由于这里面有不少猜测的成分，能得几分尚不可知，故不可占用太多的时间。

(7) 理论考试时应遵循的大策略应该是：确保选择，力争填空。

总之，考试要取得好成绩，从根本上取决于考生对应试内容掌握的扎实程度。在比较扎实地掌握了应试内容的前提下，了解一些应试的技巧则能起到使考试成绩锦上添花的作用。

13.3.4 应试技巧

针对考试大纲和考试要求进行复习，应注意以下几个方面。

1. 牢固、清晰地掌握基本知识和理论

"二级"考试的重点是实际应用和操作，但其前提条件是对基本知识点的掌握。那么，考生正确地理解基本概念和原理便是通过考试的关键，应注意以下三点的复习：

(1) 在复习过程中要注意总结，只有通过综合比较、总结提炼才容易在脑海中留下清晰的印象和轮廓；

(2) 对一些重要概念的理解要准确，尤其是一些容易混淆的概念；

(3) 通过联想记忆复习各考点，Visual Basic 的知识点是相互联系的。

2. 选择的习题要有针对性，切不可进行"题海战术"

考生应根据考试大纲，在复习时适当地做一些与"二级"考试题型相同的题。研究过去、认识现在无疑是通过考试的一个重要的规律和诀窍，这么做可以使考生较快地熟悉考试题型，掌握答题技巧，从而能在最短的时间内收到最明显的效果，将往年习题进行适当分类整理，要通过做题掌握相关的知识点，要真正做到“举一反三”。

3. 复习笔试，上机实践

复习笔试中有关程序设计的题目的最佳方法是上机操作，把程序在计算机上进行调试运行。

13.4 全国计算机 Visual Basic 考试

13.4.1 考试题型及分值

全国计算机等级考试二级 Visual Basic 语言试卷笔试满分 100 分，其中含公共基础知识部分的 30 分。全国计算机等级考试二级 Visual Basic 语言上机满分为 100 分，共有三种类型考题。

1. 基本操作题(2 小题，第 1、2 小题各 15 分，共 30 分)

基本操作题一般考核 Visual Basic 中最基本的操作。考核内容包括：窗体的结构与属性、控件的画法、标签控件、菜单编辑器等。

2. 简单应用题(2 小题，每小题各 20 分，共 40 分)

简单应用题考核范围最广，难度也不一样。如字符串函数等多种系统函数运用、运算符与表达式、InputBox 函数和 MsgBox 函数、常用控件的属性与方法等。

3. 综合应用题(1 小题，共 30 分)

综合应用题主要考核数据类型、字符串函数、运算符和表达式、文本框控件、按钮控件、单选按钮控件、列表框控件、计时器控件、控件数组、鼠标和键盘事件过程、对话框控件。这几类知识点在整个题库占 85%以上。

13.4.2 考试大纲及考试重点

全国计算机等级考试二级 Visual Basic 语言中公共基础知识大纲如下：

(1) 掌握算法的基本概念；

(2) 掌握基本数据结构及其操作；

(3) 掌握基本排序和查询算法；

(4) 掌握逐步求精的结构化程序设计方法；

(5) 掌握软件工程的基本方法，具有初步应用相关技术进行软件开发的能力；

(6) 掌握数据的基本知识，了解关系数据库的设计。

公共基础知识部分具体考核内容如表 13.1 所示。

二级 Visual Basic 程序设计语言考核大纲如下：

(1) 熟悉 Visual Basic 集成开发环境。

表 13.1　公共基础知识部分具体考核内容

知识点	重　点　内　容
算法	算法的定义、算法的时间复杂度和空间复杂度
数据结构	数据的逻辑结构和存储结构,了解数据、线性和非线性的概念
栈和队列	掌握线性表、栈和队列的各自特点,能区分各自概念和操作
链表	链表的相关概念和基本操作
树	掌握二叉树的基本概念,以及 3 种遍历方法:先序遍历、中序遍历和后序遍历
排序算法	重点掌握冒泡排序和快速排序的算法,以及各种排序算法的特点
面向对象程序设计	掌握对象、类、方法等概念,以及它们之间的相互关系
软件工程	了解软件的定义和特点,理解软件生命周期、软件过程等概念
结构化设计方法	了解总体设计的具体内容
软件测试	软件测试的目的、准则等概念
程序调试	了解强行排错法、回溯法和原因排除法
数据模型	了解 E-R 图、关系完整性等概念

(2) 了解 Visual Basic 中对象的概念和事件驱动程序的基本特性。

(3) 了解简单的数据结构和算法。

(4) 能够编写和调试简单的 Visual Basic 程序。

程序设计语言具体考核内容如表 13.2 所示。

表 13.2　Visual Basic 程序设计语言具体考核内容

知识点	重点内容	知识点	重点内容
Visual Basic 程序开发环境	1. Visual Basic 的特点和版本。 2. Visual Basic 的启动与退出。 3. 主窗口: (1) 标题和菜单。 (2) 工具栏。 4. 其他窗口: (1) 窗体设计器和工程资源管理器。 (2) 属性窗口和工具箱窗口。	数据类型及运算	1. 数据类型: (1) 基本数据类型。 (2) 用户定义的数据类型。 2. 常量和变量: (1) 局部变量和全局变量。 (2) 变体类型变量。 (3) 缺省声明。 3. 常用内部函数。 4. 运算符和表达式: (1) 算术运算符。 (2) 关系运算符和逻辑运算符。 (3) 表达式的执行顺序。
对象及其操作	1. 对象: (1) Visual Basic 的对象。 (2) 对象属性设置。 2. 窗体: (1) 窗体的结构与属性。 (2) 窗体事件。 3. 控件: (1) 标准控件。 (2) 控件的命名和控件值。 4. 控件的画法和基本操作。 5. 事件驱动。	数据输入输出	1. 数据输出: (1) Print 方法。 (2) 与 Print 方法有关的函数(Tab,Spc,Space \$)。 (3) 格式输出(Format \$)。 2. InputBox 函数。 3. MsgBox 函数和 MsgBox 语句。 4. 字形。 5. 打印机输出: (1) 直接输出。 (2) 窗体输出。

续表

知识点	重点内容
常用标准控件	1. 文本控件： (1) 标签。 (2) 文本框。 2. 图形控件： (1) 图片框、图像框的属性、事件和方法。 (2) 图形文件的装入。 (3) 直线和形状。 3. 按钮控件。 4. 选择控件：复选框和单选按钮。 5. 选择控件：列表框和组合框。 6. 滚动条。 7. 计时器。 8. 框架。 9. 焦点和 Tab 顺序。
控制结构	1. 选择结构： (1) 单行结构条件语句。 (2) 块结构条件语句。 (3) IIf 函数。 2. 多分支结构。 3. For 循环控制结构。 4. 当循环控制结构。 5. Do 循环控制结构。 6. 多重循环。
数组	1. 数组的概念： (1) 数组的定义。 (2) 静态数组和动态数组。 2. 数组的基本操作： (1) 数组元素的输入、输出和复制。 (2) ForEach…Next 语句。 (3) 数组的初始化。 3. 控件数组。
过程	1. Sub 过程： (1) Sub 过程的建立。 (2) 调用 Sub 过程。 (3) 调用过程和事件过程。 2. Function 过程： (1) Function 过程的定义。 (2) 调用 Function 过程。 3. 参数传送： (1) 形参与实参。 (2) 引用。 (3) 传值。 (4) 数组参数的传送。
过程	4. 可选参数和可变参数。 5. 对象参数： (1) 窗体参数。 (2) 控件参数。
菜单和对话框	1. 用菜单编辑器建立菜单。 2. 菜单项的控制： (1) 有效性控制。 (2) 菜单项标记。 (3) 键盘选择。 3. 菜单项的增减。 4. 弹出式对话框。 5. 通用对话框。 6. 文件对话框。 7. 其他对话框(颜色、字体、打印对话框)。
多重窗体与环境应用	1. 建立多重窗体应用程序。 2. 多重窗体程序的执行与保存 3. Visual Basic 工程结构： (1) 标准模块。 (2) 窗体模块。 (3) SubMain 过程。 4. 闲置循环与 DoEvents 语句。
键盘与鼠标事件过程	1. KeyPress 事件。 2. KeyDown 事件和 KeyUp 事件。 3. 鼠标事件。 4. 鼠标光标。 5. 拖放。
数据文件	1. 文件的结构与分类。 2. 文件操作语句和函数。 3. 顺序文件： (1) 顺序文件的写操作。 (2) 顺序文件的读操作。 4. 随机文件。 (1) 随机文件的打开与读写操作。 (2) 随机文件中记录的增加与删除。 (3) 用控件显示和修改随机文件。 5. 文件系统控件： (1) 驱动器列表框和目录列表框。 (2) 文件列表框。 6. 文件基本操作。

13.4.3 模拟试题及答案

模拟试题一

一、选择题(每小题2分,共70分)

下列各题A、B、C、D四个选项中,只有一个选项是正确的。请将正确选项填涂在答题卡相应位置上,答在试卷上不得分。

(1) 下列叙述中正确的是(　　)。

A) 程序设计就是编制程序

B) 程序的测试必须由程序员自己去完成

C) 程序经调试改错后还应进行再测试

D) 程序经调试改错后不必进行再测试

(2) 在结构化程序设计中,模块划分的原则是(　　)。

A) 各模块应包括尽量多的功能

B) 各模块的规模应尽量大

C) 各模块之间的联系应尽量紧密

D) 模块内具有高内聚度、模块间具有低耦合度

(3) 下列关于栈的描述正确的是(　　)。

A) 在栈中只能插入元素而不能删除元素

B) 在栈中只能删除元素而不能插入元素

C) 栈是特殊的线性表,只能在一端插入或删除元素

D) 栈是特殊的线性表,只能在一端插入元素,而在另一端删除元素

(4) 下列叙述中正确的是(　　)。

A) 一个逻辑数据结构只能有一种存储结构

B) 数据的逻辑结构属于线性结构,存储结构属于非线性结构

C) 一个逻辑数据结构可以有多种存储结构,且各种存储结构不影响数据处理的效率

D) 一个逻辑数据结构可以有多种存储结构,且各种存储结构影响数据处理的效率

(5) 下列描述中正确的是(　　)。

A) 软件工程只是解决软件项目的管理问题

B) 软件工程主要解决软件产品的生产率问题

C) 软件工程的主要思想是强调在软件开发过程中需要应用工程化原则

D) 软件工程只是解决软件开发中的技术问题

(6) 在软件设计中,不属于过程设计工具的是(　　)。

A) PDL(过程设计语言)　　B) PAD图　　C) N-S图　　D) DFD图

(7) 下列叙述中正确的是(　　)。

A) 软件交付使用后还需要进行维护

B）软件一旦交付使用就不需要再进行维护

C）软件交付使用后其生命周期就结束

D）软件维护是指修复程序中被破坏的指令

（8）下列叙述中正确的是（　　）。

A）软件测试的主要目的是发现程序中的错误

B）软件测试的主要目的是确定程序中错误的位置

C）为了提高软件测试的效率，最好由程序编制者自己来完成软件的测试工作

D）软件测试是证明软件没有错误

（9）设有如下关系表：

R

A	B	C
1	1	2
2	2	3

S

A	B	C
3	1	3

T

A	B	C
1	1	2
2	2	3
3	1	3

则下列操作中正确的是（　　）。

A）$T=R\cap S$　　B）$T=R\cup S$　　C）$T=R\times S$　　D）$T=R/S$

（10）一个学生可以学习多门课程，则实体学生和课程之间的联系是（　　）。

A）一对一　　B）一对多　　C）多对一　　D）多对多

（11）假定一个 Visual Basic 应用程序由一个窗体模块和一个标准模块构成。为了保存该应用程序，以下正确的操作是（　　）。

A）只保存窗体模块文件

B）分别保存窗体模块、标准模块和工程文件

C）只保存窗体模块和标准模块文件

D）只保存工程文件

（12）下列有关子菜单的说法中，错误的是（　　）。

A）除了 Click 事件之外，菜单项不可以响应其他事件

B）每个菜单项都是一个控件，与其他控件一样也有其属性和事件

C) 菜单项的索引号必须从1开始

D) 菜单的索引号可以不连续

(13) 以下叙述中错误的是(   )。

A) 打开一个工程文件时,系统自动装入与该工程有关的窗体、标准模块等文件

B) 当程序运行时,双击一个窗体,则触发该窗体的DblClick事件

C) Visual Basic应用程序只能以解释方式执行

D) 事件可以由用户引发,也可以由系统引发

(14) 表达式(3/2+1)*(5/2+2)的值是(   )。

A) 11.25　　B) 3　　C) 6.125　　D) 4

(15) 设a=5,b=10,则执行c=Int((b-a)*Rnd+a)+1后,c值的范围为(   )。

A) 5~10　　B) 6~9　　C) 6~10　　D) 5~9

(16) 在窗体上画一个命令按钮,名称为Command1,然后编写如下事件过程:

```
Private Sub Command1_Click()
a$="softwareandhardware"
b$=Right(a$,8)
c$=Mid(a$,1,8)
MsgBox a$,b$,c$,1
EndSub
```

运行程序,单击命令按钮,则在弹出的信息框的标题栏中显示的是(   )。

A) softwareandhardware　　B) software

C) hardware　　D) 1

(17) 在窗体上画一个命令按钮和一个文本框,其名称分别为Command1和Text1,把文本框的Text属性设置为空白,然后编写如下事件过程:

```
Private Sub Command1_Click()
a= InputBox("Enteraninteger")
b= InputBox("Enteraninteger")
Text1.Text=b+a
End Sub
```

程序运行后,单击命令按钮,如果在输入对话框中分别输入8和10,则文本框中显示的内容是(   )。

A) 108　　B) 18　　C) 810　　D) 出错

(18) 要使菜单项MenuOne在程序运行时失败,使用的语句是(   )。

A) MenuOne. Visible=True　　B) MenuOne. Visible=False

C) MenuOne. Enabled=True　　D) MenuOne. Enabled =False

(19) Sub过程与Function过程最根本的区别是(   )。

A) Sub过程可以用Call语句直接使用过程名调用,而Function过程不可以

B) Function过程可以有形参,Sub过程不可以

C) Sub过程不能返回值,而Function过程能返回值

D) 两种过程参数的传递方式不同

(20) 假定有如下事件过程：

```
Private Sub Form_Click()
    Dim x As Integer,n As Integer
    x=1
    n=0
    Do While x<28
        x=x*3
        n=n+1
    Loop
    Print x,n
End Sub
```

程序运行后，单击窗体，输出结果是(　　)。

A) 81　4　　B) 56　3　　C) 28　1　　D) 24　35

(21) 有如下程序：

```
Private Sub Form_Click()
    Dim Check,Counter
    Check=True
    Counter=0
    Do
        Do While Counter<20
            Counter=Counter+1
            If Counter=10 Then
                Check=False
                Exit Do
            End If
        Loop
    Loop Until Check=False
    Print Counter,Check
End Sub
```

程序运行后，单击窗体，输出结果为(　　)。

A) 15　0　　B) 20　－1　　C) 10　True　　D) 10 False

(22) 有如下程序：

```
Private Sub Form_Click()
    Dim i As Integer,sum As Integer
    sum=0
    For i=2 To 10
        If i Mod 2<>0 And i Mod 3=0 Then
            sum=sum+i
        End If
    Next i
```

```
    Print sum
End Sub
```

程序运行后，单击窗体，输出结果为(　　)。

A) 12　　B) 30　　C) 24　　D) 18

(23) 在窗体上画一个名称为 Text1 的文本框和一个名称为 Command1 的命令按钮，然后编写如下事件过程：

```
Private Sub Command1_Click()
    Dim array1(10,10) As Integer
    Dim i As Integer, j As Integer
    For i=1 To 3
        For j=2 To 4
            array1(i, j)=i+j
        Next j
    Next i
    Text1.Text=array1(2, 3)+array1(3, 4)
End Sub
```

程序运行后，单击命令按钮，在文本框中显示的值是(　　)。

A) 12　　B) 13　　C) 14　　D) 15

(24) 在窗体上画一个命令按钮，其名称为 Command1，然后编写如下事件过程：

```
Private Sub Command1_Click()
    Dim a1(4, 4), a2(4, 4)
    For i=1 To 4
        For j=1 To 4
            a1(i, j)=i+j
            a2(i, j)=a1(i, j)+i+j
        Next j
    Next i
    Print a1(3, 3);a2(3, 3)
End Sub
```

程序运行后，单击命令按钮，在窗体上输出的是(　　)。

A) 6　6　　B) 10　5　　C) 7　21　　D) 6　12

(25) 在窗体上画一个命令按钮，然后编写下列程序：

```
Private Sub Command1_Click()
    Tt(3)
End Sub
Sub Tt (a As Integer)
    Static x As Integer
    x=x* a+1
    Print x;
End Sub
```

连续三次单击命令按钮,输出的结果是(　　)。

A) 1　5　8　　B) 1　4　13　　C) 3　7　4　　D) 2　4　8

(26) 在窗体上画一个命令按钮,然后编写如下事件过程:

```
Private Sub Command1_Click()
    Dim a(5) As String
    For i=1 To 5
        a(i)=Chr(Asc("A")+(i-1))
    Next i
    For Each b In a
        Print b;
    Next
End Sub
```

程序运行后,单击命令按钮,输出结果是(　　)。

A) ABCDE　　B) 12345　　C) abcde　　D) 出错信息

(27) 以下关于函数过程的叙述中,正确的是(　　)。

A) 如果不指明函数过程参数的类型,则该参数没有数据类型

B) 函数过程的返回值可以有多个

C) 当数组作为函数过程的参数时,既能以传值方式传递,也能以引用方式传递

D) 函数过程形参的类型与函数返回值的类型没有关系

(28) 函数过程 F1 的功能是:如果参数 b 为奇数,则返回值为 1,否则返回值为 0。以下能正确实现上述功能的代码是(　　)。

A)
```
Function F1(b As Integer)
If b Mod 2=0 Then
    Return 0
Else
    Return 1
End If
End Function
```

B)
```
Function F1(b As Integer)
If b Mod 2=0 Then
    F1=0
Else
    F1=1
End If
End Function
```

C)
```
Function F1(b As Integer)
If b Mod 2=0 Then
    F1=1
Else
    F1=0
End If
End Function
```

D)
```
Function F1( b As Integer)
If b Mod 2<>0 Then
    Return 0
Else
    Return 1
End If
End Function
```

(29) 以下关于 KeyPress 事件过程中参数 KeyAscii 的叙述中正确的是(　　)。

A) KeyAscii 参数是所按键的 ASCII 码

B) KeyAscii 参数的数据类型为字符串

C) KeyAscii 参数可以省略

D) KeyAscii 参数是所按键上标注的字符

(30) 设窗体上有一个名为 Text1 的文本框,并编写如下程序:

```
Private Sub Form_Load()
    Show
    Text1.Text=""
    Text1.SetFocus
End Sub
Private Sub Form_MouseUp(Button As Integer, _
    Shift As Integer,X As Single,Y As Single)
    Print"程序设计"
End Sub
Private Sub Text1_KeyDown(KeyCode As Integer,Shift As Integer)
    Print "VisualBasic";
End Sub
```

程序运行后,如果在文本框中输入字母"a",然后单击窗体,则在窗体上显示的内容是(　　)。

A) VisualBasic　　B) 程序设计

C) VisualBasic 程序设计　　D) a 程序设计

(31) 假定有下表所列的菜单结构:

标　题	名　称	层　次
显示	appear	1(主菜单)
大图标	bigicon	2(子菜单)
小图标	smallicon	2(子菜单)

要求程序运行后,如果单击菜单项"大图标",则在该菜单项前添加一个"?"。以下正确的事件过程是(　　)。

A) Private Sub bigicon_Click()
    Bigicon. Checked＝False
End Sub

B) Private Sub bigicon_Click()
    Me. appear. bigicon. Checked＝True
End Sub

C) Private Sub bigicon_Click()
    Bigicon. Checked＝True
End Sub

D) Private Sub bigicon_Click()
    Appear. bigicon. Checked＝True
End Sub

(32) 假定通用对话框的名称为 CommonDialog1,命令按钮的名称为 Command1,则单击命令按钮后,能使打开的对话框的标题为 NewTitle 的事件过程是(　　)。

A) Private Sub Command1_Click()
    CommonDialog1. DialogTitle
    ＝"NewTitle"
    CommonDialog1. ShowPrinter
End Sub

B) Private Sub Command1_Click()
    CommonDialog1. DialogTitle
    ＝"NewTitle"
    CommonDialog1. ShowFont
End Sub

C) Private Sub Command1_Click()
CommonDialog1.DialogTitle
="NewTitle"
CommonDialog1.ShowOpen
End Sub

D) Private Sub Command1_Click()
CommonDialog1.DialogTitle
="NewTitle"
CommonDialog1.ShowColor
End Sub

(33) 如果一个工程含有多个窗体及标准模块,则以下叙述中错误的是(　　)。

A) 任何时刻最多只有一个窗体是活动窗体

B) 不能把标准模块设置为启动模块

C) 用 Hide 方法只是隐藏一个窗体,不能从内存中清除该窗体

D) 如果工程中含有 SubMain 过程,则程序一定首先执行该过程

(34) 假定在工程文件中有一个标准模块,其中定义了如下记录类型(　　)。

```
Type Books
    Name As String * 10
    TelNum As String * 20
End Type
```

要求当执行事件过程 Command1_Click 时,在顺序文件 Person.txt 中写入一条记录。下列能够完成该操作的事件过程是(　　)。

A) Private Sub Command1_Click()
Dim B As Books
Open "c:\Person.txt" For Output As #1
B.Name=InputBox("输入姓名")
B.TelNum=InputBox("输入电话号码")
Write #1,B.Name,B.TelNum
Close #1
End Sub

B) Private Sub Command1_Click()
Dim B As Books
Open "c:\Person.txt" For Input As #1
B.Name=InputBox("输入姓名")
B.TelNum=InputBox("输入电话号码")
Print #1,B.Name,B.TelNum
Close #1
End Sub

C) Private Sub Command1_Click()
Dim B As Books
Open "c:\Person.txt" For Output As #1
Name=InputBox("输入姓名")

```
        TelNum＝InputBox("输入电话号码")
        Write ＃1,B
        Close ＃1
    End Sub
D) Private Sub Command1_Click()
        Dim B As Book
        Open "c：\Person. txt" For Input As ＃1
        Name＝InputBox("输入姓名")
        TelNum＝InputBox("输入电话号码")
        Print ＃1,B. Name,B. TelNum
        Close ＃1
    End Sub
```

(35) 目录列表框的 Path 属性的作用是(　　)。

A) 显示当前驱动器或指定驱动器上的某目录下的文件名

B) 显示当前驱动器或指定驱动器上的目录结构

C) 显示根目录下的文件名

D) 显示指定路径下的文件

二、填空题(每空 2 分,共 30 分)

请将每空的正确答案写在答题卡【1】～【15】序号的横线上,答在试卷上不得分。

(1) 数据管理技术发展过程经过人工管理、文件系统和数据库系统三个阶段,其中数据独立性最高的阶段是【1】。

(2) 算法复杂度主要包括【2】复杂度和空间复杂度。

(3) 数据库设计包括概念设计、【3】和物理设计。

(4) 一棵二叉树第六层(根结点为第一层)的结点数最多为【4】个。

(5) 数据结构分为逻辑结构和存储结构,循环队列属于【5】结构。

(6) 设有以下函数过程：

```
Function fun(m As Integer)As Integer
    Dim k As Integer,sum As Integer
    sum=0
    For k=m To 1 Step -2
        sum=sum+k
    Next k
    fun=sum
End Function
```

若在程序中用语句 s＝fun(10)调用此函数,则 s 的值为【6】。

(7) 在窗体上画一个命令按钮和一个文本框,然后编写命令按钮的 Click 事件过程。程序运行后,在文本框中输入一串英文字母(不区分大小写),单击命令按钮,程序可找出未在文本框中输入的其他所有英文字母，并以大写方式降序显示到 Text1 中。例如，若在 Text1 中输入的是 abDfdb，则单击 Command1 按钮后 Text1 中显示的字符串是 ZYXWVUTSRQPONMLKJIHGEC。请填空。

```
Private Sub Command1_Click()
    Dim str As String,s As String,c As String
    str=UCase(Text1)
    s=""
    c="Z"
    While c>="A"
      If InStr(str,c)=0 Then
        s=【7】
      End If
      c=Chr$ (Asc(c)【8】)
    Wend
    If s<>"" Then
      Text1=s
    End If
End Sub
```

(8) 在窗体上加上一个文本控件 PCSTextBox，画一个命令按钮，当单击命令按钮的时候将显示“打开文件”对话框，设置对话框只用于打开文本文件，然后在文本空间中显示打开的文件名。请填空。

```
Private Sub Command1_Click()
    CommonDialog1.Filter=【9】
    CommonDialog1.ShowOpen
    PCSTexBox.Text=【10】
End Sub
```

(9) 以下是一个比赛评分程序。在窗体上建立一个名为 Text1 的文本框数组，然后画一个名为 Text2 的文本框和名为 Command1 的命令按钮。运行时在文本框数组中输入 7 个分数，单击“计算得分”命令按钮，则最后得分显示在 Text2 文本框中(去掉一个最高分和一个最低分后的平均分即为最后得分)，如图所示。请填空。

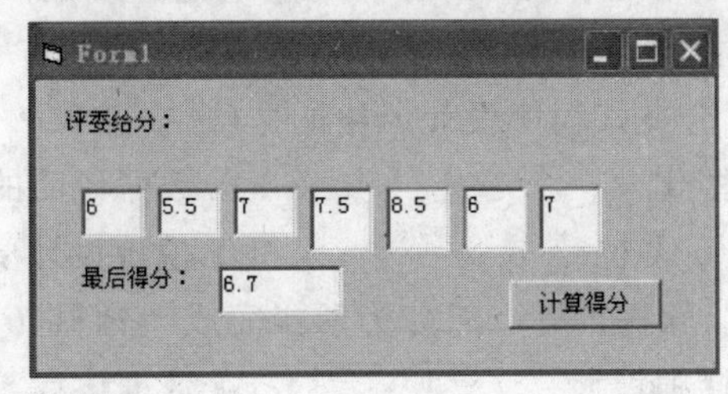


```
Private Sub Command1_Click()
    Dim k As Integer
    Dim sum As Single,max As Single,min As Single
    sum=Text1(0)
```

```
    max=Text1(0)
    min=【11】
    For k=【12】 To 6
        If max<Text1(k) Then
            max=Text1(k)
        End If
        If min>Text1(k) Then
            min=Text1(k)
        End If
            sum=sum+Text1(k)
    Next k
    Text2=(【13】)/5
End Sub
```

(10) 下列事件过程的功能是：通过 Form_Load 时间给数组赋初值为 35、48、15、22、67，Form_Click 时间找出可以被 3 整除的数组元素并打印出来。请在空白处填入适当的内容，将程序补充完整。

```
Dim Arr()
Private Sub Form_Load()
    【14】
End Sub
Private Sub Form_Click()
    【15】
    If Int(x/3)=x/3 Then
        Print x
    End If
    Next x
End Sub
```

模拟试题二

一、选择题(每小题 2 分，共 70 分)

下列各题 A、B、C、D 四个选项中，只有一个选项是正确的。请将正确选项填涂在答题卡相应位置上，答在试卷上不得分。

(1) 下列选项中不符合良好程序设计风格的是(　　)。

A) 源程序要文档化　　B) 数据说明的次序要规范化

C) 避免滥用 goto 语句　　D) 模块设计要保证高耦合、高内聚

(2) 从工程管理角度，软件设计一般分为两步完成，它们是(　　)。

A) 概要设计与详细设计　　B) 数据设计与接口设计

C) 软件结构设计与数据设计　　D) 过程设计与数据设计

(3) 下列选项中不属于软件生命周期开发阶段任务的是(　　)。

A) 软件测试　　B) 概要设计　　C) 软件维护　　D) 详细设计

(4) 在数据库系统中,用户所见的数据模式为(　　)。

A) 概念模式　　B) 外模式　　C) 内模式　　D) 物理模式

(5) 数据库设计的四个阶段是:需求分析、概念设计、逻辑设计和(　　)。

A) 编码设计　　B) 测试阶段　　C) 运行阶段　　D) 物理设计

(6) 下面的数组声明语句中正确的是(　　)。

A) Dim gg[1,5] As String

B) Dim gg[1 To 5, 1 To 5] As String

C) Dim gg(1 To 5) As String

D) Dim gg[1:5, 1:5] As String

(7) 下列叙述中正确的是(　　)。

A) 一个算法的空间复杂度大,则其空间复杂度也必定大

B) 一个算法的空间复杂度大,则其时间复杂度必定小

C) 一个算法的时间复杂度大,则其空间复杂度必定小

D) 上述三种说法都不对

(8) 在长度为 64 的有序线性表中进行顺序查找,最坏情况下需要比较的次数为(　　)。

A) 63　　B) 64　　C) 6　　D) 7

(9) 数据库技术的根本目标是要解决数据的(　　)。

A) 存储问题　　B) 共享问题　　C) 安全问题　　D) 保护问题

(10) 对下列二叉树:

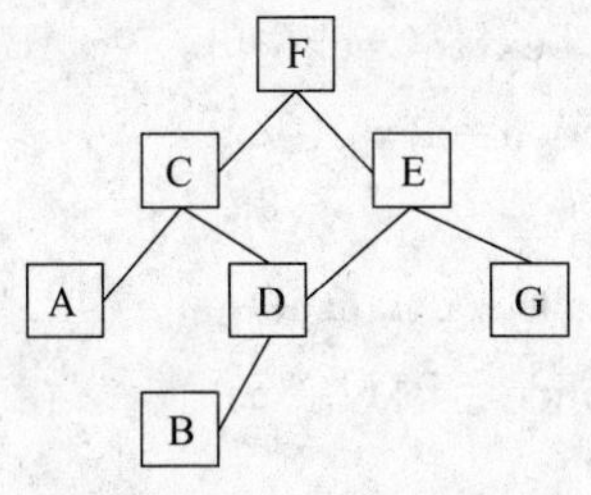

进行中序遍历的结果是(　　)。

A) ACBDFEG　　B) ACBDFGE　　C) ABDCGEF　　D) FCADBEG

(11) 以下叙述中正确的是(　　)。

A) 窗体的 Name 属性指定窗体的名称,用来标识一个窗体

B) 窗体的 Name 属性值是显示在窗体标题栏中文本

C) 可以在运行期间改变窗体的 Name 属性的值

D) 窗体的 Name 属性值可以为空

(12) 为了通过键盘访问主菜单项,可在菜单编辑器的"标题"选项中的某个字母前插(　　)字符,建立热键字母。

A) &　　B) #　　C) *　　D) $

(13) 设 a=2,b=3,c=4,d=5,下列表达式的值为(　　)。

```
Not a<=c Or 4*c=d^2 And b<>a+c
```

A）−1　　B）1　　C）True　　D）False

（14）关于自定义对话框概念的说明，错误的是（　　）。

A）建立自定义对话框是必须执行添加窗体地操作

B）自定义对话框实际上是 Visual Basic 的窗体

C）在窗体上还要使用其他控件才能组成自定义对话框

D）自定义对话框不一定要有与之对应的事件过程

（15）下列说法正确的是（　　）。

A）任何时候都可以使用标准工具栏的“菜单编辑器”按钮打开菜单编辑器

B）只有当代码窗口为当前活动窗口时，才能打开菜单编辑器

C）只有当某个窗体为当前活动窗体时，才能打开菜单编辑器

D）任何时候都可以使用“工具”菜单下的“菜单编辑器”命令，打开菜单编辑器

（16）执行以下程序段后，变量 c$ 的值为（　　）。

```
a$=" Visual Bassic Programming"
b$="Quick" e$=b$&U Case(Mid$ (a$,7,6))&Right$ (a$,12)
```

A）Visual Basic Programming　　B）Quick Basic programming

C）Quick Basic Programming　　D）Quick Basic Programming

（17）在窗体上画一个文本框（其名称为 Text1）和一个标签（其名称为 Label1），程序运行后，如果在文本框中输入指定的信息，则立即在标签中显示相同的内容，以下可以实现上述操作的事件过程是（　　）。

A）Private Sub Text1_Click()
　　Label1. Caption＝Text 1. Text
　End Sub

B）Private Sub Text1_Change()
　　Label1. Caption＝Text1. Text
　End Sub

C）Private Sub Label1_Ctrange()
　　Label1. Caption＝Text 1. Text
　End Sub

D）Private Sub Label1_Click()
　　Label1. Caption＝Text1. Text
　End Sub

（18）单击命令按钮时，下列程序的执行结果是（　　）。

```
Private Sub Book(x As Integer)
    x=x * 2+1
    If x< 6 Then
        Call Book (x)
    End If
    x=x * 2+1
    Print x;
End Sub
Private Sub Command1_Click ()
    Book(2)
End Sub
```

A) 23　47　　　　B) 10　36　　　　C) 22　44　　　　D) 24　50

(19) 执行以下语句过程,在窗体上显示的内容是(　　)。

```
Option Base 0
Private Sub Command3_Click ()
    Dim d
    d=Array("a", "b", "c", "d")
    Print d(1); d(3)
End Sub
```

A) ab　　　　B) bd　　　　C) ac　　　　D) 出错

(20) 在窗体上建立通用对话框需要添加的控件是(　　)。

A) Data 控件　　　　B) Form 控件

C) CommonDialog 控件　　　　D) Visual BasicComboBox 控件

(21) 在窗体上画一个名称为 List1 的列表框,一个名称为 Label1 的标签,列表框中显示若干城市的名称。当单击列表框中的某个城市名时,该城市名从列表框中消失,并在标签中显示出来。下列能正确实现上述操作的程序是(　　)。

A)
```
Private Sub List1_Click()
    Label1. Caption=List1. ListIndex
    List1. RemoveItem List1. Text
End Sub
```

B)
```
Private Sub List1_Click()
    Label1. Name=List1. ListIndex
    List1. RemoveItem List1. Text
End Sub
```

C)
```
Private Sub List1_Click()
    Label1. Caption=List1. Text
    List1. RemoveItem List1. ListIndex
End Sub
```

D)
```
Private Sub List1_Click()
    Label1. Name=List1. Text
    List1. RemoveItem List1. ListIndex
End Sub
```

(22) 在窗体上画一个名称为 Command1 的命令按钮,然后编写如下程序:

```
Private Sub Command1 Click()
    Dim i As Integer, j As Integer
    Dim a (10,10)As Integer
    For i=1 To 3
      For j=i To 3
        a(i,j)=(i-1) * 3+j
        Print a (i,j);
```

```
        Next j
        Print
    Next i
End Sub
```

程序运行后,单击命令按钮,窗体上显示的是(　　)。

A) 1 2 3
2 4 6
3 6 9　　B) 2 3 4
3 4 5
4 5 6　　C) 1 4 7
2 5 8
3 6 9　　D) 1 2 3
4 5 6
7 8 9

(23) 在窗体上画一个命令按钮,然后编写如下程序:

```
Private Sub Command1_Click()
    Dim a As Integer, b As Integer
    a=1
    b=2
    Print N(a, b)
End Sub
Function N(x As Integer, y As Integer)
    N=IIf(x>y, x, y)
End Function
```

程序运行后,单击命令按钮,输出结果为(　　)。

A) 1　　B) 2　　C) 5　　D) 8

(24) 单击命令按钮时,下列程序的执行结果是(　　)。

```
Private Sub Command1_Click()
    Dim a As Integer, b As Integer, c As Integer
    a=2: b=4:c=5
    Print SecProc(c, b, a)
End Sub
Function FriProc(x As Integer, y As Integer, z As Integer)
    FriProc=2 * x+ y+ 3 * z
End Function
Function SecProc(x As Integer, y As Integer, z As Integer)
    SecProc=FriProc (z, x, y)+ x
End Function
```

A) 20　　B) 22　　C) 26　　D) 30

(25) 用 InputBox 函数设计的对话框,其功能是(　　)。

A) 只能接收用户输入的数据,但不会返回任何信息

B) 能接收用户输入的数据,并能返回用户输入的信息

C) 既能用于接收用户输入的信息,又能用于输出信息

D) 专门用于输出信息

(26) 设有如下程序：

```
Private Sub Command1_Click ()
    Dim c As Integer, d As Integer
    c=4
    d=InputBox("请输入一个整数")
    Do While d>0
        If d>c Then
            c=c+1
        End If
        d=InputBox("请输入一个整数")
    Loop
    Print c+d
End Sub
```

程序运行，单击命令按钮，如果在输入对话框中依次输入1、2、3、4、5、6、7、8、9、0，则输出结果是(　　)。

A) 12　　B) 11　　C) 10　　D) 9

(27) 设有如下通用过程：

```
Public Function Fun(xStr As String)
    Dim tStr As String, srtL As Integer
    strL=Len(xStr)
    i=1
    Do While i<=strL/2
        tStr=tStr & Mid(xStr, i, 1) & Mid(xStr, strL-i+1, 1)
        i=i+1
    Loop
    Fun=tStr
End Function
```

在窗体上画一个名称为Text1的文本框和一个名称为Command1的命令按钮，然后编写如下的事件过程：

```
Private Sub Command1_Click()
    Dim S1 As String
    S1="abcdef"
    Text1.Text=UCase(Fun(S1))
End Sub
```

程序运行后，单击命令按钮，则Text1中显示的是(　　)。

A) ABCDEF　　B) abcdef　　C) AFBECD　　D) DEFABC

(28) 在窗体上画一个名称为TxtA的文本框，然后编写如下的事件过程：

```
Private Sub TxtA_KeyPress(KeyAscii As Integer)
    …
End Sub
```

假定焦点已经定位在一个文本框中，则能够触发 KeyPress 事件的操作是（　　）。

A）单击鼠标　　B）双击文本框

C）鼠标滑过文本框　　D）按下键盘上的某个键

（29）在窗体上画一个命令按钮和两个文本框，其名称分别为 Command1、Text1 和 Text2，然后编写如下程序：

```
Dim S1 As String, S2 As String
Private Sub Form_Load()
    Text1. Text=""
    Text2. Text=""
End Sub
Private Sub Text1_KeyDown(KeyCode As Integer, Shift As Integer)
    S2=s2 & Chr(KeyCode)
    End Sub
    Private Sub Text1_KeyPress(KeyAscii As Integer)
    S1=S1 & chr(KeyAscii)
End Sub
Private Sub Command1_Click()
    Text1.Text=S2
    Text2.Text=S1
    S1=""
    S2=""
End Sub
```

程序运行后，在 Text1 中输入“abc”，然后单击命令按钮，在文本框 Text1 和 Text2 中显示的内容分别为（　　）。

A）abc 和 ABC　　B）abc 和 abc　　C）ABC 和 abc　　D）ABC 和 ABC

（30）以下说法正确的是（　　）。

A）任何时候都可以通过执行“工具”菜单中的“菜单编辑器”命令打开菜单编辑器

B）只有当某个窗体为当前活动窗体时，才能打开菜单编辑器

C）任何时候都可以通过单击标准工具栏上的“菜单编辑器”按钮打开菜单编辑器

D）只有当代码窗口为当前活动窗口时，才能打开菜单编辑器

（31）在窗体上画一个通用对话框，其名称为 CommonDialog1，然后画一个命令按钮，并编写如下事件过程：

```
Private Sub Command1_Click()
    CommonDialog1. Filter="All Files(*.*)|*.* Text Files"& _
    "(*.txt)|*.txt| Executable Files(*.exe)|*.exe"
    CommonDialog1. Filterindex=3
    CommonDialog1. Show Open
```

```
    MsgBox CommonDialog1.FileName
End Sub
```

程序运行后，单击命令按钮，显示一个“打开”对话框，此时在“文件类型”框中显示的是(　　)。

A) All Files(*.*)　　B) Text files(*.txt)

C) Executable Files(*.ext)　　D) 不确定

(32) 以下叙述错误的是(　　)。

A) 一个工程中可以包含多个窗体文件

B) 在一个窗体文件中用Public定义的通用过程不能被其他窗体调用

C) 窗体和标准模块需要分别保存为不同类型的磁盘文件

D) 用Dim定义的窗体层变量只能在该窗体中使用

(33) 以下叙述中错误的是(　　)。

A) 语句“Dim a, b As Integer”声明了两个整型变量

B) 不能在标准模块中定义Static型变量

C) 窗体层变量必须先声明，后使用

D) 在事件过程或通用过程内定义的变量是局部变量

(34) 设有语句：Open "d:\Text.txt" For Output As #1，以下叙述中错误的是(　　)。

A) 若d盘根目录下无Text.txt文件，则该语句创建此文件

B) 用该语句建立的文件的文件号为1

C) 该语句打开d盘根目录下一个已存在的文件Text.txt，之后就可以从文件中读取信息

D) 执行该语句后，就可以通过Print#语句向文件Text.txt中写入信息

(35) 以下叙述中错误的是(　　)。

A) 顺序文件中的数据只能按顺序读写

B) 对同一个文件，可以用不同的方式和不同的文件号打开

C) 执行Close语句，可将文件缓冲区中的数据写到文件中

D) 随机文件中各记录的长度是随机的

二、填空题(每空2分，共30分)

请将每空的正确答案写在答题卡【1】～【15】序号的横线上，答在试卷上不得分。

(1) 下列软件系统结构图的宽度为【1】。

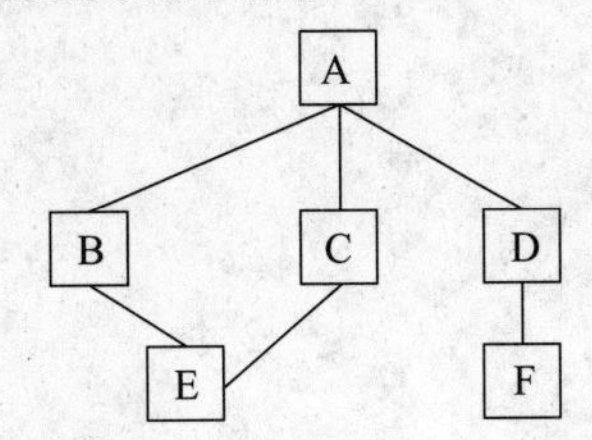

(2)【2】的任务是诊断和改正程序中的错误。

(3) 一个关系表的行称为【3】。

(4) 按“先进后出”原则组织数据的数据结构是【4】。

(5) 数据结构分为线性结构和非线性结构，带链的队列属于【5】。

(6) 描述“X是小于100的非负整数”的Visual Basic表达式是【6】。

(7) 在窗体上有一个名称为Command1的命令按钮和一个名称为Text1的文本框。程序运行后，Command1为禁用(灰色)，此时如果在文本框中输入字符，则命令按钮Command1变为可用。请填空。

```
Private Sub Form_Load()
    Command1. Enabled=False
End Sub
Private Sub Text1_【7】()
    Command1. Enabled=True
End Sub
```

(8) 在窗体上画一个名称为Command1的命令按钮，然后编写如下事件过程：

```
Private Sub Command1_Click()
    Dim a As String
    A="123456789"
    For i=1 To 5
        Print Space(6-i);Mid $ (a,【8】,2 * i-1)
    Next i
End Sub
```

程序运行后，单击命令按钮，窗体上的输出结果是：

```
5
456
34567
2345678
123456789
```

请填空。

(9) 在窗体上画一个命令按钮，然后编写如下代码：

```
Function Trans(ByVal num As Long) As Long
    Dim k As Long
    k=1
    Do While num
        k=k * (num Mod 10)
        num=num\10
    Loop
    Trans=k
    Print Trans
End Function
Private Sub Command1_Click()
    Dim m As Long
```

```
    Dim s As Long
    m= InputBox("请输入一个数")
    s=Trans(m)
End Sub
```

程序运行时,单击命令按钮,在输入对话框中输入"789",输出结果为【9】,在输入对话框中输入"987",输出【10】,在输入对话框中输入"879",输出结果为【11】。

(10) 以下过程的作用是将26个小写字母逆序打印出来,请补充完整。

```
Sub Inverse()
    For i=122 To【12】
        Print【13】;
    Next i
End Sub
```

(11) 以下是一个计算矩形面积的程序,调用过程计算矩形面积,请将程序补充完整。

```
Sub RecArea(L,W)
    Dim S As Double
    S=L * W
    MsgBox"Total Area is"& Val(S)
End Sub
Private Sub Command1_Click()
      Dim M, N
      M= InputBox("What is the L?")
      M=Val(M)
      【14】
      N=Val(N)
      【15】
End Sub
```

模拟试题一答案

一、选择题

(1)~(5) CDCDC　(6)~(10) DAABB　(11)~(15) BCCAC
(16)~(20) CADCA　(21)~(25) DAADB　(26)~(30) ADBAC
(31)~(35) CCDAB

二、填空题

【1】 数据库系统　【2】 时间　【3】 逻辑设计
【4】 32　【5】 存储结构　【6】 30
【7】 s&c　【8】 -1　【9】 "Text Files(*.txt)| *.txt"
【10】 CommonDialog1. FileName
【11】 text1(0)　【12】 1　【13】 (sum-max-min)

【14】 Arr=Array (35, 48, 15, 22, 67)

【15】 For Each x In Arr

模拟试题二答案

一、选择题

(1)~(5) DACBD　(6)~(10) CDBBA　(11)~(15) AADDC

(16)~(20) DBABC　(21)~(25) CDBCB　(26)~(30) DACDCB

(31)~(35) CBACD

二、填空题

【1】 3　【2】 程序调试　【3】 元组　【4】 栈

【5】 线性结构　【6】 X%>=0 and X%<100

【7】 Change　【8】 6-i　【9】 504

【10】 504　【11】 504　【12】 97 Step-1

【13】 Combo1. List(i)

【14】 N=InputBox("What is the W?")

【15】 Call RecArea(M, N)

参考文献

1. 龚沛曾，杨志强，陆慰民. Visual Basic 程序设计教程. 北京：高等教育出版社，2007
2. 曾强聪. Visual Basic 6.0 程序设计教程——21世纪高等院校计算机系列教材. 北京：中国水利水电出版社，2003
3. 黄森云. VB 6.0 办公自动化编程：Visual Basic 6.0 中文企业版. 北京：国防工业出版社，2006
4. 谭浩强，袁玫，薛淑斌. Visual Basic 程序设计学习辅导. 北京：清华大学出版社，2003
5. 秦戈，冉小兵，刘勇. Visual Basic 6.0（中文版）编程指导与技巧指点. 成都：电子科技大学出版社，2000
6. 郭江鸿. VB 程序设计实验和考试指导. 哈尔滨：哈尔滨工程大学出版社，2003
7. 刘培奇，严西社. Visual Basic 程序设计习题解答与实验指导. 北京：中国铁道出版社. 2007
8. 全国计算机等级考试教材编写组，未来教育教学与研究中心. 全国计算机等级考试命题大透视——二级 Visual Basic. 北京：人民邮电出版社，2007
9. 刘炳文. Visual Basic 程序设计简明教程题解与实验指导. 北京：清华大学出版社，2006
10. 谢尧. 二级 Visual Basic 语言程序设计教程/全国计算机等级考试教材系列. 北京：中国水利水电出版社，2006
11. 周元哲，乔平安. Visual Basic 典型例题解析与习题解答. 北京：机械工业出版社，2009
12. 王文浪，周元哲等. Visual Basic 6.0 程序设计. 北京：机械工业出版社，2009